U0142242

先進微電子
3D-IC 構裝

Advanced Microelectronic
3D-IC Packaging

許明哲 著

第五版

五南圖書出版公司 印行

推薦序一

材料製程技術的「輕薄短小」化，在微電子構裝上，是必然的發展趨勢，亦是高科技產業能夠蓬勃發展的關鍵因素之一。坊間介紹三維積體電路（3D-IC）構裝微縮技術的書籍雖然不少，但是通常不是題材範圍太狹窄無法一窺微電子構裝流程的全貌，就是內容過於深奧艱難使一般讀者或是入門者不易理解。有鑑於此，許明哲君乃根據其十餘年的半導體領域工作所累積的寶貴經驗，以及參考許多文獻資料後，加以融會貫通，撰成此書。

本書內容架構完整，資料豐富，深入淺出，流暢易讀，只要具備基礎理工常識的讀者，經由此書很容易對於微電子構裝技術有通盤的概念；對於相關產業的工程師，此書亦是值得參考的技術手冊。

許明哲君在成功大學材料研究所攻讀碩士學位時，本人是其論文指導教授，因此對其奮發進取，堅毅不拔，實事求是，以及精益求精的精神，非常讚賞。本書的撰寫，更是在其經歷腰椎骨折休養兩年後，立志所完成的一件傑作。其以所習得的專業，發願幫助他人及服務社會，所展現的精神與毅力，令我佩服萬分。

本書第一～四版，反應非常良好。本書內容不僅涉及微電子產業的製程技術，特別受到製程研發工程師的喜愛，亦是光電、精密機械加工、3C、生醫以及能源等產業的工程師值得使用的參考書。今應讀者要求，再版發行，誠屬難得。本人也樂於推薦，特此為序。

國立成功大學材料系教授

蔡文達

推薦序二

～與時俱進～

因為擔任電子月刊編輯之故，而認識了許明哲經理。過去每一二年，當電子月刊有半導體製程與設備相關的專輯時，我常常邀請他幫忙撰稿。許經理撰寫的文章，從早期的晶圓潔淨技術、濕式蝕刻設備、銅電鍍技術到現在的積體電路構裝技術，一路走來，他都不吝與大家分享他的一些研發成果。從這裡不難看出，當他執行完 3D-IC 科專計畫後，積極地整合他過去十餘年之經驗與收集到的最新技術，然後集結成冊的熱情。初版的熱銷，似乎回應了他的努力。因此當他希望我為再版作序時，我也欣然允諾。

輕、薄、短、小、快一直是電子業，尤其是積體電路（IC）技術，發展的最佳寫照。過去二十年，製程技術由深次微米（0.35 微米，350 奈米）一路微縮到現今的 20 奈米。其中做為數位電路開關的電晶體本身之訊號延遲，已經不再是訊號傳遞延遲的主要瓶頸。整個積體電路操作速度之提升，其關鍵反而落在訊號傳遞過程中的延遲，例如積體電路內之多層導體連線與晶片間輸出與輸入端連線的電阻電容延遲（RC-delay）。尤其當智慧型手機及平板電腦成為主流以來，強調省電與快速，縮短晶片間輸出與輸入端的連線距離或堆疊多個晶片成輕且薄的封裝技術更顯得重要起來。

過去十幾年來，積體電路構裝技術與產業並未受到相對的重視，人才與資金過於集中在晶圓代工。這一點從半導體製程相關的教科書中可以一窺究竟。有些書中完全不提構裝技術，有些書則放在半導體製程簡介中聊備一格，或是獨立於書中最後一章來做介紹，又顯得可有可無。集合成專書的情形，則是少之又少。而這本積體電路構裝技術專書的發行，可以說來的正是時候。

本書從構裝的基本技術介紹起，沿著發展的軌跡有覆晶技術、系統整合晶片，再引入 3D-IC 最重要的貫穿矽引洞（TSV, Through Silicon Via）技術。

內容深入淺出，配合實務之照片又以彩色印刷，引人入勝。其中先進之貫穿矽引洞的許多技術目前僅見於學術期刊與研討會中。作者發了很多時間去蒐集與整理，更重要的是作者提供了許多實務的照片，可以幫助讀者深入瞭解此一技術。在新版中更增添一些新的內容。對於此領域之從業工程師們或是即將踏入此一產業的學子們，本書無疑是他們建立基礎，了解積體電路構裝技術的最佳首選。

國立交通大學電子物理系

趙天生

致　謝

　　本書內容為筆者在半導體領域工作二十餘年來，針對各種製程設備問題及執行 3D-IC 科專計畫時所累積之心得，另外也參考國內外相關期刊文獻、以及請教多位半導體業界專家所整理出來之技術資料。作者在此要感謝行政院國科會中科局高科技設備前瞻技術發展計畫在研發經費上之支持，使得弘塑科技公司 3D-IC 科專計畫（3D 整合構裝濕式銅導線製程設備開發計畫）能順利進行，進而有本書的出版。在科專計畫執行期間，作者要感謝逢甲大學揚聰仁教授、徐先達先生，工研院機械所高端環小姐、黃萌祺先生，暨南國際大學吳幼麟教授，感謝他們在計畫進行中提供許多專業知識及寶貴經驗，以及這兩年來辛苦的研發合作。此外，要感謝成功大學蔡文達教授、李汝桐教授、蘇炎坤教授、許渭州教授，以及工研院電光所顧子琨組長，添鴻科技公司鍾時俊博士，以及詹印豐先生，顏錫鴻先生等人對於本計劃之指導與鼓勵。

　　另外要感謝弘塑科技公司之同事與友人，他們計有：張鴻泰、石本立、周雲程、黃富源、梁勝銓、顏榮偉、王明忠、王志成、王家康、何聖明、張宏文、曹明雯、林泰宏、林秀雯、林穎談、林志憲、林稚苹、范振峰、羅翔隆、姜瑞豐、張修凱、曾繁斌、陳文隆、黃立佐、黃志達、陳志彬、陳賢鴻、吳宗恩、吳進原、黃如國、劉興盛、李沈基等人在研發工作上之協助。

　　最後要感謝五南圖書出版社編輯群之鼎力幫忙，此書才得以順利完成。要感謝的人實在太多，如有遺漏之處，敬請原諒。

　　謝謝！

許明哲

序文

先進微電子 3D-IC 構裝在設計上呈現多項顯著優勢。透過多層積體電路（IC）垂直堆疊，有效達成更高元件整合於更小佔地空間，將空間運用最佳化，進一步打造更加緊湊與高效之電子構裝。此方法亦能縮短導線互連長度，提升訊號傳播速度，同時減少能耗。另外，3D-IC 構裝允許異質元件整合，在單一構裝平台上能夠結合不同功能晶片，例如邏輯、記憶體和感測器，強化系統性能和功能，有利於高性能計算（HPC）、AI、行動設備和物聯網（IoT）等領域之創新應用。總體而言，3D-IC 先進構裝開啓提升性能、提高能效和增加設計靈活性之微電子構裝新途徑。鑑於近年來 CoWoS 技術與扇出型晶圓級構裝（FOWLP）等技術的快速發展，以及眾多半導體構裝測試廠（OSATS）和代工廠（Foundry）皆紛紛推出自家的 3D-IC 構裝技術，本書將反映這些快速演變的趨勢及其對業界的影響。

第五版第 1 章主要介紹半導體電子元件構裝技術之演進。第 2、3 章將針對業界使用覆晶技術（Flip Chip）在晶圓級構裝上之主要製程，作一系統性探討。第 4、5、6 章，將漸進式介紹 3D-IC 立體構裝技術，內容涵括：微電子系統整合技術之演進、3D-IC 技術及市場的發展、以及針對各種 TSV 關鍵技術，進行製程技術的整合及分析，並列舉各種 TSV 構裝範例，讓讀者能夠藉由製程流程圖及簡要的文字說明，進而快速掌握 TSV 技術之發展方向。在第 7、8 章中，將對於 TSV 技術中佔成本比重最高的二大關鍵技術：TSV 電鍍銅填充孔洞（Via Filling）及晶圓銅接合技術（Wafer Bonding），分別以獨立的章節來進行詳細說明，使讀者能夠深刻瞭解此二大技術之發展狀況及市場潛力。第 9、10、11 章，則將介紹近年來業界所推出的低成本溼式化學金屬沈積技術，即無電鍍鎳鈀金沈積技術。第 12 章介紹 3D-IC 晶圓接合技術。第 13、14 章則特別介紹扇出型晶圓級構裝（Fan-out WLP）技術。第 15 章介紹 3D-IC 導線連接技術（補充晶圓薄化之臨時鍵合和與解鍵合製程）。第 16 章介紹扇出型面版級構裝技術的演進。第 17 章將介紹最新 3D-IC 異質整合構裝技術（補充 CoWoS 技術之製作流程）。

　　本書適合於有志從事半導體製程研發、生產和應用之工程技術人員、以及產品推廣與技術行銷人員閱讀，也可作為研究生及大學高年級學生半導體構裝課程之教科書。本書適用於電子、電機、光電、材料、化工、機械、應用物理及應用化學等相關系所師生學習之參考用書。

目　錄

微電子構裝技術概論

1. 前言

電子工業是製造業中變化最快、最迷人與最重要的產業，在短時間內迅速成為已開發國家中最大及最受重視之熱門產業。在五十年前，平均一個家庭大概只擁有五個主動電子元件；反觀今日平均一個家庭的電器產品總和約擁有數億個電晶體，這使得全球人口的主要生活形態面臨到革命性之影響。在大部分的電子產品中，皆擁有四大主要 IC 元件：微處理器（Microprocessor）、特殊應用 IC（ASIC）、快速緩衝儲存記憶體（Cache Memory）和主記憶體（Main Memory）等。

由於這些積體電路晶片（IC Chip）並不是一個封閉的元件，它必須藉由電路上之輸入和輸出點電極（Input/Output, I/O）與其他晶片，以及電子系統作訊號溝通（Signal Communication）與傳輸（Transport），如此才能發揮此電子產品的功能。此外，因為積體電路（Integrated Circuit, IC）晶片和它所埋入的電路都非常脆弱，為了防止外來環境因濕度、溫度、振動、衝擊等變化，造成 IC 元件之特性遭受損傷，所以晶片需要作特別的線路連接與結構密封，以利於攜帶使用及作適當之物理保護。

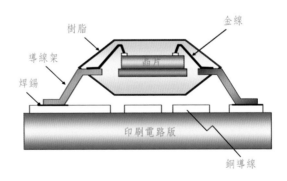

圖 1.1　電子構裝的橫截面結構圖

微電子構裝技術就是將各種電子元件，例如：電晶體（Transistors）、二極體（Diodes）、電容器（Capacitors）和電阻器（Resistors）等，進行導線連接（Interconnections）的一門科學。電子構裝即在建立 IC 元件的保護與系統組織架構的形成，它開始於 IC 晶片製作之後，包括：IC 晶片的黏結固定、電路連線、結構密封、與印刷電路板進行接合、系統組合，乃至於產品完成之間的所有製程。

　　圖 1.1 所示為電子構裝的橫截面結構圖[1]，電子構裝的主要功能有下列四種：(1)電力傳送、(2)訊號輸送、(3)熱的去除、(4)電路保護等。因為所有的電子產品，都是以電力為能源。電力的傳送，需要透過連接線路送達各個元件。而各個電子元件產生的電子訊號，也需要透過電路傳送，才能展現功能。各個電子元件運作時所產生的熱，必須在構裝的設計上考慮如何散熱，以保持電子產品的操作溫度在合理的範圍內，電子產品才能有效的運作並維持產品的壽命。此外，電子構裝也必須能提供產品足夠的機械強度與物理保護。

　　綜合以上所述，微電子構裝可歸納為幾個重點項目：

(1) 提供電流的流通路徑，使得晶片之間可以進行電力與訊號的傳輸。

(2) 避免訊號延遲，影響系統運作。

(3) 去除晶片所產生的熱，提供散熱路徑，並且增加晶片的散熱能力。

(4) 提供電子元件之機械支撐與環境保護，避免遭受物理性破壞或化學性侵蝕。

(5) 建構人機介面。

　　圖 1.2 為微電子構裝主要目的示意圖，微電子構裝之終極目標，就是要確保電子元件與導線能夠發揮其功能（Functionality）與具備其應有的可靠性（Reliability）。隨著半導體之整合程度（Integration）持續提升至更高層次，以及高性能與多功能等訴求，微電子構裝技術為迎合此種需求，將不斷地面臨各種嚴峻複雜之挑戰。

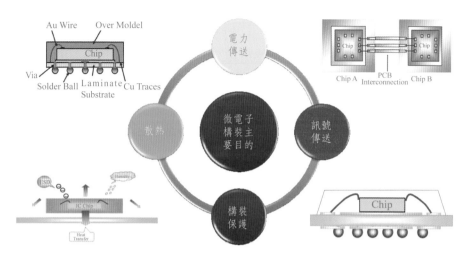

圖 1.2　微電子構裝之主要目的

2. 電子構裝之基本步驟

　　IC 構裝依使用材料可分為陶瓷（Ceramic）及塑膠（Plastic）兩種，目前商業應用上之主流為塑膠構裝。如果以塑膠構裝之打線接合為例，其步驟依序分為：晶片切割（Die Saw）、黏晶（Die Mount/Die Bond）、銲線（Wire Bonding）、封膠（Molding）、剪切 / 成形（Trim/Form）、印字（Mark）、電鍍（Electroplating）及檢驗（Inspection）等。以下將依序對整個構裝製程，做一詳細說明：

2.1　晶片切割（Die Saw）

　　晶片切割之目的是將前製程加工完成之晶圓上一顆顆的晶粒（Die）進行切割分離，利用鑽石切割機從晶圓中切割出每一個晶粒。於晶片切割之前，首先必須將晶圓黏貼在一種經紫外線照射後可以改變特性的 UV 膠帶（UV Tape），並將全體固定於框架上，然後再送至晶片切割機上進行切割。圖 1.3 為晶圓及晶圓切割機示意圖，晶圓被傳送到具有噴灑去離子水

（DI 水）的切割機上，沿者 X 與 Y 方向利用轉速高達 20,000 RPM 之 25 μm 厚的鑽石刀片進行晶圓切割，晶圓將藉由 DI 水的沖洗，以移除切割研磨時所產生的殘留物。經切割完後之晶粒將井然有序地排列於膠帶上，而框架的支撐則可避免膠帶產生皺摺，以及防止晶粒之間的相互碰撞。

　　為了使切割作業不會導致 IC 內部產生缺陷，必須控制鑽石刀片所施加於晶圓的壓力以及切割速度。在切割作業完成後，使用特殊工具拉出 UV 膠帶，被切割的晶片也因此被拉出少許間隙，各個晶片也因此被分離，然後以紫外線照射 UV 膠帶，膠帶因光化學反應而喪失黏著力，使晶片容易從膠帶上剝落，以進行下一步之黏晶製程。

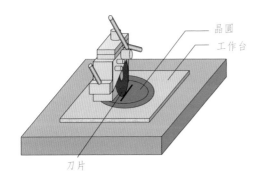

圖 1.3　晶圓及晶圓切割機示意圖[7]

2.2　黏晶（Die Dond）

　　黏晶之目的是將一顆顆晶粒置於導線架（Lead Frame）上，並以銲料晶片、金矽共晶層，或環氧樹脂（Epoxy）等黏著固定，如圖 1.4 所示。黏晶完成後之導線架則經由傳輸設備送至彈匣（Magazine）內，以傳送至下一製程進行銲線接合。主要的黏晶方法有：共晶（Eutectic）接合法、銲料晶片接合法和玻璃膠接合法，其詳細應用內容與優劣點分別說明如下。

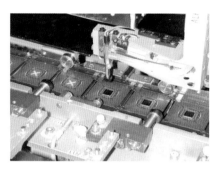 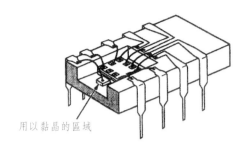

用以黏晶的區域

圖 1.4　黏晶照片與示意圖

2.2.1　共晶（Eutectic）接合法[3]

所謂共晶（Eutectic）就是當兩種材料形成共晶合金時，其熔化溫度將遠低於兩種材料之個別熔點（Melting Point）的一種現象。共晶（Eutectic）黏著所使用的兩種材料為金（Gold）和矽（Silicon）。金的熔點為 1063 ℃，矽的熔點為 1415 ℃，當兩者在溫度為 380 ℃ 下混合時會形成合金。首先將金鍍於黏晶區，然後在受熱時便會與矽晶片形成合金。

黏晶層中的金事實上是一種三明治的夾層結構，黏晶區的底部是一層金，有時則使用金和矽之預先混合物放置於黏晶區，在加熱時此兩層會與晶片底部的矽結合成一層薄的合金，此合金層是晶片與構裝體的黏結層。共晶（Eutectic）黏著需要四個動作：(1)首先將構裝體加熱，直到金和矽變成液態；(2)然後將晶片置於黏晶區，接著進行所謂的擦磨動作，使晶片與構裝面接合；(3)在加熱情況下，產生金和矽的共晶（Eutectic）層；(4)最後進行冷卻，如此將完成晶片與構裝體的黏結。共晶（Eutectic）黏著法可以人工或自動化執行前述動作，金和矽的共晶黏著適用於高可靠度元件及晶片，其黏著性、散熱性、熱穩定性都很優越，並且不含雜質。

2.2.2　銲料晶片接合法[4]

除了共晶接合法之外，銲料晶片接合法為另一種利用合金反應進行晶片接合的方法。該接合法能形成導熱性優良的黏結層，特別適合於高功率元件之構裝。銲料接合法必須在熱氮氣的環境中進行，以防止銲料氧化及孔洞的形成。常見的銲料有金—矽（3 %）、金—錫（20 %）、金—鍺（12 %）等硬質銲料（Hard Solder）與鉛—錫（5 %）、鉛—銀（2.5 %）—銦（5 %）等軟質銲料（Soft Solder）。

硬質銲料的機械性質強度高，可以獲得良好之抗疲勞（Fatigue）與抗潛變（Creep）的晶片接合，但卻可能因為 IC 晶片與構裝基板熱膨脹係數有所差異，所以會引熱應力而導致破壞。使用軟質銲料可以改善晶片承受巨大應力的缺點，但其抗疲勞與抗潛變的特性較差；此外，因矽晶片無法直接與軟質銲料進行銲接，故必須在其背面鍍上多層金屬薄膜以促進銲料的潤濕性。例如：鈦鎳銀（Ti/Ni/Ag），其中 Ti 層為附著層（Adhesion Layer），Ni 為擴散阻障層（Diffusion Barrier Layer）。

2.2.3 玻璃膠接合法[4]

玻璃膠（Inorganic Glass）接合法與高分子黏著劑（Organic Adhesives）晶片接合法都是低成本的接合製程。它們利用戳印（Stamping）、網印（Screen Printing）或針筒點膠（Syringe Transfer）等方法，將填有銀（15～18 vol%）之高導電性金屬粉末的玻璃膠、環氧樹脂（Epoxy）或聚亞醯胺（Polyimide）等高分子膠塗布於基板上，將 IC 晶片放好之後再施予烘烤熱處理來完成接合。由於銀粉末具有不易氧化、導熱導電性良好及價格便宜等優點，所以最常使用於玻璃膠或高分子黏著劑內。玻璃膠接合法可獲得無孔隙、高熱穩定性、低接合應力（玻璃膠的彈性係數低）與低濕氣之接合；但加熱過程中必須將膠中的有機溶劑完全去除，否則會影響到構裝的可靠度。高分子黏著劑接合法不需要在晶片背面鍍上金層，而且高分子膠可以製成固體膜狀再施予熱壓接合。因其能配合自動化生產製造，故為塑膠構裝中最常使用的晶片接合法；但高分子膠接合法有熱穩定性不良、易發生有機成分洩漏以及因溶劑蒸發而產生孔洞等缺點，進而影響構裝之可靠度。此外，使用銀填充的高分子黏著劑在潮濕環境中，還可能因電子遷移而造成短路現象。

2.3　銲線（Wire Bonding）

銲線製程是將晶粒上的接點，以極細的金線（18～50 μm）連接到導線架（Lead Frame）的內引腳上，藉此將 IC 晶粒之電路訊號傳輸至外界，如此才能發揮電子訊號傳輸之功能，如圖 1.5。

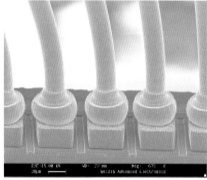

圖 1.5　銲線製程將 IC 晶粒之電路訊號傳輸至外界

2.4　封膠（Molding）

封膠之主要目的在防止濕氣由外部入侵，以機械方式支持導線，將內部產生之熱量進行散熱，以及提供能夠持取之形體。其主要製程是將銲線完成之導線架或基板置於框架上並先預熱，接者將框架置於壓模機的構裝模上，再以樹脂充填並等待硬化，接著開模取出整排相連之成品，如此便完成封膠製程。封膠完成後的成品，可以看到在每一條導線架上之每一顆晶粒包覆著堅固之外殼，並伸出外引腳互相串聯在一起，如圖 1.6 所示。

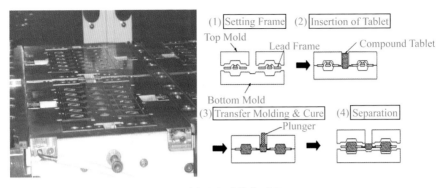

圖 1.6 封膠完成後的成品

2.5 剪切／成形（Trim/Form）

剪切目的是將導線架上完成構裝之晶粒進行獨立分開，並且把不需要的連接材料及部分凸出之樹脂進行切除。剪切完成時之每個獨立封膠晶粒之模樣，是一塊堅固的樹脂硬殼並由側面伸出許多隻外引腳。成形之目的則是將外引腳壓成各種預先設計好的形狀，以便於裝置於電路版上。剪切與成形主要是由一部衝壓機，配上多套不同製程之模具，再加上進料及出料機構所組成。成型後的每一顆 IC 便送入塑膠管（Tube）或承載盤（Tray）以方便輸送。圖 1.7 照片所示為剪切成型後之成品。

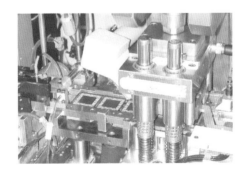

圖 1.7 剪切成型後之成品

2.6　印字（Mark）

　　將字體印於構裝完成的膠體上，其目的在於註明商品之規格及製造者等資料（圖 1.8）。

圖 1.8　將字體印於構裝完成的膠體上

2.7　檢驗（Inspection）

　　檢驗之目的在確定構裝完成之產品是否合乎使用。其中檢驗項目包括：外引腳之平整性、共面度、腳距、印字是否清晰及膠體是否有損傷等外觀檢驗。

3. 電子構裝之層級區分[2]

　　電子構裝是一門跨領域的工程技術，它是產品電性、熱傳導性、可靠度、可應用材料與製程，以及成本價格等因素之最佳化的整合技術，因此構裝之製程技術與材料運用皆具有相當大的彈性與變化性，例如：混成電路（Hybrid Circuits）是混合第一層級與第二層級技術的構裝方法；晶片直接組裝（Chip-on-board, COB）則省略第一層級構裝，直接將 IC 晶片接合在屬於第二層級構裝的電路板上。隨著製程技術與新型材料不斷地被開發出來，電子構裝技術亦呈現出多樣化與新穎性，所以電子構裝的技術層級區分，並不是一成不變的準則，它是會隨著電子產品之功能需求，不斷地往前進步及發展。

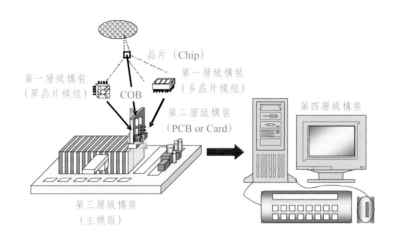

晶片（Chip）

第一層級構裝
（單晶片模組）

第一層級構裝
（多晶片模組）

COB

第二層級構裝
（PCB or Card）

第四層級構裝

第三層級構裝
（主機版）

圖 1.9　典型電子構裝之層級區分圖[2]

在傳統微電子構裝技術上，並不包含晶片內的導線連接製程。然而隨著積體電路整合程度的增加，有固定百分比例的導線連接構裝製程會持續轉移到晶片內部，這使得半導體之薄膜導線製程（Thin Film Wiring），漸漸成為微電子構裝技術中非常重要的領域之一。圖 1.9 為典型電子構裝之層級區分圖，從 IC 晶片的黏結固定開始到產品的完成，電子構裝製程技術常以四個不同的層級（Level）來區分之：第一層級係指將 IC 晶片黏結於一構裝體中，並完成其中的電路連線與密封保護等製程，所以又常稱為模組（Module）或晶片層級構裝（Chip-level Packages）；第二層級構裝係指將第一層級構裝完成的元件組合於電路卡（Print Circuit Card）上的製程；第三層級則指將數個電路板組合於一個主機板（Mother Board）上，成為一個次系統的製程；第四層級則是將數個次系統組合成為一個完整的電子產品的製程。IC 晶片上的連線製程也被稱為第零層級之構裝，故電子構裝的製程有時又以五個不同的層級區分之，可見電子構裝的層級區分，會依定義不同而有一些差異，所以在此強調電子構裝層級區分的主要目的，只是方便區分與解釋製作流程，各書本之定義會有一些差異。

3.1 第零層級構裝（Zero Level Package）

在晶片級（Chip Level）或晶圓級（Wafer Level）構裝上，著重在覆晶技術之凸塊製作，一般稱為第零層級構裝（Zero Level Package）。為了強調晶片級構裝的改變趨勢，本章所談的晶片級構裝，將包括導線連接之金屬化以及準備晶片構裝之導線連接，主要連線方法有：(1)銲線接合（Wire Bonding）、(2)捲帶式自動接合（Tape Automated Bonding, TAB）、(3)覆晶凸塊接合（Flip-chip Bumping）等三種技術，如圖 1.10 所示。

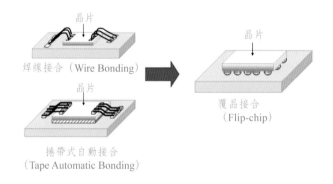

圖 1.10 半導體工業上之三種晶片的導線連接技術[2]

3.1.1 銲線接合（Wire Bonding）[3]

將晶片固定在合適的基板或導線架（Lead Frame）上，再以細金屬線，將晶片上的電極與基板或導線架上的電路相連接。打線接合為電子構裝電路連線中最常使用的方法。該方法係在完成 IC 晶片與基板的黏結之後，以熱壓接合（Thermo-compression Bonding）、超音波接合（Ultrasonic

Bonding），或熱超音波接合（Thermo-sonic Bonding）等方法將細金屬線或金屬帶，依序打在 IC 晶片電極與導線架或構裝基板的接合墊（Pad）上，以進而形成電路連接。

最早應用於超音波銲線接合的材料為純鋁（Pure Al），實際上因純鋁太軟很難抽成導線，加入 1 % 矽（Si）可增加純鋁的韌性，由於 1 % 矽已超過鋁在常溫的溶解度，所以矽會析出形成二次相之矽（Second Phase of Silicon），導致鋁線硬化。鎂也可加入鋁中來強化鋁導線，由於加入 1 % 鎂（Mg）仍小於鋁在常溫的固態平衡溶解度，所以即使有鎂之二次相析出時，亦不會造成硬化問題。應用於晶片、基板及構裝體的接合墊（Bonding Pad）進而與銲線作接合的金屬材料，則包括：鋁（Al）、金（Au）、銀（Ag）、鎳（Ni）與銅（Cu）等金屬。銀一般鍍於導線架（Lead Frame）表面，或與鉑（Pt）形成合金，也可與鈀（Pd）形成混合導電膠厚膜。表 1.1 為鋁（Al）、金（Au）與銅（Cu）等金屬之物理性質[8]。

表 1.1　鋁（Al）、金（Au）與銅（Cu）等金屬之物理性質[8]

材料	熱導度 (W/mK)	熔點 (°C)	電阻率 (Ω-m)	電阻溫度係數 (Ω-m/°C)	彈性模數 (GPa)	熱膨脹係數 (1/K)	延伸率 (%)
Al	237	660	2.7×10^{-8}	4.3×10^{-11}	35	4.6×10^{-5}	50
Au	319	1065	2.3×10^{-8}	4×10^{-11}	77	1.4×10^{-5}	4
Cu	403	1085	1.7×10^{-8}	6.8×10^{-11}	13	1.6×10^{-5}	51

➢ 熱壓接合

熱壓接合以金線為接合的導線材料，熱壓接合過程如圖 1.11 所示，首先將金線穿過以氧化鋁、碳化鎢等高溫耐火材料所製成之毛細管狀接合工具的末端，接著以電弧（Arc）或氫燄燒灼金線成球，再將已加熱至 300～400 ℃ 的接合工具將金屬球下壓至第一個接墊位置上，藉由熱壓擴散接合效應，進行球點接合（Ball Bond）。接合工具隨後上升，引導金屬線至第二個接合墊位置上進行楔形接合，接合過程中，接合過程中，基板通常保持在 150～250 ℃。由於金線具有良好的抗氧化性，所以成為熱壓接合的主要導線材料；通常會在金線中額外添加微量的鈹（Be; 5～10 ppm）以強化材料的機械性質。

➤ 超音波接合

超音波接合如圖 1.12 所示，係在常溫下以接合楔頭（Wedge）引導金屬線（鋁或鋁合金線）使其壓緊於接合墊上，再輸入 20 至 60 kHz 的超音波，藉音波震動與迫緊壓力產生冷銲效應，進而完成楔形接合；由於不會產生金屬間化合物，其構裝元件的可靠度較高。超音波接合只能形成楔形接點（Wedge Bond），其接合速度較慢，比較不適用大型晶片之電路連線。

超音波熔接是一種原子間擴散的接合，越容易擴散者，越容易接合，依據金屬的塑性變形理論，受加工的材料容易因低溫短時間加熱而產生再結晶現象，此再結晶為金屬原子移動所致，在接合加工時，很小的振動能也容易引起原子移動（原子擴散），原子擴散後，進行再結晶過程即可完成熔接。在銲線接合過程中，Au 的熔點雖有 1,050 ℃ 之高，但超音波熔接溫度仍然可以在遠低於熔點的情況下，來接合兩個金屬界面，由於 Au、Ag、Al 都是極易擴散的原子，所以很適合使用超音波熔接。

銲線接合之優點就是技術及設備開發非常健全，所以目前仍然是市場上的主要技術。但其缺點為構裝的 I/O 數日益上升，使得覆晶（Flip-chip）及 TAB 技術興起，銲線接合技術正面臨挑戰，其所佔有的市場比例也在縮小之中。

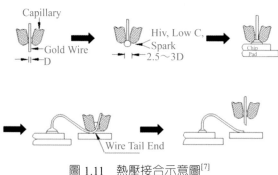

圖 1.11　熱壓接合示意圖[7]

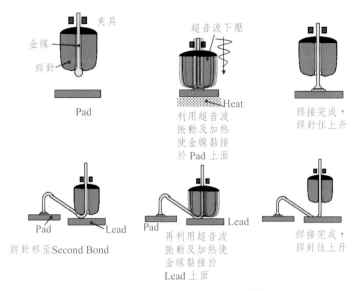

圖 1.12　超音波銲線接合之順序[7]

3.1.2　捲帶式自動接合（Tape Automated Bonding, TAB）[3]

　　TAB 為美國 GE 公司於 1968 年所開發出來，在銅片表面形成不導電膜以連接半導體元件，應用在第一層級與第二層級的構裝上。捲帶式自動接合製程，是將晶片與在高分子捲帶上的金屬作電路連接。內引腳與 IC 晶片之接合墊凸塊以熱壓作接合，為多端子接合技術；外引腳則與基板作接合。TAB 優點為可縮小積體電路晶片上金屬墊的間距，進而提高電路連接密度。缺點為凸塊製作不易，且成本較高。圖 1.13 為 TAB 構裝聯線示意圖。TAB 聯線技術雖然成本較高，但因為它可以有效減少構裝厚度而被工業界使用。目前主要應用於薄膜液晶顯示器（TFT LCD）的驅動 IC、高腳數超大型積體電路及高單價 CPU 的構裝應用上。

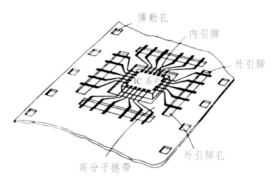

傳動孔
內引腳
外引腳
IC晶片
外引腳孔
高分子捲帶

圖 1.13　TAB 構裝聯線示意圖[3]

3.1.3　覆晶凸塊接合（Flip-Chip Bumping）[2,3]

　　覆晶凸塊接合技術，最早由美國 IBM 公司於 1960 年代首先研發出來，用以取代銲線接合技術，並且針對該技術進行一連串之深入研究。覆晶一詞，IBM 公司稱為：C4（Controlled Collapse Chip Connection）技術，中文意思為「控制晶片接合時的凸塊塌陷高度」，又稱為直接晶片接合（Direct Chip Connection, DCA），IBM 公司的 C4 製程是採用蒸鍍方式（Evaporation），在矽晶片表面鍍上不同的金屬層，用來製作凸塊底下金屬層及銲錫凸塊，如圖 1.14 所示為 IBM 的 C4 製程示意圖。

　　IBM 當時採用高溫銲錫合金作為銲接凸塊，利用延展性銲料在加熱過程中產生崩潰（Collapse）成為球形，進而與陶瓷電路板作接合，由於銲錫凸塊在熱銲成球時具有自我校正之特性，所以可提高細小節距（Fine Pitch）構裝之可靠度。覆晶技術具有高 I/O 密度、連線短（如圖 1.15 所示）、低電感、容易控制高頻雜訊、電磁遮蔽效應佳、銲錫接點自我校正功能、構裝尺寸小與表面黏著技術相容性高等優點。在目前輕薄短小之電子產品市場需求趨勢下，它將逐漸取代傳統打線接合技術（Wire Bonding），進而成為電子構裝之主流技術。如圖 1.16 所示，為各種覆晶凸塊接合之示意圖，有關覆晶凸塊接合技術，在第二章將有詳細之探討。

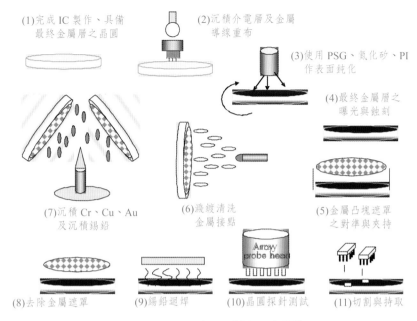

(1)完成 IC 製作、具備最終金屬層之晶圓

(2)沉積介電層及金屬導線重布

(3)使用 PSG、氮化矽、PI 作表面鈍化

(4)最終金屬層之曝光與蝕刻

(7)沉積 Cr、Cu、Au 及沉積錫鉛

(6)濺鍍清洗金屬接點

(5)金屬凸塊遮罩之對準與夾持

(8)去除金屬遮罩

(9)錫鉛迴焊

(10)晶圓探針測試

(11)切割與持取

圖 1.14　IBM 的 C4 製程示意圖[2]

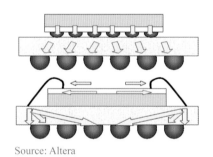

Source: Altera

圖 1.15　覆晶技術與打線接合技術之線路比較[2]

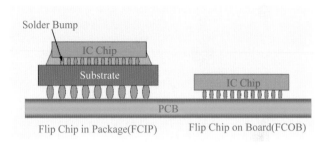

圖 1.16　各種覆晶凸塊接合之示意圖[2]

3.2　第一層級構裝（First Level Package）

　　第一層級構裝主要是建立微電子構裝系統，以提供晶片與印刷電路板上之間能夠進行導線連接（圖 1.17）。此微電子構裝體，有可能是單晶片模組（Single Chip Module, SCM）或多晶片模組（Multi-Chip Module, MCM）。根據熱循環境，單晶片模組或多晶片模組所使用之基板（Substrate），有可能是有機基板（Organic Substrate）或陶瓷基板（Ceramic Substrate）構裝。在一些情況下，有些晶片不含基板，直接將晶片黏接於電路板上，稱為 Chip-on-board（COB）。第一層級構裝所使用的封裝材料，主要為塑膠構裝及陶瓷構裝兩種。

3.2.1　塑膠構裝[2,3]

　　塑膠構裝的散熱性、耐熱性、密封性與可靠度遜於陶瓷構裝與金屬構裝，但它能提供小型化構裝、低成本、製程簡單、適合自動化生產等優點，而且隨著材料與製程技術的進步大幅提升其可靠度之後，塑膠構裝已經成為當今使用最多的構裝技術，它的應用從一般的消費性電子產品到精密的超高速電腦中隨處可見。尤其在考慮產品尺寸、重量、性能、成本和使用性等因素時，塑膠構裝所提供的優勢則大於陶瓷構裝。從 1970 年代開始使用至今，塑膠構裝在密封性及可靠度方面，皆有長足進步。使用塑膠構裝之領

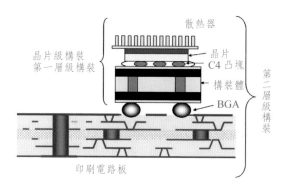

圖 1.17 晶片級構裝（第一層級構裝）與進一步連接到印刷電路板上（第二層級構裝）之示意圖[2]

域包括：消費性電子、低階到高階之電子構裝，以及 97 % 第一層級構裝市場。

　　早期塑膠構裝之基板技術，主要侷限於注入壓模構裝與金屬引腳基板。由於塑膠注入壓模構裝之成本較低，目前仍然廣範應用於消費性電子及低階電子構裝。一般基板技術是以單階金屬框為塑膠壓模構裝之基礎，工業上常見的兩種金屬引腳（Metal Lead Frame），分別為鎳鐵合金（Alloy 45; 45 % Ni/58 % Fe）及銅合金等。引腳的製作是使用壓印（Stamping）或化學蝕刻（Chemical Etching）製程，將金屬薄片（Metal Sheets）加工形成金屬互連之導線。雖然壓印製程的成本低，並且可以大量生產，但是在嚴謹設計法則之高布線密度（Higher Routing Density）需求上，使用蝕刻製程則更能滿足其需求。

　　塑膠構裝的主要流程如圖 1.18(1)～(3) 步驟所示：首先將 IC 晶片黏結於導線架（Lead Frame）的晶片座上，以金線將晶片與導線架接合（或用 TAB、Flip-chip 方式），然後將其移入鑄模機中灌入樹脂原料，經烘烤硬化與引腳截斷成型後，即可得到所需要的成品。一般而言，交貨到構裝廠的晶圓厚度約 0.4 mm，必須在經過晶背研磨（Grinding）薄化到厚度只有 0.25～0.3 mm 時，才進行切割構裝。

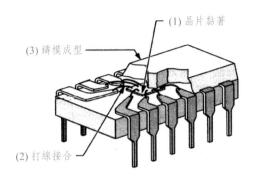

(3) 鑄模成型

(1) 晶片黏著

(2) 打線接合

圖 1.18　塑膠構裝示意圖[3]

3.2.2　陶瓷構裝[2,4]

陶瓷材料具有優良的熱、電、機械特性，又可改變化學組成來調整其性質，在電子構裝中因此有極為廣泛的應用，它不僅是常見的承載基板材料，也是主要的密封封蓋（Lid 或 Cap）材料，亦可配合厚膜金屬化技術製成多層聯線基板（Multilayer Interconnection Substrate）供高密度構裝之用。由於陶瓷材料脆性較高，易受應力破壞；與塑膠構裝比較，它的製程溫度高，成本亦高；陶瓷構裝因此僅見於高可靠度需求的元件構裝中，而不再是當今電子構裝使用最多的技術。陶瓷構裝一般使用共燒多層陶瓷基板（Co-fired Multilayer Ceramic Substrates），在所有的構裝技術中，陶瓷構裝可以提供最高導線密度。陶瓷構裝主要應用於需要高可靠度或高功率之 IC 元件的構裝應用上，例如：太空、軍事防禦、尖端微處理器等元件。

在構裝的密封性及尺寸穩定性來說，陶瓷構裝是優於塑膠構裝。傳統陶瓷構裝結構上，一般是結合鋁陶瓷與鉬或銅膠（Copper Paste）導體，然而在目前先進陶瓷構裝上，則採用含有堆疊薄膜層（Stack of Thin Film）之積層陶瓷，由於此種堆疊薄膜層可提供較高密度之導線，所以藉由增加堆疊薄膜之層數，可減少整個陶瓷構裝體之體積與厚度，進而改善晶片間的脈衝傳輸（Pulse Transmission Between Chips）。

單晶片陶瓷構裝流程如圖 1.19 所示。首先將 IC 晶片黏結於一個已搭載有金線架的陶瓷基板中,當完成晶片與導線架的聯線之後,再以玻璃黏著劑、合金熔接、錫銲或硬銲等方法,將陶瓷封蓋與基板黏合而成。陶瓷構裝利用陶瓷、合金引腳與玻璃等材料,能夠形成更緊密之接合,以提供高可靠度及密封式之構裝結構。氧化鋁(Al_2O_3)為最常見的陶瓷構裝基材,其他如氮化鋁(AlN)、氧化鈹(BeO)、碳化矽(SiC)、玻璃陶瓷(Glass Ceramics)等亦是重要的陶瓷構裝材料。

電化學技術(Electrochemical Technology)在陶瓷構裝發展上,可謂扮演極重要之角色,應用電鍍(Electroplating)與蝕刻(Etching)技術,可形成導孔(Via)與導線(Conductor Wires)。使用無電鍍(Electroless Plating)Co(P)可形成擴散阻障層(Diffusion Barrier Layer),以及在燒結的鉬墊上沉積無電鍍鎳金(Electroless Nickel Plating & Immersion Gold; ENIG),並且搭配化學機械研磨(Chemical Mechanical Planarization; CMP)技術,則可以形成複雜之平面結構。

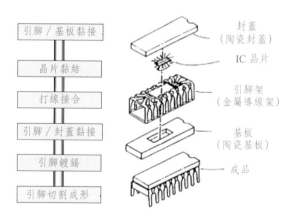

圖 1.19 單晶片的陶瓷構裝流程[4]

3.3　第二層級構裝（Second Level Package）

　　將構裝好的單晶片模組（SCM）、多晶片模組（MCM），或其他組件組裝於印刷電路板（Print Circuit Board, PCB）或電路卡（Card）上。印刷電路板（PCB）一般是在環氧樹脂—玻璃絕緣薄板上，疊著銅箔的導電層（Copper Clad Sheets），並在通孔鍍銅（Copper Through Hole Plating），以形成上下層電路的連通。

　　針對大部分電子模組及組件之所需要的導線連接及機械支撐平台，印刷電路板（Print Circuit Board, PCB）與電路卡（Print Circuit Card）可以說是一種提供最低成本的構裝解決方案。印刷電路板與電路卡是使用相同的電路圖案化技術，其中電路卡的尺寸較小，層數亦較少，而且有時其尺寸會比印刷電路板更粗。一般為了解釋上之方便，會將印刷電路板與電路卡通稱為PCB。

　　PCB 所使用的絕緣層以環氧樹脂玻璃（Epoxy Glass）為主，以及一些合成樹脂（Phenolic）薄層。依據產品功能與應用來區分，PCB 的厚度會有不同的變化。計算機與 PDA 的 PCB 厚度為 0.1 mm；筆記型電腦、攝錄影機與收音機的 PCB 厚度為 0.5 mm；個人電腦、工作站及相關配件的 PCB 厚度為幾 cm 長。PCB 導線長度會隨著產品功能複雜度的增加而增加，在1950 年代每一個 PCB 導線長度約為幾 cm 長，到了 1990 年代則增加到幾km 長。這主要是因為微處理器（Microprocessor）的功能與整合度不斷提升，以及輸入與輸出點（Input/Output, I/O）的密度增加所致。為了滿足以上構裝之需求，PCB 工業必須不斷進步，以提升技術層級。

　　印刷電路板的製作過程會使用大量的微影蝕刻及電鍍製程，印刷電路板為多層堆疊結構，可分為單面銅及雙面銅兩種型式。其中銅電鍍的絕緣層是採用光阻及蝕刻液來進行電路板的圖案化製作，或者先製作圖案，然後進行電鍍銅或無電鍍銅（化學銅）的線路製作。

　　目前印刷電路板的主流製造技術是先將平面的銅箔進行選擇性蝕刻，以形成所需要的電路圖案，然後貼合於環氧樹脂玻璃板上。其中銅箔是採用連續電鍍法進行大量生產製作，如此可增加其尺寸的精確度及銅的純度，一般商用銅箔厚度為 9 μm，線路圖案的蝕刻精確度可以控制到 25 μm。

有關多層印刷電路板的製作，包括以下步驟：

(1) 製作雙面的積層薄板（Laminate）。

(2) 將半烘烤的軟片（Prepeg）置於積層薄板上，以形成堆疊結構。

(3) 將其壓合以製成一個具有兩面電極的單一複合層，接著進行鑽孔（Drill）和電鍍（Electroplating）製程，使用穿孔電鍍（Plating Through Hole, PTH）可以垂直連接各層線路，進而提供表面所需之電路圖案，以及將各層電路板上的元件進行導線連接。圖 1.20 為多層印刷電路板的結構及功能示意圖。

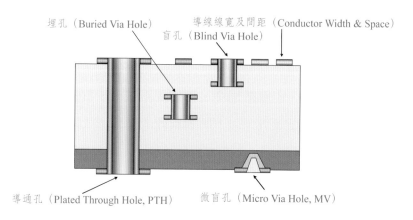

圖 1.20　多層印刷電路板的結構及功能示意圖[2]

3.4　第三層級構裝（Third Level Package）

將數個印刷電路板組合於一主機板上（Motherboard），進而形成一個次系統產品。然而因次系統不同，第三層級構裝會有一些改變。例如桌上型電腦（Desktop）是將數個印刷電路板組合於一主機板上；然而手持式電子產品（Handheld Electrical Products），其外殼本身就是第三層級構裝。另一方面，在一個工作站（Workstation）或大型電腦（Mainframe）的密封式機殼內，則包含有許多的主機板（Motherboards）。

3.5　第四層級構裝（Fourth Level Package）

將數個次系統進行組合，以成為一個完整的電子產品。由於目前各種電子產品的功能及複雜度不同，所以其所組合的次系統數量亦有所變化。

4. 晶片構裝技術之演進

隨者電子產品朝向手持式行動化、小型化及高功能化等趨勢前進，電子構裝技術亦不得不朝向多腳數化、低熱阻抗化、超小型化之極限推進。晶片的構裝技術已經歷好幾代的變遷，從 DIP、QFP、PGA、BGA 到 CSP 再到 MCM，最後進步到系統級構裝（System In Package, SIP）。技術指標一代比一代先進，包括晶片面積與構裝面積之比越來越接近於一，適用頻率越來越高，耐溫性也越來越好，引腳數增多，引腳間距減小，重量減輕，可靠度提高，以及使用上更加方便等等。以下將對具體的構裝形式進行詳細說明。

4.1　DIP 構裝

70 年代流行的是雙排式直插構裝，簡稱 DIP（Dual In-line Package）構裝。DIP 構裝的結構形式有：多層陶瓷雙排式直插構裝 DIP、單層陶瓷雙排式直插 DIP 構裝、引線框架式 DIP（含玻璃陶瓷封接式、塑膠包封結構式、陶瓷低熔玻璃封裝式），如圖 1.21 為雙排式直插構裝示意圖，DIP 構裝結構適合 PCB 的穿孔安裝。

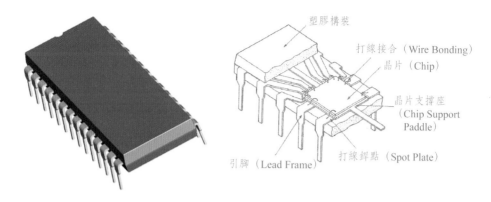

塑膠構裝

打線接合（Wire Bonding）

晶片（Chip）

晶片支撐座
（Chip Support
Paddle）

引腳（Lead Frame）

打線銲點（Spot Plate）

圖 1.21　雙排式直插構裝圖

4.2　晶片載體構裝

80 年代出現了晶片載體構裝，其中有陶瓷無引線晶片載體（Leadless Ceramic Chip Carrier, LCCC）、塑膠引線晶片載體（Plastic Leaded Chip Carrier, PLCC）、薄小尺寸構裝（Thin Small Outline Package, TSOP）、塑膠四邊引出扁平構裝（Plastic Quad Flat Package, PQFP），如圖 1.22 所示。

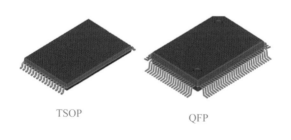

TSOP

QFP

圖 1.22　TSOP、QFP 構裝圖

4.3　BGA 構裝[4]

90 年代隨者晶圓技術的進步、設備的改進與微米技術的使用，LSI、VLSI、ULSI 相繼出現，單晶片整合度不斷提高，對 IC 構裝要求更加嚴格，I/O 引腳數急劇增加，功耗也隨之增大。為滿足發展需求，在原有構裝基礎上，又增添新的品種──球狀柵列構裝，簡稱 BGA（Ball Grid Array）構裝。

BGA 構裝的特點有：

(1) I/O 引腳數雖然增多，但引腳間距遠大於 QFP，進而提高組裝良率；

(2) 雖然它的功耗增加，但 BGA 使用可控制晶片的塌陷高度法進行銲接（簡稱 C4 銲接）可改善電熱性能；

(3) 厚度比 QFP 減少 1/2 以上，重量減輕 3/4 以上；

(4) 寄生參數減少，訊號傳輸延遲小，使用頻率大大提高；

(5) 可使用共平面方式銲接，提高可靠度；

(6) BGA 構裝仍與 QFP、PGA 一樣，佔用基板面積過大。

BGA 如圖 1.23 所示，係指單一晶片或多晶片以打線接合、捲帶自動接合或覆晶接合的方式和基板上之導線相連接；而基板本身以面積陣列方式（Area Array）分布的錫球作為 IC 與外連接的接點。BGA 構裝的設計是將原先 QFP 構裝對外連接的導線架，改成位於本體腹底的銲錫球腳。這種面積排列式錫球接點，既可疏散腳距又可增加腳數。這種構裝方式因材料、球腳數目，可分為 P-BGA（Plastic Ball Grid Array）、T-BGA（Tape Ball Grid Array）、C-BGA（Ceramic Ball Grid Array）等。BGA 構裝在電子產品的用途日漸廣泛，主要是 300 腳以上高密度構裝的高階產品；在 300 腳以下，若有特殊電氣、散熱等需求時，廠商也會考慮使用 BGA 構裝技術。BGA 構裝的應用產品，包括：個人電腦的晶片組、筆記型電腦、3D 的圖形處理 IC、消費電子產品中使用的 ASIC 晶片及記憶體中 Flash、SRAM 等。

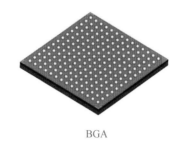

BGA

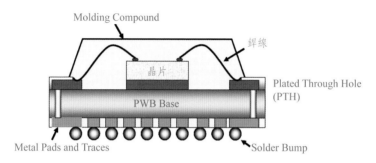

圖 1.23　BGA 構裝照片及結構示意圖[5]

4.4　晶片尺寸構裝[5]

　　若 IC 構裝完成後之面積為裸晶面積的 1.2～1.5 倍之內，即可稱之為晶片尺寸構裝。以 208 支接腳的 QFP 為例，其構裝 IC 之面積約為裸晶的 40 倍，而其體積則更達 200～300 倍。為達到電子產品輕薄短小的目標，晶片尺寸構裝（Chip Scale Package, CSP）自然成為構裝技術的熱門話題，IC 構裝的最高境界是「沒有構裝」；亦即以 Direct Chip Attachment（DCA）技術將 IC 直接裝在 PC 板上。然而由於 PC 板的線路密度、表面黏著技術、良裸晶等產業結構尚未能完全滿足 DCA 之需求，CSP 便是向 DCA 製程邁進的一個過渡性產品。CSP 既能提供接近 DCA 技術的優點，又能完全利用現有的表面黏著技術，不需要做額外的設備投資，預估在不久的將來，CSP 產品在業界的使用比例會顯著成長。

CSP 構裝的優點如下：(1)近似 IC 面積之構裝尺寸、(2)構裝厚度薄、(3)構裝成本低、(4)散熱性佳、(5)電性優良（引線短、高頻雜訊容易控制、低電感）、(6)採 SMT 組裝，上板快速、(7)信賴度高等。

若以構裝形式加以區分，CSP 大致可分為三類：

第一類為陣列型式（Array Style）以基板為支撐的 CSP（Substrate CSP）；

第二類為以導線架支撐的 CSP（Lead Frame CSP）；

第三類為晶圓級的 CSP（Wafer Level CSP, WL-CSP），如圖 1.24 所示為 Fujistu WL-CSP 構裝照片與結構示意圖[12]。

其中 Substrate CSP 構裝由於製作較為簡易，採用打線技術，使晶粒到中介層的導線距離縮短，可沿用目前的生產設備，具備高速化與成本優勢，為目前市場主流。然而晶圓級 CSP（WL-CSP）構裝體之體積小、可大量生產與製程穩定，所以將成為未來能夠持續推動市場成長之主力產品。

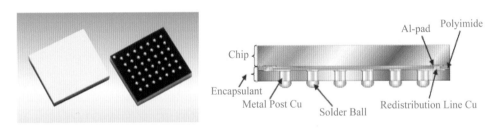

圖 1.24　WL-CSP 構裝照片與結構示意圖（資料來源：http//www.fujitsu.com.）

4.5　晶圓級構裝（Wafer Level Package, WLP）[9, 10, 11]

由於晶圓級構裝可使構裝體尺寸相同於 IC 晶片本身一般大小，同時還可以藉由在晶圓批式製程來完成所有的元件構裝製程，以降低構裝成本，所以使得該技術受到市場青睞。此外，圖 1.25 所示在晶圓級構裝製程流程圖中，由於構裝製程可與晶圓製程結合，在構裝尺寸不斷縮小的過程中，反而更具備成本優勢。另一方面，也因為簡化了構裝、測試、切割以及已知是良好的晶粒（Know Good Die, KGD）之處理與運送流程，更可進一步降低整個產品製程週期的成本。藉由在晶片設計階段，即同時考量晶片與構裝間的匹配問題，將可增進電路布局的效率，進而提升元件的效能。

　　不論是主動 IC 或是被動元件，晶圓級構裝與晶圓級晶片尺寸構裝（WL-CSP），一般係指晶片在切割之前即完成構裝製程，亦即在完成元件構裝製程後，仍保持矽晶圓的型態。除了提供一般電子構裝型態必須的熱傳及電性需求外，同時也必須確保元件獲得足夠的保護，以隔絕外部環境所造成的傷害。另一重要考量點則是：晶圓級構裝必須能與現行的表面黏著技術相容。

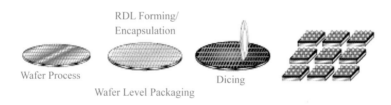

圖 1.25　晶圓級構裝製程流程圖[12]

4.5.1　晶圓級構之應用市場

　　晶圓級構裝正以明顯的成長率崛起於市場，驅使其市場成長的力量主要來自於主被動元件整合型電路、高效能記憶體以及降低腳數元件等的需求，例如快閃記憶體／可抹寫式記憶體（Flash/EEPROM）、高速動態隨機存取記憶體（High-speed DRAM）、靜態隨機存取記憶體（SRAM）、液晶顯示器驅動（LCD Drivers）、射頻元件（RF Devices）、邏輯元件（Logic）、電源／電池管理晶片以及類比電路（如：穩壓器、溫度感測器、控制器、功率放大器等）。該類元件主要應用則集中在手機、記憶體模組、個人數位助理器、筆記型電腦、個人電腦、數位影像控制器以及通訊網路等。

決定晶片是否可採用並轉換成晶圓級構裝之前，必須同時評估元件尺寸、I/O 接點數目以及間距需求等因素，以確認晶片是否有足夠的空間容納所有的連接點。其中，主要的原因在於晶圓級構裝布線，必須採用扇入（Fan-in）設計而非扇出（Fan-out）（如圖 1.26）。採用扇入布線，晶片本身的邊界即決定了晶圓級構裝可利用的範圍。

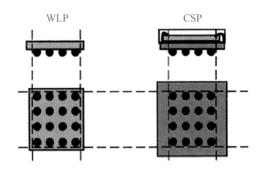

圖 1.26　晶圓級構裝 I/O 布線係採用扇入（Fan-in）設計，與一般晶片尺寸構裝（CSP，係指構裝尺寸不超過原晶片大小之 20 %）主要不同點在於：CSP 可以同時採用扇入及扇出設計，並且可視需求增加額外配置的植球[11]

如同一般晶片尺寸構裝，目前晶圓級構裝也採用與表面黏著技術相容的標準間距設計，亦即 0.8 mm、0.75 mm、0.65 mm 及 0.5 mm 等。圖 1.27 所示為在四種不同間距條件下，晶片尺寸與腳位數目的相對關係。根據圖 1.27，我們可以大略預估在特定 I/O 腳位數目的要求下，如將間距由 0.8 mm 縮小為 0.5 mm 時，晶片尺寸是否可符合晶圓級構裝的需求。圖 1.27 提供了一個大略的預估關係，因設計人員仍可藉由相容腳位的結合，進而降低晶片與基板間的接點數。由於接點間距越小將可容納更多的接點數，因此隨著 0.5 mm 間距即將成為新的設計標準（0.4 mm 世代亦將隨之而來），將有越來越多不同型態的晶片可以採用晶圓級構裝。

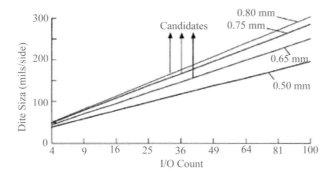

圖 1.27　元件腳位數所需的最小晶片尺寸關係圖顯示，當晶片尺寸及腳位數落在某間距曲線
　　　　以下的範圍時，則表示在該間距設計下，晶片大小將不足以容納所有的接點。由於
　　　　相容的腳位可以進一步耦合以降低 I/O 腳位數目，因此本圖並非絕對關係圖，只能
　　　　用來作初步的扇入設計可行性評估參考。[11]

4.5.2　晶圓級構裝三種主要技術

　　許多 IDM 廠商已將晶圓級構裝應用在某些特定產品。這些公司包括
了：Atmel、Bourns、California Micro Devices、Dallas Semiconductor、
Fairchild、Fujitsu、Hitachi、International Rectifier、Maxim、
Micron、Mitsubishi、National Semiconductor、NEC、OKI、Philips、
STMicroelectronics、Texas Instruments 以及 Xicor 等。目前市面上已有多種
不同型態的晶圓級構裝產品，其中各家採用的方式大致可以歸納三種主要技
術。

　　➢ 重布技術（Redistribution Technology）

　　將原排列在晶片周圍作為信號輸出與輸入（I/O）端點的接合墊（Bonding
Pad），經過類似印刷電路板的製作方式，使用金屬鍍層（導通部分）及高
介電層（絕緣部分）導引到晶片的中央，拉大接點與接點間之距離，形成
矩陣式排列（Area Array）也稱之為重布技術型的晶圓級構裝，如圖 1.28 所
示。因為在晶圓狀態已完成封裝動作，切開後即可黏到電路板上，不同於目
前都是將晶圓切成晶片再進行封裝。

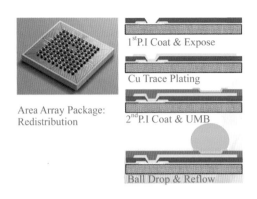

Area Array Package:
Redistribution

1st P.I Coat & Expose

Cu Trace Plating

2nd P.I Coat & UMB

Ball Drop & Reflow

圖 1.28　重布技術型的晶圓級構裝

➤ 塗裝保護型技術（Encapsulated Technology）

此技術是將晶圓密封於兩片玻璃之間，首先利用濺鍍方式製作導線將元件之金屬墊片延伸（Pad Extension）至切割道區域，然後於晶圓正面黏上玻璃 2，接著進行晶圓背面研磨薄化到大約為 100 μm 厚度。然後黏上玻璃 1，將玻璃切割以露出延伸導線，進行金屬導線重布製程，將導線引導於玻璃 1 上，接著製作 UBM、凸塊（Bump）及塗布 BCB 防焊材料等，最後進行清洗、測試及晶片切割。圖 1.29 為塗裝保護型晶圓級構裝之剖面示意圖，此種構裝主要應用於 CMOS 影像感測器（CMOS Image Sensor, CIS）之晶圓級構裝。

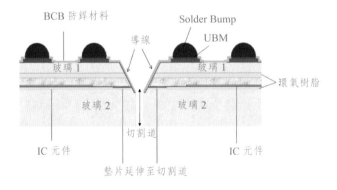

BCB 防銲材料　　Solder Bump　　UBM　　導線　　玻璃 1　　環氧樹脂　　玻璃 2　　切割道　　IC 元件　　墊片延伸至切割道

圖 1.29　CMOS 影像感測器（CMOS Image Sensor, CIS）之晶圓級構裝

➤ *屈縮捲帶型技術*（Flex/Tap technology）

屈縮捲帶型的晶圓級構裝，使用具有彈性的捲帶與焊線接合技術。在銅與聚合物的捲帶上先完成圖案重新布置，然後將此捲帶以膠黏著劑黏合在晶圓上。利用焊線接合技術將 IC 晶片上的墊片與金屬薄膜連線在一起，如圖1.30 所示。另外使用液態的封裝劑將連線與墊片封裝，以達到保護作用。其中，黏著在銅墊片上的錫球間距在 0.5～0.8 mm 之間。

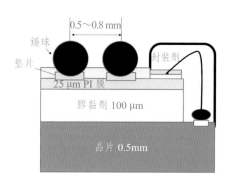

圖 1.30　屈縮捲帶型的晶圓級構裝

在諸多技術中，以薄膜導線重布技術為基礎的晶圓級晶片尺寸構裝，由於具備低成本的優勢，同時在已量產之行動式應用領域上，通過基板組裝可靠性測試，是目前最被廣泛採用方式。圖 1.31 所示為此類產品在 Sony Ericsson 藍芽耳機及 Handspring Visor Edge 手持式電腦的應用實例。

下一世代技術發展及效能提升將著重在高腳數晶片的構裝應用，而採用何種技術的關鍵，將取決於最終應用產品所需的可靠性要求。由於薄膜導線重布技術是目前市場主流技術，在此我們將進一步探討該技術目前發展現況及製程上的主要考量點。

圖 1.31　Ericsson 藍芽耳機及 Handspring Visor Edge 手持式電腦，都採用了利用晶圓級構裝
　　　　製作的整合型被動元件（如圓圈所指），其中整合型被動元件（IPD）是用來提供
　　　　產品靜電放電（ESD）保護。[11]

4.5.3　晶圓級構裝之 I/O 重布技術（Redistribution Technology）的主要考量 點[11]

　　在晶圓級構裝技術中，當晶片依一般傳統的半導體製程將線路製作完成
後，經過標準的電性測試後篩選出功能正常的 IC，再交給構裝廠進行晶圓
級的 IC 構裝，在構裝之前 IC 元件的布局也必須同時交給構裝廠，以確認
元件的 I/O 訊號是否正確地連接。當第一次進行晶圓級構裝技術的評估時，
一般直覺的想法是直接以現有採用銲線方式（Wire Bonding）的 IC 進行晶
圓級構裝技術的可行性評估，這是最快可以確認此項技術是否可行的方法。
但是在採用銲線方式的 IC 線路設計中，訊號 I/O 的分布太過密集，以致於
不適合將錫鉛球沉積在原有銲墊位置，即使在技術上可以克服這個問題，最
終也會因為非最佳可靠度而作罷。

　　重布技術可將 I/O 焊墊重新分布在元件的表面，圖 1.32 為快閃記憶體
IC 在經過 I/O 重布後的示意圖。如圖中所示，原本分布在短邊的焊墊，經
過重布的金屬導線連接至陣列排列的錫鉛球，此例中使用了兩層低介電層，

下層做為金屬導線重布之絕緣層，上層為金屬導線之保護層，經此步驟後，再將錫鉛球加入此架構中，這個晶片就成為完整的晶圓級構裝架構。

將原本以焊線連接方式設計的晶片進行晶圓級 I/O 導線重布，其主要缺點在於經過重布成球陣列後，所形成的構裝結構，不論就 IC 設計、結構或成本上的考量，都不是最佳的。經由可行性的證實後，即可將 IC 線路重新設計，藉以去除 I/O 重布的製程。而為了成本及架構上的兩階段考量，這種作法是可以理解的。因此，下一世代的 IC 技術變化包括了整合原有的 I/O 重布層，使 IC 上的焊墊以陣列方式排列，藉以去除後續的重布製程，或是完全改變現有的 IC 設計，以提供最短的訊號傳遞路徑來提高元件的效能。

IC 線路的重新設計需要新的軟體工具，重新建立晶片訊號、電源及接地線等的設計規範，這樣可免除後續的 I/O 重布製程，以達到低成本的要求，若比較圖 1.33 中的兩個晶圓級構裝技術，我們可以看到在圖 1.33(a) 中的架構需要複雜的薄膜重布製程，而在圖 1.33(b) 中的架構中則可以直接將錫鉛球沉積在原有焊墊凸塊上。在圖 1.33(b) 的例子中，晶圓級構裝技術只需要加入一層高分子材料（BCB），提供將晶圓平坦化、平整的表面並保護元件的線路等功能，而以這種方式所形成的晶圓級構裝技術，是最具價格競爭優勢之一的技術。

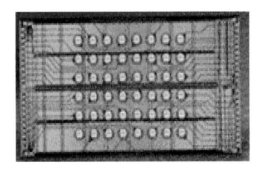

圖 1.32　快閃記憶體（Flash Memory）晶片經過 I/O 重布加工後，將兩旁分布的焊墊重布成球柵陣列排列[11]

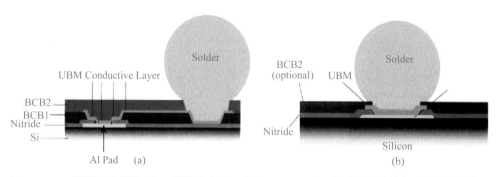

圖 1.33　(a)雙層重布設計及(b)錫鉛球在上。其中，BCB 是一種高分子材料，用來將晶片平坦化以提供平整的表面[11]

　　在某種情況下有可能不需在 IC 線路上重新設計重布的架構，例如可以同時適用晶圓級構裝及銲線（Wire Bonding）構裝技術的晶片。不過在這種情況下，I/O 重布層還是必需的，但依構裝技術種類的不同，可於晶圓製作完成後再進行 I/O 重布層的製程。在晶圓級構裝技術中，其構裝的結構依不同的元件特性而有不同的架構設計。例如，對於高效能的記憶體模組，在進行構裝架構的設計時，就必須特別考慮到構裝完成後的總電容值。在這類應用中，構裝架構的設計原則是將構裝後元件的總電容值降至最低，而為達此要求，故需將錫鉛球放在重布後的介電層上，或用介電常數較低的材料以降低電容值。

　　另外，金屬導線重布的密度，可在不影響結構的可靠度下儘量地提高，而一般的構裝廠通常都會建議再加入一層介電層，可使構裝元件的可靠度提高。至目前為止，由於 IC 元件的多樣化而發展出各式各樣的元件構裝技術，然而在這些技術發展過程中，卻沒有同時建立構裝技術的設計標準。而這項工作是需要 IDM 廠與構裝廠共同攜手合作，同時互相了解彼此的需求，才有可能制定出共同的設計準則，使得 IC 元件的生產達到高效能、低成本的要求。

4.5.4　晶圓級構裝的關鍵技術[11]

➤ 錫鉛球的間距（Pitch）及球徑

錫鉛球接點（Solder Joint）的可靠度與錫鉛體積有密切關係，因為增加接點的高度及錫鉛球的直徑可以延長熱疲勞測試（Thermal Fatigue）的壽命。對於大約 0.5 mm 球徑的錫鉛球，一般球間距約在 0.75 至 0.8 mm。同樣地，若錫鉛球大小縮小至 0.3 至 0.35 mm 之間，則球間距大約接近 0.5 mm，而這也是目前一般採用的錫鉛球規格。若錫鉛球接點高度 ≦0.25 mm，則就另當別論了，因此設計規格尚不具有價格競爭性。

➤ 合金的種類

共熔的錫鉛（Eutectic Solder）合金在目前的晶圓級構裝技術是最常用的。其他的合金也可用在晶圓級構裝技術中，其中包括用於功率 IC 中的高鉛合金（95Pb / Sn），或者用於對 α 粒子敏感及環保考量的元件中所使用無鉛合金（Lead-free Alloy）。

➤ 連線配置及其特性

在晶圓級構裝技術中，金屬導線的重布主要是以構裝廠的設計規範而定，對於不考慮阻抗匹配的線路而言，導線間的距離可儘量加大同時避免導線有 90 度的轉角，以減少電流堆集效應現象（Current Crowding）。金屬導線通常會在錫鉛球處展開成喇叭形以消除應力及電流堆集效應，其他的設計考量如熔絲連焊接（Fuse Links）或者是電性測點（Probe Pad）的設計，都應在晶圓級構裝架構設計進行之前，就必須向構裝廠商提出。

➤ 晶背研磨（Back Grinding）

較薄的矽晶厚度可以增加熱循環的可靠度，並使產品擁有較薄的剖面。晶圓可以被減薄的程度與晶圓直徑大小和晶圓級構裝的製程有關，這是由於在減薄的過程中可能在晶圓的表面產生一些損傷，使得在後續的製程進行過程中，引起微縫隙的生成與最終的破損。基於上述考量，晶背研磨製程常被放在晶圓級製程中最後的幾個步驟，並且元件能夠減薄的程度將受限於晶圓級構裝的製程步驟。在此情況下，將晶圓級構裝當做是晶圓製造過程的延伸製程，顯然是較明智的選擇，同時也可兼顧到後續製程步驟的適用性。

➤ 晶背標記（Backside Marking）

晶背標記被用來註明元件的編號、批號、方向與公司商標；晶背標記的準則與提供晶圓級構裝服務的廠商所使用的工具與技術有關。而字型大小、字元間距、印刷面積（Pull Back Areas）等參數，則必須根據使用的標記工具來定義。例如，當使用雷射來標記，最佳的易讀性取決於所使用的雷射光點大小。除此，標記的數量（The Number of Touchdowns）、標記的起始與結束位置和深度必須考量，以避免引起應力的產生，而在積體電路元件上造成微縫隙的生成。晶背表面的最終型態也會對標記的清楚與否有關，因為氮化物、氧化物或者晶背研磨後的表面狀況，會隨著雷射能量（反射或吸收）或者使用技術的差異，而有不同的反應。

➤ 晶圓測試與預燒（Burn-in）

相較於其他構裝型態以個別單一元件進行測試，若在晶圓級執行最後的測試，將可大幅節省測試成本。雖然目前使用晶圓級構裝的積體電路元件，例如智慧型功率元件（IPDs）、可抹寫式唯獨記憶體（EEPROMs）、類比元件（Analog Devices）等，尚無需晶圓級預燒（Wafer Level Burn-in）的必要。然而下世代高腳數的動態隨機存取記憶體（DRAM），勢必會需要使用晶圓級預燒。

➤ 切割與構裝

晶圓切割是設計晶圓級構裝時必須考量到的問題，例如切割過程中切割刀具上材料的沾黏、矽片脫落或是結構損傷。為了避免上述問題，重布層的範圍通常會侷限在切割道邊線。雖然以膠捲形式的晶圓切割與後續構裝，對於構裝與運送這些產品而言是一般常使用的方式；然而，一些組裝業者則要求積體電路元件採用晶圓的形式來運送，以便於直接從切割膠帶上取放元件。

4.6　多晶片模組構裝（Multi-chip Module, MCM）[6]

多晶片模組（Multi-chip Module, MCM）構裝如圖 1.34 所示，其特徵為使用多層聯線基板直接組合 IC 晶片與電路零件，使成為一特定功能的組件。最早的應用為於 1980 年初美國 IBM 公司所開發的熱傳導模組。MCM 構裝可大幅提高電路聯線密度與構裝效率（Packaging Efficiency），使構裝更為輕、薄、短、小，並可增加成品的功能與可靠度，成為近年來高密度、高性能電子構裝的重要技術。MCM 構裝的技術可概分為 IC 晶片電路聯接與多層聯線基板製作兩大部分。MCM 之電路聯接可以利用打線接合、TAB 或 C4 技術完成；而多晶片模組構裝，依據基板製程方法與使用材料的不同，可區分為下列三型：

(1) MCM-C 型：「C」代表陶瓷（Ceramic）。此基板是以共燒製程來完成，將陶瓷材料製成的絕緣層與厚膜金屬化技術製成的導體電路進行燒結。MCM-C 型構裝是相當成熟的高密度電路基板技術，但它的成本高，而且氧化鋁基板具有較高的介電常數（約 9），不適合高頻電路之構裝；另外厚膜金屬的高電阻率易導致電路訊號的漏失亦是其缺點之一。由於陶瓷的散熱性能好，因此 MCM-C 的可靠性比 MCM-L 高，它主要應用於軍事、航空、超級電腦及醫療用電子領域。MCM-C 的的另一項優點，就是可進行多層布線，在 MCM-C 方面一直處於領先地位的 IBM 公司，其陶瓷基板的布線可達 78 層，這是 MCM-L 及 MCM-D 所遠遠不能比擬的，目前 MCM-C 正逐漸進入商用領域。

(2) MCM-D 型：「D」代表沉積（Deposition）。此基板是應用半導體製程的薄膜鍍著技術，將導體與絕緣層材料交替堆疊成多層聯線基板。它使用低介電係數（約 3.5）的聚亞醯胺（PI）等高分子材料為絕緣層，可以做成體積小，但具有極高電路密度的基板。由於 MCM-D 是較新型的技術，設備與製作成本高，其成品良率仍待改善。由於 MCM-D 採用類似 IC 工程之製造技術，利用微影蝕刻製作布線，雖然布線層數最少，但是因其線條細、間距小、布線密度高，因此適用於高頻高速電路中。

(3) MCM-L 型：「L」代表壓合（Laminate），基板係利用多層印刷電路板技術製作。成本低、製程技術成熟為其優點。然而，基板的熱傳導率低與熱穩定性不良是其缺點。儘管基板材料限制了它的使用範圍，但其高的性能／價格比仍然吸引了許多公司，一開始就得到很快的發展。

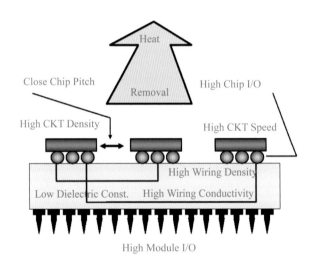

圖 1.34　多晶片模組（Multi-chip Module, MCM）構裝構裝示意圖[6]

4.7　系統級構裝（System in Package, SIP）

系統級構裝（System in Package, SIP）是指　將不同種類的元件，利用不同技術將其整合於同一構裝體內，進而形成系統級的構裝形式。SIP 的定義經過不斷的演變，才逐漸形成。最開始是在單晶片構裝中加入被動元件，接者在單構裝體中加入多個晶片、積層晶片及被動元件，最後發展成一個具備系統功能的構裝體系。

系統級構裝可以整合不同功能之晶片（Heterogeneous Chips），晶片與晶片之間，可作上下堆疊或並列結合。ITRS-TWG 對 SIP 所作的定義為：針對超過一種以上之不同功能的主動電子組件，可以選擇性地與被動元件，或者其他元件（例如：微機電元件或光學元件）作整合，以構成單一的標準構裝體，與系統或次系統相結合，進而提供多重功能（Multiple Functions）。SIP 一般包括：類比和數位電路，以及非電子元件。SIP 最新整合技術，可以將感測元件（Sensor Device）、訊號及數據處理器（Signal & Data Processors）、無線及光學溝通技術（Wireless & Optical Communication Technologies）、功率轉換及儲存元件（Power Conversion & Storage Devices）等整合在單一構裝體上。SIP 具有許多解決方案，它可以使用各種不同的基板，以及不同的導線連接技術，可以使用整合或分離式的被動元件，在尺寸及性能上可作各種非限定之變異。

SIP 可以整合被動元件及其他不同的元件技術，可將數位及類比、CMOS 與 Bipolar 或基頻（Base Band）與 RF 等不同的 IC 元件整合於一個構裝體上。其長遠目標是將無線（Wireless）、光學（Optical）、流體（Fluid）和生物元素（Bio Element）等作整合，並且具有界面電磁波隔絕保護和熱管理功能。目前 SIP 技術具有的明確優勢，包括：設計及驗證簡單、製程中可減少許多複雜的光罩步驟、上市時程短、IP 問題少等優點。目前有大約有 50 多家 IC 廠和構裝廠正積極準備投入 SIP 技術之生產，圖 1.34 為 SIP 垂直堆疊構裝示意圖。

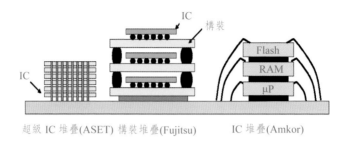

圖 1.34　SIP 垂直堆疊構裝示意圖

5. 參考資料

1. W. D. Brown, ed., Advanced Electronic Packaging with Emphasis on Multi-chip Modules, Piscataway, N. J: IEEE Press, 1999.

2. M. Datta, T. Osaka, J. W. Schultze, Microelectronic Packaging, pp. 14〜25, 2005.

3. R. R. Tummala, "Ceramic and Glass-Ceramic Packaging in 1990s", J. Am. Ceramic Soc., Vol.74, No.5, 1991, pp.895-908.

4. M. L. Minges, Electronic Materials Handbook, Vol.1, ASM International, Materials Park, OH, 1989.

5. R. Darveaux, K. L. Murty, and I. Turlik, "Predictive Thermal and Mechanical Modeling of a development MCM", ibid, pp.36-41.

6. 李宗銘,「半導體封裝材料發展趨勢」,工業材料 139 期,87 年 7 月,pp.108-116。

7. Michael Quirk, Julian Serda, Semiconductor manufacturing Technology, pp. 687〜688, 2005.

8. Richard K. Ulrich, William D. Brown, Advanced Electronic Packaging, 2nd edition, pp. 58～59.

9. N. Moskowitz, Prismark Partners L.L.C., private conversation.

10. D.H. Kim, "Deformation and Crack Growth Characteristics of SnAgCu vs. 63Sn/Pb Solder Joints on a WLP in Thermal Cycle Testing," ECTC 2001 Proceedings, Orlando, FL, May 2001.

11. Deborah S. Patterson, Flip Chip Corporation, SSTT, NO. 28.

12. http://www.fujitsu.com/global/services/microelectronics/product/ package/ index_wl-csp.html.

第二章

覆晶構裝技術

1. 前言

　　由於近來積體電路之微型化趨勢（Miniaturization Trend）的發展，使得原本製作於電路版、電路卡和模組上等的內部電子線路（Intercircuit Wiring）和連接點，將逐漸轉移在晶片本身。多層線路（Multilayer Wiring）主要是由導體和非導體所形成的結構，在以往都是製作於印刷電路版（PCB）和多層陶瓷構裝體上，如今將更有效率地直接製作在晶片上。由於以上這些發展，使得輸入和輸出（Input-output, I/O）訊號與電路接點持續增加，而其功能（Function）和可靠度（Reliability）也將面臨到更高挑戰，這使得晶片構裝之導線連接技術（Interconnection Technology）必須不斷發展進步，以滿足新增加之需求。

　　覆晶構裝技術（Flip Chip Technology）的發展，大大改善微電子構裝之成本、可靠度和生產力，尤其採用區域陣列式構裝（Area Array Packaging），可使用較寬腳距（Pitch）來連結高 I/O 數之晶片，並且可以減少構裝體之體積。目前行動電子產品已無法接受一般銲線接合（Wire Bonding）之構裝方式，因焊線構裝體之尺寸大且重量不夠輕巧，也無法滿足高速傳輸及高功率需求。

　　由於小尺寸及高性能等消費性電子產品之需求持續增加，覆晶技術將面臨新階段之爆炸性成長，其生產技術正快速發展中，例如：晶圓凸塊製程和設備技術之提升，以及相關材料和基板供應商的持續密切配合等。在覆晶構裝生產過程中，目前仍有許多瓶頸需要克服，而技術人員對於製程內容之瞭解與否，尤其是製程整合之能力需要長時間之知識和經驗的累積，這將直接影響面臨新製程時，其問題解決之能力。本章將對於各種凸塊製作技術，作一系統性的回顧與探討，以期能掌握整個覆晶構裝之製程技術。

2. 覆晶構裝技術（Flip Chip Technology）介紹

　　所謂覆晶技術是一種將晶片面翻轉朝下，並藉由金屬凸塊與承載基板作接合的積體電路構裝體，覆晶構裝體的承載基板（Substrate）與晶片間，必須是一對一匹配，如此才能將晶片與基板上的電極作精確接合。此外，覆晶構裝與傳統打線構裝有結構上的差異，最大不同點在於傳統構裝採用金線，來當作其與導線架的連接導線；而覆晶構裝則採用錫鉛凸塊（Solder Bump），來作為其與覆晶基板的連接點。相較於打線方式，覆晶構裝具有以下優點：(1)採用區域陣列式構裝（Area Array Packaging），可大幅度提高構裝密度；(2)可將雜訊的干擾作良好控制；(3)可提高元件的電性和散熱性能；(4)減小構裝體積等。

有關區域陣列式構裝（Area Array Packaging）之重布技術（Redistribution Technology），如圖 2.1 所示，其實施方法如下：將原本排列在晶片周圍作為信號輸出與輸入（I/O）端點的接合墊（Bonding Pad），經過類似印刷電路板的製作方式，使用金屬鍍層（導通部分）及高介電層（絕緣部分）導引到晶片的中央，拉大接點與接點間之距離，形成矩陣式排列（Area Array），也被稱之為晶圓級晶片尺寸構裝（Wafer-level Chip Scale Packaging, WL-CSP），因為在晶圓狀態已完成封裝動作，切開後即可黏到電路板上，不同於目前都是將晶圓切成晶片再進行封裝。

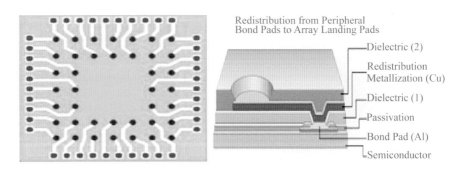

圖 2.1　區域陣列式構裝之重布技術示意圖

凸塊在覆晶構裝中扮演著相當重要的角色，由於凸塊負責訊號的傳遞，一旦凸塊遭到損壞，將導致整個元件功能失效。為防止凸塊劣化進而影響元件性能，在凸塊製程中必須注意許多金屬材料問題，例如：(1)在金屬凸塊焊接時，要考慮各合金成分之相容性，避免產生不良之金屬間化合物（Intermetallic Compound, IMC），因有些金屬間化合物會呈現脆性破斷（Brittle Fracture），如此凸塊之可靠度將因而遭受影響；(2)元件在操作時會有熱量產生，進而引起熱疲勞效應（Thermal Fatigue Effect），還有操作環境可能具有腐蝕性，所以對於凸塊成分、金相結構、沉積方式等因素，必須事先詳加設計及作好製程控制。

　　在覆晶構裝技術所使用之凸塊，有兩大主要結構：凸塊底下之金屬層（Under Bump Metallurgy, UBM）；錫鉛凸塊（Solder Bump）或金凸塊（Gold Bump）。圖 2.2 為典型覆晶導線連接技術之製程流程圖，其詳細製程流程敘述如下：

(1) 當前段 IC 廠將製作好具有晶片之晶圓送到 IC 構裝廠時，首先在晶圓上的最終金屬墊（Final Metal Pad）及介電層（Dielectric Layer）上，進行鈍化製程（Passivation Process），以沉積（Deposition）及圖案化（Patterning）鈍化層。鈍化層所使用之材料，包括：有機材料，例如 Polyimide（PI）或 BCB 薄膜；無機材料，例如氧化物（Oxide）或氮化物（Nitride）等。

(2) 接者沉積具備導電性的阻障層（Barrier Layer），此阻障層與鈍化層之間必須具備良好的附著力（Adhesion），並且與焊錫凸塊形成良好的接合（Bonding）。根據所選擇凸塊製程之不同，阻障層的沉積分布亦有所差異。如果採用凸塊蒸鍍（Evaporation）方式時，即能控制晶片連接時凸塊的塌陷高度（Control Collapse Chip Connection）之 C4 技術，此阻障層為選擇性局部沉積；如果採用凸塊電鍍方式時，此阻障層必須全面性沉積於整片晶圓上，以作為凸塊電鍍沉積時能讓電流通過之路徑，即電鍍導電層。然後在完成凸塊電鍍後，必須進行阻障層的蝕刻，使各凸塊之間的電性作分離，以防止短路發生。

由於凸塊經過迴焊後會形成球狀，其中凸塊的尺寸與形狀則取決於阻障層的尺寸大小，所以此阻障層一般稱之為球限制金屬層（Ball Limiting Metallurgy, BLM），或凸塊底下金屬層（Under Bump Metallurgy, UBM）。

凸塊材料，一般為焊錫材料，在先進製程應用上，普遍採用蒸鍍（Evaporation）與電鍍（Electroplating）等兩種凸塊沉積技術。其他凸塊沉積技術，則包括：網目印刷（Screen Printing）、焊錫注入（Solder Jetting），和植球技術（Pick and Place Solder Transfer）等。

(3) 完成凸塊製作後，晶圓將進行迴焊（Reflow）製程，在保護性的環境下施以熱循環處理，將凸塊迴焊成球形，接著進行晶圓切割，以分離晶片。接者將個別晶片對準基板上相對應的焊錫凸塊，以進行迴焊接合，此時所有的接點將同時完成焊接接合。最後將此接合好的覆晶模組進行底部填膠（Underfill）和封裝（Encapsulate）。

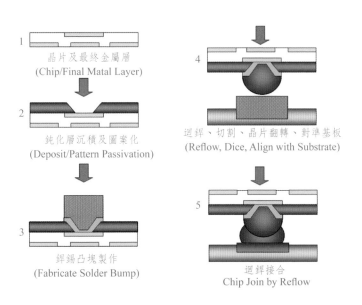

圖 2.2　典型覆晶導線連接技術之製程流程圖

　　圖 2.3 為晶片上沉積 UBM 及 Solder Bump 之示意圖，本章以下內容將對於此兩大主要結構之功能、結構，以及其製作方法，作深入探討。

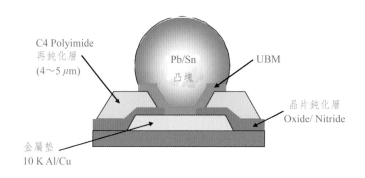

圖 2.3　晶片上沉積 UBM 及 Solder Bump 之示意圖

2.1　凸塊底下之金屬層（Under Bump Metallurgy, UBM）技術

　　由於錫鉛凸塊無法直接黏附於鋁接合墊（Aluminum Bond Pad）上，所以需要於錫鉛凸塊（Solder Bump）和鋁接合墊（Aluminum Bond Pad）兩者之間加上 UBM 層，以提供附著層（Adhesion Layer）、擴散阻障層（Diffusion Barrier Layer）和潤濕層（Wettable Layer）等多層結構，進而提高凸塊導線結合（Interconnection）之可靠度（Reliability）。UBM 主要結構之功能及其製作方法，詳述如下[1,2]：

2.1.1　UBM 結構（UBM Structure）與功能需求

　　在覆晶構裝上，UBM 層一般最少要具有兩層金屬薄膜，也就是附著層（Adhesion Layer）和可潤濕層（Wetting Layer）。UBM 必須具備以下功能：(1)與最終金屬墊和鈍化層之接合附著性（Adhesion）必須良好；(2)必須儘量減少凸塊與金屬墊間的電性阻抗；(3)保護 IC 最終金屬墊免於環境污染和損害；(4)作為錫鉛凸塊之擴散阻障層（Diffusion Barrier Layer）；(5)可潤濕凸塊表面。

　　UBM 是一種多層薄膜結構，如表 2.1 所示，一般含有三層薄膜結構：(1)附著層（Adhesion Layer）及擴散阻障層（Diffusion Barrier Layer）；(2)焊接潤濕層（Solder Wettable Layer）；(3)抗氧化層（Oxidation Barrier Layer）。各層結構之選擇準則與應具備特性，詳述如下：

表 2.1　典型 UBM 之薄膜結構

UBM 薄膜結構				
項目	各層薄膜結構	功能	典型金屬種類	典型厚度
1	附著層（Adhesion Layer）及擴散阻障層（Diffusion Barrier Layer）	與鋁接合墊和鈍化層要具備良好的附著力，避免金屬與離子污染物經由擴散反應進入晶粒之金屬墊和黏結層	鉻（Cr）、鈦（Ti）、鈦鎢（TiW）、鎳（Ni）、鈀（Pd）、和鉬（Mo）等	0.15～0.2 μm
2	可焊接的潤濕層（Solder Wetable Layer）	與錫鉛凸塊作直接潤濕反應進而作合	銅（Cu）、鎳（Ni）、鈀（Pd）等	1～5 μm
3	抗氧化層（Oxidation Barrier Layer）	防止 UBM 結構受到氧化	金（Au）	0.05～0.1 μm

(1) 附著層（Adhesion Layer）及擴散阻障層（Diffusion Barrier Layer）

　　附著層（Adhesion Layer）之應力要低，而且此層不能有裂縫及任何缺陷存在，此層是錫鉛凸塊（Solder Bump）與晶片線路之間的良好阻障層；UBM 與鋁接合墊（Aluminum Bond Pad）和鈍化層（Passivation Layer）要具備良好的附著力（Adhesion）。一般 IC 的接合墊採用鋁金屬，目前有些元件則採用銅金屬墊，至於鈍化層之材料，則有：氮化物（Nitride）、氧化物（Oxide）和高分子聚合物（Polymer）等，鈍化層本身不可以有孔洞（Pin Hole）存在，否則於沉積 UBM 層時，金屬會擴散進入晶粒，造成 IC 元件受到損傷。UBM 與鋁接合墊要具有良好的歐姆接觸（Ohmic Contact），所以在沉積 UBM 層之前，可先使用乾式或濕式化學蝕刻清洗法，將鋁接合墊表面之氧化物加以清洗去除。UBM 可作為凸塊之擴散阻障層，阻障層的目的是避免金屬與離子污染物經由擴散反應進入晶粒之金屬墊和黏結層內。

(2) 焊接潤濕層（Solder Wettable Layer）

至於可焊接層（Solderable layer）或稱為潤濕層（Wetting Layer）在迴焊（Reflow）時必須能夠與凸塊產生反應，以形成金屬間化合物（Intermetallic compound, IMC），但其反應性必須低，因為過度反應會使得金屬間化合物的體積發生改變，進而導致不必要之應力產生，所以必須避免產生厚且脆之金屬間化合物。如果附著層（Adhesion layer）和可焊接層（Solderable layer）能彼此互熔，則在此兩層間會產生一中間金屬層，如此可防止附著力失效問題。當 UBM 作為凸塊之焊接潤濕層時，此金屬層稱為可消耗層，可與錫鉛凸塊作直接潤濕反應。錫鉛凸塊之成分會擴散進入潤濕表面層，進而形成金屬間化合物（IMC），例如：錫（Tin）會擴散進入銅（Copper）潤濕層，形成 Cu_6Sn_5 與 Cu_3Sn 等金屬間化合物。

(3) 抗氧化層（Oxidation Barrier Layer）

UBM 最上層為抗氧化層，但此層並非一定需要，抗氧化層一般為薄的金（Gold）層。

根據上述 UBM 結構選擇準則，目前 UBM 有多種薄膜組合結構，例如：Ti/Cu/Au、Ti/Cu、Ti/Cu/Ni、TiW/Cu/Au、Cr/Cu/Au、Ni/Au、Ni/Pd/Au、Ti/Ni/Pd 和 Mo/Pd 等。然而，UBM 結構會大大影響其本身之可靠度，例如：Ti/Cu/Ni（Electroless-Ni, EN）之 UBM 層，其比 Ti/Cu 之 UBM 層，具有較佳的附著強度。UBM 常用金屬膜（Metal Film），包括：Cr、Ti、TiW、TiN、TiW(N) 和 Ta 等，因為這些金屬膜對於聚合物（Polymer）和

二氧化矽（Silicon Dioxide, SiO_2）具有良好的附著力。Cr、Ti 和 TiW 則廣泛作為附著層（Adhesion Layer）和阻障層（Barrier Layer）之使用：Cu、Co 和 Ni 非常適合於一般錫鉛合金使用。當凸塊經歷多重迴焊（Multi-Reflow）步驟後，銅（Cu）會被消耗進而形成 Cu_3Sn 之金屬間化合物，則其對於 Cr 的附著力將會變差，然而當採用 Cr/Cu 當作 UBM 之中間層時，因其含有 Cr 相（Cr Phase）和 Cu 之混合物，所以可防止附著力不良的問題。

當導電金屬由鋁墊（Al Pad）漸漸採用銅墊（Cu Pad）時，為了確保微處理器（Microprocessor）在組裝時，使用高錫凸塊（High-Tin Solder Bump）成分時之可靠度，其阻障層之完整性將變得格外重要，因為錫（Sn）與銅（Cu）會產生快速反應，必須避免 UBM 中之錫產生擴散反應（Diffusion Reaction）。其中，耐火金屬材料，例如：Ti、W、TiW、Mo、Ta 和 Nb 等，可作為銅之擴散阻障層（Diffusion Barrier Layer），因為它們皆為高熔點和低擴散性材料。尤其是鉭（Ta）最適合作為擴散阻障層，因其熔點高達 2,996 ℃，在溫度範圍：400～700 ℃，具有非常低之擴散速率（9 $\times 10^{-4}$ cm^2/sec）。

針對熱週期性應力，所引起阻障層產生裂縫以及其他缺陷，可能成為錫之遷移路徑（Migration Path），進而使錫與銅發生反應，最後會造成電性失效；然而如果採用鉭（Ta）以作為擴散阻障層時，則可以有效避免錫與銅發生反應。有關結晶材料之晶界擴散（Grain Boundary Diffusion）反應，也會造成阻障層失效，所以可以採用非結晶（Amorphous）材料來當作阻障層，例如使用 TiW 來當作阻障層，則可大大防止晶界擴散問題。表 2.2 列出常用 UBM 各層金屬之種類和厚度以供參考。

表 2.2　UBM 各層之金屬種類和厚度

UBM 各層和厚度		
附著層	阻障層	焊接潤濕層
Ti (0～10 μm)	Ni or Pt or Pd (0.35～0.80 μm)	Au (0.1 μm)
Cr (0.15 μm)	Cu (0.45～1.00 μm)	Au (0.15～0.45 μm)
TiN (0.10 μm)	Ni (0.3 μm)	Au (0.1 μm)
Ti (0.15 μm)	Ni (0.3～1 μm)	Pd (0.1 μm)
Ti (0～10 μm)	W or Cu (1.0 μm)	Cu (>1 μm)

此外，UBM 結構也會影響其與結合墊和錫鉛凸塊之間的接合可靠度，所以 UBM 結構必須能與其所接合之錫鉛凸塊合金成分相匹配。例如：適合於高鉛凸塊（High Lead Solder Bump）之 UBM 層，並不適合於高錫共晶凸塊（High Tin Eutectic Solder Bump）。使用含 3～5 % 錫之高鉛凸塊，搭配銅之 UBM 層，則是可以達到很好的焊接潤濕效果；然而，高錫共晶凸塊則不適合於銅 UBM 層，因為錫與銅會產生快速反應，形成錫銅之金屬化合物（IMC），如果銅被過度消耗（Over Consuming），則會大大影響凸塊接合之焊接潤濕性能。

2.1.2　UBM 沉積方法（UBM Deposition Method）

(1) 蒸鍍法（Evaporation Method）

蒸鍍法最早被 IBM 使用於覆晶接合技術，蒸鍍製程是將金屬化合物於真空反應室中進行汽化，然後於矽晶圓表面形成均勻之蒸鍍層。

(2) 濺鍍法（Sputtering Method）

濺鍍是將要被沉積之材料作為靶材（Target），將其置於真空反應室的陰極陽極中，使用具方向性的金屬離子電漿；為了要減少氧化問題，濺鍍系統需要多種靶材，也就是一種 UBM 金屬層需要有一個靶材，所以濺鍍反應室之體積一般都比較大，濺鍍是目前最普遍被採用的 UBM 沉積方法。

(3) 無電鍍法（Electroless Plating Method）

　　使用含鎳磷成分之無電鍍鎳金沉積 UBM 技術，因其具有低成本及高產能之優勢，目前漸漸受到業界注意。由於鋁之表面極易形成一層氧化鋁，所以在無電鍍鎳金沉積之前，在晶圓之鋁墊表面需先作二次鋅活化（Double Zincation）處理，使鋅先預鍍於鋁墊表面，然後在後續無電鍍鎳製程中，鎳會置換鋅因而鍍於鋁之表面，並且無電鍍鎳具有極佳之附著力。圖 2.4 為無電鍍鎳 UBM 層之 OM 及 SEM 照片。無電鍍鎳之後通常會進行無電鍍金（Immersion Gold），以形成一層抗氧化層來保護鎳層免於氧化。一般無電鍍鎳金沉積 UBM 技術，會搭配錫鉛凸塊印刷法（Solder Screen Printing），以形成覆晶凸塊。

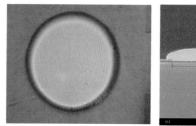 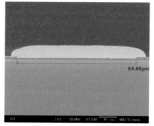

圖 2.4　無電鍍鎳 UBM 層之 OM 及 SEM 照片

2.2　覆晶凸塊沉積技術（Flip-chip Bumps Deposition Technologies）

　　覆晶凸塊提供四大功能：(1)提供晶片與基板之電性連接；(2)提供晶片散熱之路徑；(3)保護晶片；(4)提供晶片與基板之連接結構。常見覆晶凸塊有：錫鉛凸塊（Solder Bump）、金凸塊（Gold Bump）、導電膠凸塊（Conductive Polymer Bump）及高分子凸塊（Polymer Bump）等。其中，錫鉛凸塊（Solder Bump）為最常使用之覆晶凸塊，因其具有可完全迴焊（Fully Reflow）之特性，所以具有自我對準（Self-alignment）和控制塌陷（Collapse）之功能。其中，自我對準功能可以降低晶片放置於基板上之高精確度需求，所以不需要使用特別的定位機台（Special Placement Machine）；而控制塌陷（Collapse）功能，則可以解決不平坦化（Non-Planarity）問題。

高鉛凸塊（High-lead Solder）：95Pb/5Sn 或 97Pb/3Sn，迴焊溫度（～300～350 ℃）較高，針對有機基板之覆晶產品，因為其主要應用在低溫操作上，所以可以選擇使用高錫凸塊（High-Tin Solder），例如：採用共晶凸塊（Eutectic Solder, 37Pb/63Sn），其迴焊溫度可以下降到 200 ℃。近年來各國因環保意識抬頭，已大力提倡使用無鉛凸塊（Lead-free Solder），以確保環境及人員健康。有關各種凸塊沉積技術，則分別詳述如下[5,6]：

2.2.1　凸塊蒸鍍（Solder Evaporation）技術

覆晶技術最早是由 IBM 公司於 1964 年所開發出來，其特殊的接合製程被稱為 C4 技術，全名為「控制晶片連接時的塌陷高度」（Controlled Collapse Chip Connection, C4），此名詞說明該接合製程的精確度與科學性。當翻轉的晶片與基板藉由銲錫進行接合時，可藉由熔融銲錫的表面張力來支撐晶片重量和控制接合的塌陷高度，自從 C4 技術發展以來，這個名詞在半導體工業廣受歡迎。然而，覆晶技術本身則有更寬廣的意義，它所含括的接合技術，除了依靠熔融銲錫的塌陷特性之外，更包括：高熔點硬式金屬凸塊（Hard Metal Bump）和金屬導線連接技術（Metal Wire Interconect Technologies）等。

IBM 最早的 C4 技術使用蒸鍍（Evaporation）方式沉積 UBM 層和銲錫（Solder），使用金屬鉬（Mo）遮罩對準晶圓鈍化層的開口（Passivation Opening），來定義 UBM 及 Solder Bump 的沉積位置。圖 2.5 所示為 C4 蒸鍍 UBM 及錫鉛凸塊之製程流程圖。

(1) 首先使用氬離子（Argon Ion）蝕刻晶圓表面，以去除最終金屬墊（Final Metal Pad）及鈍化層（Passivation Layer）表面的氧化物及其他殘留物，進而確保表面為低接觸電阻。

(2) 經由金屬鉬遮罩的開口位置，來沉積 UBM 層於晶片之接合墊上，UBM 層包含鉻（Cr）、鉻銅相（Phased Cr-Cu）和金（Au）等金屬層。UBM 的金屬組合結構可提供一種具有導電性的擴散阻障層，並且成為其後銲錫凸塊的金屬基礎層。

(3) 蒸鍍錫鉛凸塊於 UBM 層上，沉積後之凸塊為圓錐形（Cone Shape），高度為 100～125 μm。凸塊高度與蒸鍍凸塊之體積有關，並且其與金屬鉬遮版到晶圓距離，以及金屬鉬遮版開口尺寸成函數關係。因鉛之蒸氣壓高於錫，鉛會先沉積，接著才沉積錫，所以最後凸塊底部為高鉛，而頂端為高錫成分。在尚未進行迴焊（Reflow）時，其均勻的沉積高度，則是探針測試（Probe Test）及預燒（Burn-in）時的一個良好的界面。

(4) 在完成錫鉛凸塊蒸鍍後，接著在溫度為 350 ℃ 的氫氣爐（Hydrogen Furnace）中進行迴焊（Reflow），使錫鉛凸塊之成分達到均質化（Homogenization），並且錫鉛凸塊會形成球狀。迴焊也使得錫與 UBM 中的銅形成金屬間化合物（Intermetallic Compound, IMC），以提供晶片與凸塊之間所需要的附著力。

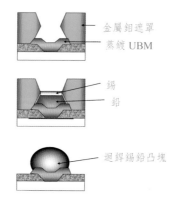

圖 2.5　使用金屬鉬遮版進行蒸鍍 UBM 及錫鉛凸塊之流程圖

　　然而，隨著業界對於降低製造成本之需求，以及銲錫材料由高鉛（High Lead）轉向高錫（Sn Rich）材料時，凸塊蒸鍍方式面臨到許多明顯的挑戰與諸多製程限制，其缺點可歸納如下幾點：

(1) 蒸鍍是一種昂貴的製程，不具備成本效益，它包含巨額的資本投資與昂貴的操作費用。除了蒸鍍本身的成本高之外，其所使用的金屬鉬遮罩壽命低，額外徒增成本上的支出。

(2) 一般蒸鍍的效率小於 5%，超過 95% 的蒸鍍材料沉積於腔體內壁和金屬遮罩上，需要大量的清洗工作，而且含鉛的廢棄物之處理，亦增加許多費用上的支出。

(3) 由於金屬鉬（Mo）遮罩與晶圓的熱膨脹性質無法相匹配，使得蒸鍍製程在 300 mm 晶圓的應用上受到懷疑。

(4) 蒸鍍使用金屬鉬遮罩，無法滿足更小凸塊節距（Finer Bump Pitch）之要求，因鉬在縮小節距（Pitch）與直徑時，無法維持其應有的厚度。

(5) 蒸鍍最大的限制就是無法沉積低熔點的高錫（Sn Rich）銲料，由於錫的蒸氣壓低，所以其沉積速率慢，使得蒸鍍時間變長，以及因為施加於錫材料的功率過高，導致銲錫熔解於晶圓表面。

2.2.2　凸塊印刷（Solder Printing）技術

　　此法最初以精密鋼版或網版，來進行錫膏（Solder Paste）的印刷沉積，印刷沉積的體積和高度，是由鋼版或網版之開口尺寸及厚度所決定。因網版之開口尺寸受限於 I/O 墊之節距（Pitch），雖然網版之厚度增加可以提高潤濕面積，但如此卻易造成錫膏阻塞到網版，所以針對節距（Pitch）較細之凸塊，例如在 Bump Pitch 小於 250 μm 時，則使用乾膜（Dry Film）光阻來取代網版[3]，使用乾膜（Dry Film）光阻可以提高凸塊印刷之精密度，而且此種使用乾膜光阻之凸塊印刷法，目前已成為業界之主流技術。圖 2.6 為凸塊印刷（Solder Printing）之製程流程圖，詳細製程，包括：

(1) 定義鈍化層。

(2) 濺鍍沉積 UBM 金屬層，例如：Al/NiV/Cu 或 Ti/NiV/Cu 在整片晶圓上。

(3) 定義液態光阻（Liquid PR Film）之圖案。

(4) 進行 UBM 金屬層之濕式蝕刻，然後作光阻去除，如此將完成 UBM 層線路製作。

(5) 定義乾膜光阻（Dry Film）之圖案。

(6) 錫鉛凸塊印刷及作第一次凸塊迴焊（Reflow），使剛印刷之錫鉛凸塊強度增加，以免在下一步驟之乾膜光阻去除時，錫鉛凸塊產生剝落。

(7) 進行乾膜光阻去除（Dry Film Stripping）。

(8) 第二次迴焊（Reflow）以形成球形凸塊，以及助熔劑清洗（Flux Cleaning）等步驟。

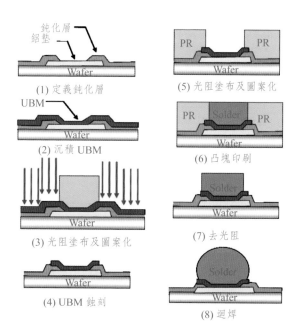

圖 2.6　凸塊印刷之製程流程圖

2.2.3　凸塊電鍍（Solder Electroplating）技術

凸塊電鍍製程如圖 2.7 所示，因凸塊電鍍法之成本比蒸鍍法低，可以電鍍許多不合金成分之錫鉛凸塊，此種凸塊沉積法目前已廣為業界所採用，在凸塊電鍍製程中，使用 UBM 來當作凸塊電鍍時之晶種導電層（Seed Layer），詳細製程，包括：

(1) 定義鈍化層。

(2) 將 UBM 濺鍍（Sputtering）於整片晶圓上。一般 UBM 層為 Ti/Cu 或 TiW/Cu，第一層先濺鍍沉積 0.1～0.2 μm 之 Ti 或 TiW 層，第二層濺鍍沉積 0.3～0.8 μm 之 Cu 層。

(3) 完成 UBM 沉積後，然後進行乾膜（Dry Film）光阻壓合，光阻厚度約為 40 μm，光阻經曝光（Exposure）及顯影（Developer）製程，以定義接合墊之開口位置，光阻開口寬度需要比接合墊寬 7～10 μm。因光阻決定凸塊的高度及形狀，在凸塊電鍍之前，必須使用電漿蝕刻法（Descum）去除接合墊表面之光阻殘留物，因光阻殘留物會降低凸塊之附著力（Adhesion），增加接觸電阻（Contact Resistance），導致非均質化之凸塊成長。

(4) 進行凸塊電鍍，為了獲得 100 μm 高度之錫鉛凸塊，凸塊電鍍高度通常會比光阻高 15 μm，電鍍後會形成香菇狀之錫鉛凸塊[3, 5]，稱之為 Mushroom Plating。然而，因構裝密度持續增加，凸塊節距（Bump Pitch）也越來越小，當 Bump Pitch 小於 250 μm 時，為了避免相鄰之香菇狀凸塊太靠近，在迴銲（Reflow）時造成凸塊架橋（Bump Bridge）現象。目前普遍使用厚度約 100 μm 之乾膜（Dry Film）光阻，來定義凸塊電鍍的高度及位置，使電鍍凸塊沉積於光阻內，一般稱之為 In-via Plating，如此可以大大提高構裝密度。

(5) 在完成凸塊電鍍後，緊接著進行乾膜光阻去除（Dry Film Stripping）。

(6) UBM 濕式蝕刻（UBM Wet Etching）。

(7) 助熔劑塗布（Flux Coating）、迴焊（Reflow）形成球形凸塊、以及助熔劑清洗（Flux Cleaning）等。

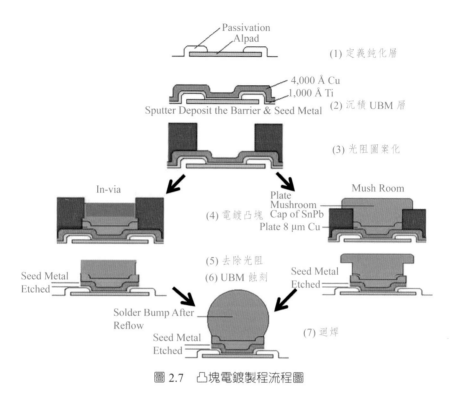

圖 2.7　凸塊電鍍製程流程圖

2.2.4　短釘凸塊（Stud Bump）技術

本技術使用標準焊線接合製程來形成金屬凸塊，其製程與焊線接合（Wire Bonding）製程相似，唯一不同點就是當焊線於接合墊上形成球形凸塊時，焊線會上拉自行斷裂（Tear Off），以進行下一個重複製程，圖 2.8 為短釘凸塊（Stud Bump）技術之製程流程圖。此種製程之 UBM 層必須與凸塊成分相容，在完成凸塊接合後，凸塊可以迴焊成球形（Spherical Shape），或者形成錢幣狀（Coin Shape）之等高度凸塊。

一般此種凸塊會會與導電膠作搭配，例如：等方向導電膠（Isotropic

Conductive Adhesive）或是異方向導電膠（Anisotropic Conductive Adhesive）等。最常見的焊線短釘凸塊是以 25 μm 直徑的金線製作。此外，亦有使用 Pb-Sn（98/21）、Sn-Ag、Cu、Pt 及 Pd 等焊線材料。

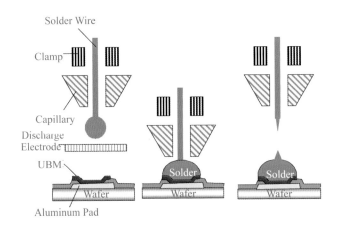

圖 2.8　短釘凸塊（Stud Bump）技術之製程流程圖

3. 其他各種覆晶構裝技術

目前覆晶技術可分為六種型態，如圖 2.9 所示。除了以上所介紹錫鉛凸塊製造技術之外，以下將介紹銅柱凸塊技術，以及現今面板產業所廣泛應用的三種覆晶製造技術，包括 TCP（Tape Carrier Package）、COG（Chip on Glass）及 COF（Chip on Film）等。

3.1　銅柱凸塊技術[7]

最早應用銅柱凸塊（Copper Pillar Bump）技術，首推 2006 年 Intel 之 65 nm「Yonah」微處理器，隨後各晶圓凸塊構裝廠與半導體製造廠，亦開始積極評估此項新技術。隨著積體電路的 I/O 數量與導線連接密度之增加，銅柱凸塊（Copper Pillar Bump）漸漸成為覆晶凸塊構裝與晶圓級構裝

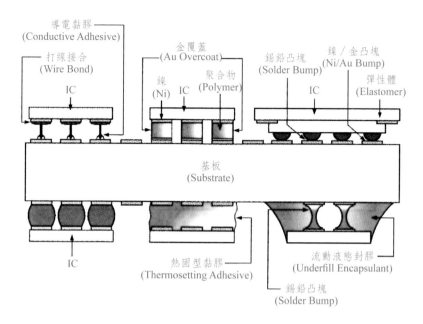

圖 2.9　覆晶技術之六種型態

應用上，取代傳統錫鉛凸塊的另一種替代選擇方案。與錫鉛凸塊比較，銅柱凸塊可提供更高導線連接密度、更高可靠度，以及可改善電性與熱傳導性能、降低使用鉛含量，甚至使用無鉛材料。傳統錫鉛凸塊（Solder Bump）在迴焊（Reflow）時會產生塌陷（Collapse），容易有凸塊與凸塊之間的短路架橋（Bridge）現象；然而銅柱凸塊仍可保持原來形狀，所以適用於更小凸塊節距（Finer Bump Pitch）、減少鈍化層開口面積（Smaller Passivation Openings）、高密度細導線重布技術（Finer Redistribution Wire）應用上。本章以下內容將探討銅凸塊製作基本製程，以及高深寬比銅柱導線互連技術。

3.1.1　銅凸塊製程介紹

在覆晶構裝導線連接應用下，凸塊（Bump）與凸塊底下金屬層（Under Bump Metallurgy, UBM）有各種不同的材料組合，表 2.3 列出銅凸塊（Copper Bump）及 UBM 之材料選擇組合。銅凸塊是一種特殊凸塊材料，相較於錫鉛凸塊，銅凸塊具有相對較高之熔點與硬度（Stiffness），銅凸塊可提供晶片之較佳電性及熱傳導路徑，純銅導電度為 $5.96 \times 10^7 \ \Omega^{-1} \cdot m^{-1}$，而錫鉛共晶（PbSn Eutectic）導電度為 $6.9 \times 10^6 \ \Omega^{-1} \cdot m^{-1}$，目前已有許多銅金屬材料應用於凸塊構裝之應用發展上。此外，銅凸塊的形狀、數量及排列位置（Location）等設計參數，對於其熱傳與電阻皆具有極大之影響。

表 2.3　銅凸塊及 UBM 之材料選擇組合[7]

UBM	Bump Material	Number of Plating Steps	Bump Shape
TiW/Cu	Cu	1	Wire（WIT）
Ti/Cu	Cu + 63 Sn / 37 Pb cap	2	Column
Cr/Cu/Au/Cu	Cu + Pb / 10 Sn cap	2	Column
Tiw（N）/Cu; Cr/Cu	Cu Stud / 95 Pb/5Sn	3	Mushroom

銅凸塊與錫鉛凸塊相比，由於銅的硬度較高，銅凸塊材料則較不適合於順從形組裝（Compliant Assembly）。Heinen 等人提出銅凸塊與某些鈍化層材料無法相容使用，因銅凸塊的熱應力（Thermal Stress）會導致氮化矽（Silicon Nitride）及氧化矽（Silicon Oxide）等鈍化層材料產生破裂。另一方面，像聚亞醯胺（Polyimide）鈍化層材料，由於具備應力緩衝（Stress Buffer）效果，則與銅凸塊具備相容性。

Heinen 等人將銅凸塊覆晶連接技術（Copper Bump Based Flip-chip Interconnect Technology）應用於多晶片模組構裝（Multi-chip Modules），其製程使用兩道微影和兩道電鍍步驟，並且在銅凸塊頂端鍍上焊錫（Solder）材料，以提供後續迴焊時之接合性能。其詳細製程步驟（圖2.10），包括：Polyimide 鈍化層沉積及圖案化、UBM 層沉積、光阻塗布及圖案化、UBM 層蝕刻、光阻去除、沉積銅於晶圓表面，以作為後續電鍍銅之晶種層、乾膜光阻（Dry Film PR）貼合及圖案化、電鍍銅凸塊、在銅凸塊上方電鍍焊錫材料、乾膜光阻去除（Dry Film Stripping）、銅晶種層蝕刻,以分離銅凸塊間之電性。

在 UBM 材料及製程技術上,其銅凸塊所搭配之 UBM 層,為使用濺鍍沉積之 Cr/Cu/Au 等堆積層。其中,使用碘化胺/碘(Ammonium Iodide/Iodine)混合液,可蝕刻金(Au)和銅(Cu)層;使用鐵氰化物(Ferricyanide),可蝕刻鉻(Cr)層。銅凸塊的直徑為 100 μm,高度為 85 μm,間隙(Space)為 100 μm。銅凸塊電鍍使用酸性鍍液,銅凸塊之高度均勻度規格為 ±5 μm。銅凸塊上方必須電鍍 20 μm 的 90Pb/10Sn 層或 63Sn/37Pb,或無鉛材料層,以提供接合性能。雖然 63Sn/37Pb 含有鉛金屬,然而其鉛金屬含量為 0.2 wt%,所以仍然符合 JEDEC 規範。如果使用完全無鉛之純錫材料,則可加強其熱疲勞壽命[7, 8]。

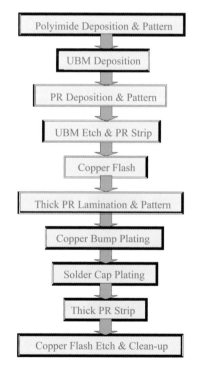

圖 2.10　應用於多晶片模組構裝之銅凸塊覆晶連接製程步驟 [7, 8]

　　銅柱凸塊（Copper Pillar Bump）的結構如圖 2.11 所示，銅柱凸塊可取代大部分之錫鉛材料，進而減少錫鉛使用量。銅柱凸塊包含兩部分：(1)銅柱部分：具有延展能力，但不具備迴焊性質，可用來支撐凸塊整體結構，銅柱與晶片結合墊（Bond Pad）作連接，以提供電力傳送，一般銅柱高度為 60～70 μm；(2)焊錫材料部分：位於銅柱上方具備可迴焊性質之焊錫材料，為銅柱凸塊與基板之機械接合點，一般焊錫高度為 20～35 μm。圖 2.12 為目前業界廣泛使用 Ti/Cu 作 UBM 層材料之銅柱凸塊的製作流程圖[9, 10]。

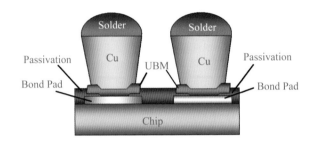

圖 2.11　銅柱凸塊之結構圖

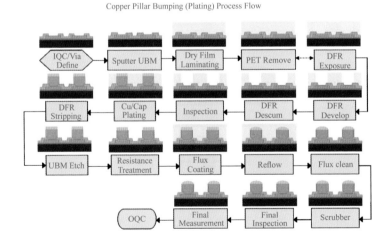

圖 2.12　銅柱凸塊的製作流程圖[9, 10]

3.1.2 高深寬比銅柱導線互連技術

一般覆晶凸塊的高度為 75 μm，直徑為 100 μm，節距（Pitch）範圍為 150～200 μm。但針對操作速度太於 10 GHZ 的高速光學元件（High Speed Optical Device），以及高密度處理模組（High Density Processing Modules），則必須採用較小凸塊（Smaller Bump）與細節距（Fine Pitch）之設計方案[3]。此外，為了降低因為基板與晶片熱膨脹係數不匹配所產生的應變（Strain），凸塊要具備足夠的高度。然而，如此高深寬比的凸塊，則引發製程與可靠度等重大挑戰。

Yamad 等人發展出一種細節距高深寬比的凸塊（Fine Pitch High Aspect ratio Bumps）製程，用以製作一批直徑為 5 μm、高度為 20 μm、節距（Pitch）為 10 μm 的高可靠覆晶導線連接凸塊[9]。使用多層之鋁／聚亞醯胺（Aluminum/Polyimide）導線製程，將 I/O 墊幾何形狀（Pad Geometry）進行修改，使之重新安置於元件中心，以進而降低凸塊之應變（Strain）。使用正光阻材料來發展高精密光阻圖案化製程，凸塊為銅柱（Copper Pillar）並覆蓋錫鉛焊料（PbSn Solder）。此外，實驗結果發現細節距高深寬比凸塊可改善熱疲勞壽命（Thermal Fatigue Lifetime），其熱疲勞壽命比傳統凸塊增加四倍。

有關細節距高深寬比覆晶導線連接技術的另一個例子，則是 Fujistsu 的導線互連技術（Wire Interconnect Technology, WIT）。WIT 是一種銅柱金屬，其直徑大約為 10 μm，高度為 50 μm，焊接於基板之微凸塊（Micro-Bump）上，微凸塊直徑大約為 25 μm。導線互連技術（WIT）可符合最小節距為 50 μm，每個晶片 I/O 數大於 6,000 之需求，此種 WIT 技術強調低寄生效應、高可靠度及低 α 輻射[10]，圖 2.13 節距（Pitch）為 100 μm 之銅柱凸塊照片[11, 12]。

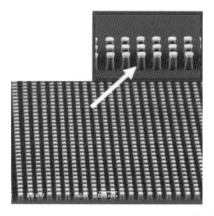

圖 2.13　節距 100 μm 之銅杆凸塊照片[11, 12]

　　細節距銅導線互連技術（Fine Pitch Copper Wire Interconnect Technology）的製作，首先使用厚度達 50 μm 的正光阻，來定義高深寬比導孔之圖案。接著以化學或電解拋光法，來活化即將進行電鍍之表面，並且在活化劑中添加潤濕劑（Wetting Agent），如此可促進蝕刻劑（Etchant）由表面傳送到深導孔區（Deep Via）。此外，為了有效去除電鍍前之清洗液，以及使得電鍍時銅離子容易獲得補充，溶液必須作充分攪拌。電鍍銅採用高展鍍能力（High Throwing Power）的酸性硫酸銅鍍液，其中針對陽極尺寸、電極間距離、鍍液流量等製程參數，必須作最佳化處理，以減低 WIT 之高度變化[10]，並得到細晶粒組織（Fine Grain Structure）的電鍍銅結構。

　　銅柱 WIT 之直徑、高度及節距分別為 10 μm、37 μm 及 40 μm。為了滿足銅柱 WIT 附著於晶片之多重置換過程，在銅柱 WIT 頂端要鍍一層薄的鎳（Ni），鎳可作為銅（Cu）與焊錫（Solder）間的擴散阻障層（Diffusion Barrier Layer），以確保經歷多重焊接及置換週期（Replacement Cycles）之後，其焊接點材料不會產生劣化。

3.2　面板產業應用之覆晶技術[13]

　　目前在 LCD 面板產業所廣泛應用的覆晶技術，包括：TCP（Tape

Carrier Package）、COG（Chip on Glass）及 COF（Chip on Film）等。以下將針對這三種覆晶技術，作深入探討。

3.2.1 TCP（Tape Carrier Package）

如圖 2.14 所示，TCP 是將捲帶狀軟質印刷電路板加工製成配線作為捲帶式基版（Tape Carrier），再將含有凸塊（Micro Bump）驅動 IC 晶片的裸晶片（Bare Chip）與捲帶式基版配線的內部端子作內引腳（Inner LeadBonding, ILB）接合、封膠、測試，並留外引腳（Outer Lead Bonding, OLB）作為訊號接續之用的一種構裝方式。再藉由 TCP 接合技術將 TCP 的外引腳構裝在 LCD 面板與印刷電路板（Printed Circuit Board, PCB）上。

一般 TCP 接合製程可分為輸入端（Input）與輸出端（Output）的接合。輸出端的接合工程是指 TCP 構裝在面板上，如圖 2.15 所示，以異方性導電膠（Anisotropic Conductive Film, ACF）作為接合的材料。輸入端的接合是指 TCP 構裝在 PCB 上，常用的接合材料則有銲錫（Solder）與異方性導電膠（ACF）兩種。

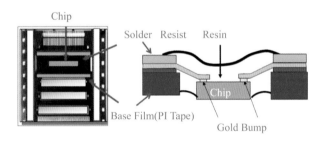

圖 2.14　TCP 結構示意圖

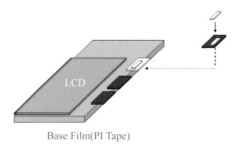

圖 2.15　TCP 製程應用於面板業之示意圖

(1) 銲錫接合（Solder Bonding）

銲錫接合一般只應用在 TCP 與 PCB 的接合，銲錫使用電鍍或鋼板印刷（Stencil Printing）將銲錫覆蓋在 PCB 指狀銲墊與 TCP 的外引腳上，在這個製程中焊錫厚度的控制非常重要，一般 TCP 外引腳銲錫的厚度為 1.5～2.0 μm。PCB 則為 30～60 μm。銲錫製程只能應用在腳距 0.3 mm 以上的產品，腳距 0.3 mm 以下的產品在接合過程很容易發生架橋而造成短路。

(2) 異方性導電膠（ACF）接合

異方性導電膠（ACF）如圖 2.16 所示，其接合過程是先將 ACF 置於面板電極、印刷電路板（PCB）的電極或 TCP 的外引腳上，再利用加壓加熱使樹脂硬化及導電粒子破裂，促使 TCP 外引腳與電極接觸而造成導通。控制接合品質是否良好的主要因素有：溫度、時間、壓力與設備熱壓頭的平坦度等。溫度與時間會影響樹脂的硬化狀況，對電極與 TCP 的外引腳之接合強度有極大之影響，硬化的反應速率（Reaction Rate）一般在 70 % 以上；而接合時的壓力會影響導電粒子破裂的情形，直接影響接著後的接合阻抗值，一般導電粒子變形量在 20 %～80 % 時的接合壓力最合適；熱壓頭的平坦度除了影響接合精度，也會造成每個接合區域的溫度與壓力不同，進而影響到接合品質。

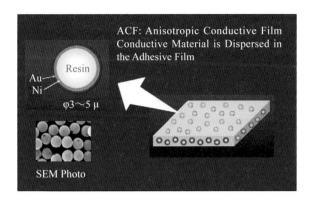

圖 2.16　ACF 及導電粒子示意圖

3.2.2　COG（Chip on Glass）

如圖 2-17 及 2.18 所示，COG（Chip on Glass）接合技術是將長有微凸塊（Micro Bump）的裸晶片，使用 ACF 直接與 LCD 面板做壓合連接，COG 與 TCP 的差異除了必須在不同機台設備作構裝外，產品成本、製程良率、電極配線、玻璃利用率與機構等設計都要跟著變更。簡單來說，COG 的主要優點是成本低與製程簡化；缺點則為 LCD 面板的面積需要加大，以便用來放置 IC 晶片。

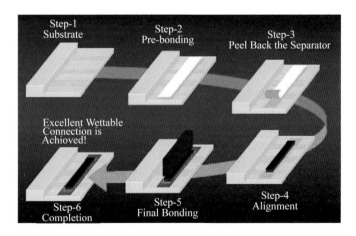

圖 2.17　COG 製程示意圖

圖 2.18　COG 示意圖

　　COG 製程品質之主要考量與 TCP 製程相同，要維持適當的接著強度、高絕緣阻抗、低導通阻抗，使得 IC 晶片與顯示器面板間維持良好的訊號傳遞。實際上在一個 LCD 模組製程中，導入 COG 製程會影響到許多設計變更，因為將 IC 晶片直接放置在 LCD 面板上，所以包含面板布線設計、系統設計及機構設計等都需要作設計變更，而模組設計的整體配合度，更能判定 COG 製程適用與否或優劣。下列各點是 COG 製程需要特別注意的一些因素：

(1) 異方性導電膠（ACF）的導電粒子

　　異方性導電膠的導電粒子應注意其導電粒子的種類、大小與數目。一般 COG 所使用 ACF 的導電粒子數目約為 TCP 使用之 ACF 的四倍多。

(2) 異方性導電膠（ACF）的黏結劑

　　異方性導電膠黏結劑多為環氧樹脂，一般分為熱塑性（Thermoplastic）與熱固性（Thermosetting）兩種，對製程主要影響為：(a)接著可靠度、(b)生產性、(c)重工性、(d)對基板金屬層的腐蝕性。熱塑性樹脂之重工性較佳，但可靠度較差，而熱固性樹脂之性質則相反。

(3) 接合凸塊的面積與配置

　　接合凸塊的有效面積，直接影響到接合阻抗，而凸塊間的距離與絕緣阻抗有關，因此對訊號傳遞的優劣有直接影響（與 TCP 的設計異曲同工）。

一般 ACF 的粒子含有率，可配合凸塊的面積與配置做調整，ACF 廠商對凸塊面積的建議值是 2,500 μm^2 以上（對應 ACF 粒子含有率為 1,000,000/mm^2）。

(4) 平坦度

包含了凸塊平坦度、玻璃基板平坦度、壓著平台（Back-up Stage）平坦度與壓頭平坦度。其中最難控制的是凸塊平坦度與玻璃基板平坦度。目前的凸塊都有鍍金處理，但對於凸塊的鍍金表面很難進行檢驗與篩選，而玻璃基板的平坦度在大尺寸的顯示器面板的 COG 則顯得更為重要，要在長距離維持一定的平坦度，以及克服玻璃基板本身的翹曲需要相當的技巧。

(5) 凸塊的特性

凸塊製作技術是影響 COG 接合品質的關鍵技術之一。一般凸塊應必備的特性，包括：高度的變異性、硬度、表面形狀、表面粗糙度、材料強度與尺寸大小。其中凸塊高度的變異性與硬度的高低，則是 COG 接合品質的關鍵。訊號傳遞完全以導電粒子做傳導介質，而凸塊的特性會直接影響到對導電粒子破裂狀況（接觸效果），而間接影響到接著的電氣特性。

以凸塊的硬度為例，玻璃基板上的材質主要為硬度很高的玻璃，若凸塊的硬度也高，則施加較小的壓力即可把粒子壓破；相反的若硬度低，則所需壓力則較高。所以壓力條件需要在 ACF 導電粒子硬度與凸塊硬度之間，取得一個平衡值。因此，如果要使用 COG 技術，一定要在凸塊的品質上加以嚴格控制才行。

(6) IC 晶片縱橫比

目前為了配合面板的狹額緣化，驅動晶片（Drive IC）趨向於高縱橫比（即 IC 晶片外形為狹長方形），以節省面板額緣空間。但高縱橫比會使得 IC 晶片在壓著過程中，因高溫而產生的熱膨脹效應將變將更加顯著，使得壓合過程可能會發生受力不均之情形。

(7) 潔淨度

包含玻璃基板端子的潔淨度與壓合環境的潔淨度，將會影響到 IC 晶片與表面接著效果，尤其實際的接著面積非常小，即使是很小的異物或污染，如果出現在接合區域，往往會造成壓合不良之結果。

3.2.3　COF（Chip on Film）

如圖 2.19 所示，COF（Chip on Film）與 TCP 接合技術近似，除了捲帶結構不同外，另一項差異是 COF 捲帶的剛性較 TCP 差，容易造成捲帶翹曲，對生產設備的操作性有極大的影響，所以在 TCP 生產設備的施加張力方式與捲帶固定方法上做修改，便可以進行 COF 的製程。COF 在耐熱性、設計彈性、試作交期的快速性方面優於 TCP，只要接合設備的操作性，以及量產製作成本降低獲得解決，相信 COF 將大有可為。

目前 COF 的封裝方式可分為使用異方性導電膠（Anisotropic Conductive Film; ACF）、熱壓產生共晶結合（Eutectic Bonding）以及靠接合膠熱壓固化後產生的收縮接合的 NCF 等三種。

(1) 異方性導電膠（ACF）

異方性導電膠的主要功用是提供兩種接合物體垂直方向的電氣導通，對於水平方向則無導通效果，它是利用導電顆粒在壓合後變形產生導電的效果，接合劑維持接點的接觸能力，與導電顆粒的反彈力量形成平衡，所以即使在環境的溫度變化時，雖然膠本身會熱脹冷縮，使接觸點 Bump 與 Pad 間的 Gap 產生些微變化，但導電顆粒可藉由彈性恢復力，維持與兩端電極的導通。

(2) 金錫共晶（Au-Sn Eutectic）

利用金與錫在錫的熔點以上的溫度，以壓力使其產生共晶現象而結合，此法的接合強度最佳。但是此製程的主要技術，在於加熱的均勻性與加壓的均勻性，在內引腳接合技術中，這兩種因素絕對影響著二層界面產生共晶合金層強度的好壞及良率的高低，這就會影響到生產成本與其可靠度特性，因此它是目前 LCD 驅動 IC 晶片接合方式中最被普遍使用的一種。

(3) NCF（Non-Conductive Film）

NCF 在接點處主要是靠接合膠熱壓固化後產生的收縮，使接點維持接觸應力，此接觸應力不得大於接合膠與基材間的接著力，以避免造成界面處的脫層。在 NCF 製程中，接點導通純粹是靠膠本身的收縮力，使接點維持接觸的狀況，膠在高溫的環境中會產生膨脹，使接觸應力下降，接點阻抗上升，當溫度高於膠的 Tg 時，接觸應力將明顯下降。

由於膠跟凸塊（Bump）間會因為熱膨脹產生不合，因此當環境溫度下跌時，應力集中在凸塊下端的 IC Pad，過大的應力會導致接點處的矽（Silicon）產生裂痕，影響 LCD 驅動晶片的功能，所以選擇品質特性良好的接合膠是決定接點品質的重要因素。

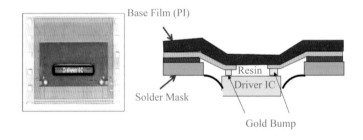

圖 2.19　COF 結構示意圖

4. 結論

由於電子產品的功能不斷進步，微電子構裝技術必須往前發展，以滿足高密度、薄形式、輕巧化、優良電性及高散熱性等需求。覆晶技術為目前晶圓級構裝（Wafer Level Package）中，最能滿足上述需求之構裝技術，然而此技術需要整合許多製程，才能在晶片的接合墊上形成高可靠度之凸塊，這些製程包括：UBM 沉積技術、微影蝕刻技術，以及凸塊沉積技術等。

　　要建立一條新的凸塊生產線（Bumping Production Line），尤其是 12 吋晶圓生產線，公司所投入的資金非常龐大，而工程師面臨到的製程問題往往非常急迫。常見的製程問題，例如：(1)光阻顯影不良，進而影響凸塊電鍍品質。(2)光阻與晶圓接合不良，在凸塊電鍍時，電鍍液滲入光阻與晶圓之界面，影響其後之光阻剝離及 UBM 蝕刻等製程。(3)凸塊電鍍製程控制不當，導致凸塊剝落（Missing Bump）或凸塊變形（Bump Deformation）。(4)光阻剝離劑之成分或製程控制不當，造成凸塊被剝離劑攻擊導致氧化，或者產生錫鉛顆粒（Solder Particle）等。

　　半導體技術持續在更新進步，身為半導體製程整合工程師必須經歷多年努力，才能累積具實用性之製程與設備經驗，並且需要與其他相關流程之工程師，建立良好的技術溝通，因問題的解決是要以整條生產線的前因後果作為考量。在競爭激烈的市場上，產品良率（Product Yield）與上市時程（Time to Market）將是決定成功的一大關鍵因素。

5. 參考資料

1. Professor Rao R. Tummala, Georgia Institute of Technology, Atlanta, Fundamental of Microsystems Packaging, page 361-365, 2001.

2. W. D. Brown, ed. Advanced Electronic Packaging, New York: IEEE Press, 1999.

3. Madhav Data, T. Osaka, J.W. Schultze, Microelectronic Packaging, Flip Chip Technology, page 167-197, 2005.

4. http://www.fujitsu.co.jp.

5. Deborah S. Patterson, Peter Elenius, James A. Leal, Flip Chip Technologies, University Drive Phoenix, AZ, Wafer Bumping

Technologies-A comparative Analysis of Solder Deposition Processes and Assembly Consideration, 2003.

6. Donald P. Seraphim, Ronald C. Lasky, Che-Yu Li, Principles of Electronic Packaging, page 597, 1993.

7. M. Datta, T. Osaka, and J. W. Schultze, Microelectronic Packaging, pp. 191～194, 2005.

8. K. G. Heinen, W. H. Schroen, D. R. Edwards, A. M. Wilson, R. J. Stierman, and M. A. Lamson, Multichip Assembly with Flipped Integrated Circuits, Proceedings of 39th Electronic Component Conference, May 22～24, 672 (1989).

9. H. Yamada, Y. Kondon, and M. Saito, A Fine Pitch High Aspect Ratio Bump Array for Flip Chip Interconnection, 1992 IEEE/CHMT intl. Electronic Manufacturing Technology Symposium, 288 (1992).

10. L. Moresco et all, Wire Interconnect technology, a new flip chip technique, proceedings flip chip, BGA, TAB, Adv. Packaging Symposium, Sunnyvale, CA, 947 (1996).

11. Tie Wang, Francisa Tung, Lious Foo, and Vivek Dutta, "Studied on a novel flip-chip interconnect structure-pillar bump, "Proc. 51st Electronic Components and Technology Conference, May 2001, pp. 945～949.

12. Andrew et all, "Copper die bumps (first level interconnect) and low-k dielectric in 65nm high volume manufacturing," Proc. Electronic Components and Technology Conference, 2006, pp. 1611～1615.

13. 楊省樞，「覆晶新組裝技術」，工業材料 163 期，pp.162-167，2000。

覆晶構裝之 UBM 結構及蝕刻技術

1. 前言

　　由於覆晶構裝（Flip Chip Package）採用區域陣列構裝技術（Area Array Package Technology），可以滿足多腳數與微型化之構裝需求，漸漸受到重視及採用。以覆晶球狀柵列（Flip-chip Ball Grid Array, FCBGA）構裝為例，他們使用位於構裝體下方之銲球（Solder ball）和印刷電路板之間形成電性連接，其大量採用到前段 IC 製程，例如：晶圓清洗、金屬層沉積、光阻去除、凸塊底下金屬層（Under Bump Metallurgy, UBM）之濕式蝕刻等製程，可以大大提升微電子構裝產品之性能及可靠度。然而因 UBM 層的結構及形狀，受到其蝕刻技術之影響甚鉅，並且 UBM 層的良否，對於覆晶構裝之凸塊（Bump）的電性和可靠度具有直接性影響，所以本章將針對 UBM 蝕刻技術，例如：UBM 功能和選擇準則、UBM 蝕刻液種類和蝕刻方法等，進行一系列之探討，以瞭解如何改善 UBM 層之品質。

2. UBM 結構

　　凸塊（Bump）性能和可靠度的好壞，是由凸塊底下之金屬層（Under Bump Metallurgy, UBM）的堅固與否所決定。當使用電鍍沉積凸塊時，必須先沉積一層 UBM 於最終金屬墊（Final metal pad）和鈍化層（Passivation layer）上方，此 UBM 層有兩大重要性能：(1)提供凸塊進行電鍍時，使電流通過的導電層；(2)在 UBM 被選擇性蝕刻後，它成為凸塊與金屬墊間進行接合的媒介層，並且可控制凸塊接合面積之大小。

　　在覆晶構裝上，UBM 必須具備以下功能：(1)與最終金屬墊和鈍化層之接合附著力（Adhesion）必須良好；(2)必須儘量減少凸塊與金屬墊間的電性阻抗；(3)保護 IC 最終金屬墊免於環境污染和損害；(4)作為錫鉛凸塊之擴散阻障層（Diffusion Barrier Layer）；(5)可潤濕凸塊表面。應用於覆晶凸塊製程之 UBM 層，一般最少要具有兩層金屬薄膜，也就是附著層（Adhesion Layer）和可焊接層（Solderable Layer），亦可稱之為可潤濕層（Wetting

Layer），圖 3.1 為 UBM 結構之示意圖。

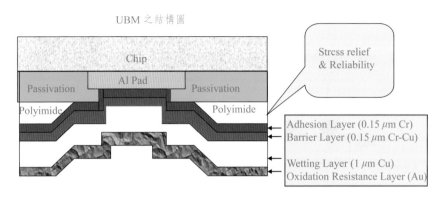

圖 3.1　UBM 結構之示意圖

3. UBM 濕式蝕刻製程及設備

圖 3.2 為覆晶（Flip Chip）技術沉積錫鉛凸塊之流程圖，在電鍍積錫鉛凸塊之後會進行光阻去除（PP Stripping）和 UBM 蝕刻，其中 UBM 蝕刻是以凸塊或光阻當作蝕刻遮罩層（Etching Mask），然後將未被覆蓋之 UBM 金屬層作蝕刻去除，以隔離個別凸塊。它是覆晶技術中的一個關鍵製程，因為 UBM 蝕刻不完全，將會引起電性短路（Short）；反之，如果 UBM 過度蝕刻，則會造成底切（Undercut）問題，甚至蝕刻到凸塊本身，最後影響電子元件之可靠度。

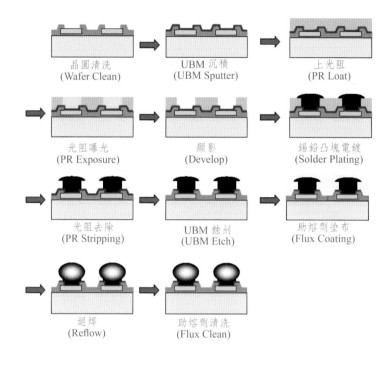

晶圓清洗
(Wafer Clean)

UBM 沉積
(UBM Sputter)

上光阻
(PR Loat)

光阻曝光
(PR Exposure)

顯影
(Develop)

錫鉛凸塊電鍍
(Solder Plating)

光阻去除
(PR Stripping)

UBM 蝕刻
(UBM Etch)

助熔劑塗布
(Flux Coating)

迴焊
(Reflow)

助熔劑清洗
(Flux Clean)

圖 3.2　覆晶技術之錫鉛凸塊沉積流程圖

　　UBM 蝕刻製程一般使用單晶圓旋轉蝕刻（Single Wafer Spin Etcher）設備，如圖 3.3 所示為弘塑科技所設計製造之 UFO-300 系列之照片。UBM 蝕刻常用步驟：(1)預先潤濕（Pre-wet）：先使用 DI 水作預先潤濕（Pre-wet），如此可以使蝕刻化學品快速均勻塗布於晶圓表面，以提高蝕刻之均勻性（Uniformity）。(2)UBM 金屬蝕刻：UBM 蝕刻必須達到一定要求之均勻性，並且避免金屬殘留，以及降低底切（Undercut）等。(3)DI Rinse：此步驟必須有效去除化學品，避免殘留於晶圓表面上。(4)Spin Dryer：晶圓快速旋轉乾燥，防止錫鉛顆粒（Solder Particle）之形成。

　　為了改善蝕刻均勻性，以下介紹兩種 UBM 蝕刻模式：

(1) Spin Mode：搭配不同的晶圓旋轉速度（Spin Speed）和噴嘴懸臂（Swing Arm）之運動方式，以進行金屬層之蝕刻，可改善在單一晶圓內之蝕刻均勻性。

(2) Puddle Mode：首先在晶圓低轉速下（<50 rpm）噴塗蝕刻液，使蝕刻化學品能均勻塗布於整個晶圓表面，並且在晶圓低轉速下讓蝕刻液與 UBM 金屬起充分之化學反應，如此可改善因圖案效應（Pattern Effect）所造成蝕刻不均勻性之問題，避免蝕刻化學品之浪費，以及改善底切（Undercut）等問題。

在 UBM 蝕刻製程中，根據不同的 UBM 金屬層種類和厚度、蝕刻液之化學特性、凸塊圖案，必須靈活性地搭配不同的蝕刻方式，以達到最佳之蝕刻均勻性。本章以下內容將探討各種 UBM 金屬層之蝕刻方法及注意事項。

UFO-300(12" Single Wafer Processor)弘塑科技

圖 3.3　弘塑科技之單晶圓旋轉蝕刻（Single Wafer Spin Etcher）設備（UFO-300 系列）

4. 各種 UBM 金屬層之蝕刻方法及注意事項[1]

鎳（Ni）、銅（Cu）和鉻（Cr）等薄膜很容易被以下之化學品所蝕刻，例如：硝酸（Nitric Acid）、鹽酸（Hydrochloric Acid）、雙氧水（Hydrogen Peroxide）、過硫酸胺（Ammonium Persulfate）和過錳酸鹽（Permanganate-based）等化學品。然而，要滿足選擇性地蝕刻 UBM 層，並且不可傷及凸塊（Bump）等需求，這使得 UBM 蝕刻化學液的開發面臨許多挑戰。為何 UBM 蝕刻不要傷及凸塊（Bump）？主要考慮因素如下：
(1)防止錫鉛凸塊體積損失；(2)防止錫鉛凸塊的活性相被優先熔解，導致凸塊化學成分發生改變；(3)防止錫鉛凸塊的表面產生粗糙化，因而妨礙到電性測試及探針作分類（Probe sorting） 等作業，表 3.1 列出常用 UBM 金屬之蝕刻化學品資料，以供參考。

表 3.1 常用 UBM 金屬之蝕刻化學品資料

Metal	Etching Chemistries
Cu	H_2SO_4, H_2SO_4/H_2O_2, $(NH_4)_2S_2O_8$ (Amnonium Persulfate), HCl, $CuCl_2/HCl$, $FeCl_3$
Cr	HCl, $HClO_4$(Perchloric Acid), $H_8CeN_8O_{18}$(Cenc Ammonium Nitride), $H_8CeCOOH$(Acetic Acid), HNO_3
Au	KI, HCl/HNO_3(Aqua Regia), KCN
Ti	H_2O_2, NH_4OH/H_2O_2, HF, HF/H_2O_2, HF/HNO_3
TiW	H_2O_2, NH_4OH/H_2O_2, HF, HF/H_2O_2, HF/HNO_3
Ni	H_2SO_4, H_2SO_4/H_2O_2, $HNO_3/H_2SO_4/CH_3COOH$
NiV	H_2SO_4, H_2SO_4/H_2O_2, HNO_3, HCl
Al	$H_3PO_4/CH_3COOH/HNO_3$, HCl, H_2SO_4/H_2O_2
PbSu	CH_3COOH/H_2O_2

➤ 鎳（Ni）和鎳釩（NiV）金屬蝕刻

鎳（Ni）和鎳釩（NiV）金屬層，使用雙氧水—硫酸基（Hydrogen Peroxide & Sulfuric Acid Base）蝕刻液，蝕刻液中每一種組成分的真正含量，則依錫鉛凸塊之成分而變。

➤ 銅（Cu）金屬蝕刻

PCB 工業之應用上最常使用之銅蝕刻液為氯化銅，為了維持蝕刻速率之穩定，必須要有蝕刻液再生及自動補充功能。然而，因為氯化銅容易蝕刻到錫鉛合金，即使含有微量之氯離子，氯離子很容易穿透凸塊之缺陷部分，例如凸塊之晶界或針孔區域，導致凸塊產生腐蝕或應力腐蝕，在熱循環之情況下，會使元件提早失去效能，所以儘可能避免使用含氯之蝕刻液，以免傷及錫鉛凸塊。

在微電子工業上，最常使用的銅蝕刻液為過硫酸胺（Ammonium Persulfate）溶液，因過硫酸胺溶液也會攻擊錫鉛凸塊，所以蝕刻溶液成分要作最佳化處理，以防止錫鉛凸塊被攻擊，並且不影響銅之蝕刻速率。在製作高鉛凸塊（97Pb/3Sn）時，UBM 銅（Cu）蝕刻液成分為：12.5 g/l 過硫酸胺（Ammonium Persulfate）、5 cc/l 硫酸（Sulfuric Acid）及 1 g/l 硫酸銅（Copper sulfate）。其中，使用 Wet Bench 浸泡式蝕刻時，蝕刻速率為 460 Å/min；採用單晶圓噴灑式蝕刻（Single Wafer Spin Etching）時，其蝕刻速率為 610 Å/min。在高鉛凸塊之 UBM 蝕刻應用時，常常會產生氣泡覆蓋在 UBM 表面，導致蝕刻金屬不易被去除，因而影響到 UBM 蝕刻平坦度，而採用單晶圓噴灑式蝕刻，可以防止氣泡覆蓋問題，進而改善 UBM 蝕刻之平坦度。

➢ 鉻（Cr）金屬蝕刻

鉻（Cr）主要是作為 UBM 之附著層（Adhesion Layer），其位於鈍化層（Passivation Layer）和可焊接層（Solderable Layer）之間，所以鉻蝕刻液必須與鈍化層和可焊接層相容，有關鉻蝕刻時之溫度和 pH 值，必須作最佳化處理，以免攻擊到 UBM 底下之二氧化矽（Silicon Dioxide）或 Polyimide （PI）等介電層。常用的鉻蝕刻液成分含有：0.25 M 高錳酸鉀（Potassium Permanganate）及 0.5 M 氫氧化鈉（Sodium Hydroxide）等，於室溫下進行蝕刻。其中，使用 Wet Bench 浸泡式蝕刻（Immersion Etching）時，蝕刻速率為 75 Å/min；採用單晶圓噴灑式蝕刻（Single Wafer Spray Etching）時，其蝕刻速率為 107 Å/min。

➢ 鈦（Ti）、鈦鎢合金（TiW）和鈦鎢氮合金（TiW（N）等 UBM 蝕刻

鈦（Ti）、鈦鎢合金（10 %Ti/ 90 %W）和鈦鎢氮合金（TiW（N））等 UBM 金屬，具有雙重特性，其可作為 UBM 之附著層及阻障層使用。因這些金屬與晶片最終金屬層（Final Metallization Layer）和鈍化層（Passivation

Layer）有直接性接觸，所以其蝕刻液對於這些 UBM 金屬層要有足夠的蝕刻速率，並且同時確保其不會攻擊到最終金屬層（Final Metallization Layer）、鈍化層（Passivation Layer）和錫鉛材料。微電子工業上常用的鈦蝕刻液，大部分採用以氫氟酸為基礎的溶液，此種蝕刻液不會攻擊銅（Cu）和鉛（Pb），並且經由適當調整溶液成分，目前已廣泛應用於高鉛和高錫之凸塊材料上。

針對 TiW 和 TiW（N）等 UBM 層，一般採用雙氧水（Hydrogen Peroxide）當蝕刻液。Detta 等人發展了一種化學性蝕刻製程，其以雙氧水基之蝕刻液，在有 PbSn、CrCu，Cu 和 Al 等金屬存在下，進行蝕刻去除 TiW，此種蝕刻液操作溫度為 50 ℃，並且含有以下成分：(1)以雙氧水為蝕刻劑；(2)以硫酸鉀為鈍化劑，來保護 PbSn 材料；(3)鉀（K）—EDTA 當作雙氧水之穩定劑，同時也是蝕刻產物之緩衝劑和錯合劑。

UBM 蝕刻終點偵測（End Point Detection, EPD）法，是由非接觸性之即時監控系統所構成，可作金屬層蝕刻終點量測，當 TiW 被蝕刻去除時，EPD 法可以自動停止 UBM 蝕刻，進行 DI 沖洗以避免過度蝕刻及底切問題。在 TiW 蝕刻過程中，蝕刻液中之雙氧水及 EDTA，會隨時間的增加而改變 pH 值和降低蝕刻性能等，為了確保蝕刻製程穩定，Cooper[2]等人則最早提出即時蝕刻液成分分析與自動添加機制。

有關在電鍍凸塊（95Pb5Sn）存在下，要進行 TiW（N）之選擇性蝕刻，其所使用蝕刻液，是由 Ramanathan 等人所發展出來[3]。TiW（N）是當作附著層（Adhesion Layer），可以確保其與銅作良好之接合，同時 TiW（N）也是阻障層（Barrier Layer），它可以防止銅擴散穿透阻障層。TiW（N）之蝕刻液是由雙氧水（Hydrogen peroxide）和氫氧化銨（Ammonium hydroxide）所組成，一般會根據蝕刻時間、底切程度和凸塊迴焊後形狀，進行調整蝕刻液之各成分比例、蝕刻液溫度，進而達到製程需求。目前 TiW（N）之最佳蝕刻液成分，包括：6 % 體積之 30 %H_2O_2 和 0.75 % 體積之 30 %NH_4OH，其操作溫度為 37 ℃。

5. 結論

　　針對 UBM 蝕刻技術之重要項目，例如：UBM 功能、蝕刻液（Etchant）和蝕刻方法等，在本章中已作一系列探討，尤其在 UBM 蝕刻製程中，必須根據 UBM 層性質、金屬組織結構和厚度、蝕刻液化學特性和凸塊圖案分布，進而搭配不同的蝕刻方式，例如：晶圓轉速、噴酸方式、管路材質選擇和蝕刻液流量控制等，以達到最佳蝕刻均勻性和降低底切問題。

6. 參考資料

1. M. Datta, T. Osaka, J.W.Schultze, Microelectronic Packaging, pp. 184-189 (2005).

2. E.I. Cooper, M.Datta, T.E. Dinan, T.S. Kanarsy, M.B. Pike, and R.V. Shenpy, Methods for Monitoring Components in the TiW etching bath used in the fabrication of C4s, U.S. patent 6, 238, 589, May 29 (2001).

3. L.N. Ramanathan and D. Mitchell, IEEE Trans. Components Packaging technology, 24, No. 3, 425 (2001).

第四章

微電子系統整合技術之演進

1. 前言

　　由於現代電子產品之功能不斷在擴張，強調多功能、體積小及重量輕等訴求，促使晶片功能持續增加，相對應地 I/O 點數目也快速倍增，同時晶片尺寸亦持續在縮小，以進而提供更佳之性能表現。尤其要將不同功能之元件，例如將被動元件（Passive）、微機電元件（MEMS）等進行異質元件整合。此外，因操作頻率增加，導線互連長度縮短，以及新增數位類比（New Digital/Analog）功能，所以系統整合構裝技術必須持續發展創新，以降低成本及滿足未來量產需求。電子構裝趨勢，目前已由二維結構進展到三維製程技術，然後漸漸發展到三維系統整合，以減少構裝尺寸及增加矽的使用效率，並且縮短導線連接。本章將針對最近所發表之相關文獻[1～9]，進行探討電子系統構裝技術之發展狀況。

　　電子產品從傳統之分離式組裝進步到目前的數位系統整合，其中系統整合構裝技術的發展佔有極大的影響力，它結合微電子與資訊技術，以及其他相關技術領域，其中含括：硬體、軟體、服務、應用科學等寶貴科技知識。系統整合構裝是目前美國、日本、歐洲、臺灣、韓國和其他參與國家，於這幾十年來，在科學、技術、工程、先進製造、經濟發展的驅動力。從經濟面觀察，系統整合構裝技術在目前國際市場上，它已成為一項價值高達萬億元的產業，其中硬體佔有超過 7,000 億美元比例。半導體佔 2,500 億美元。至於微系統構裝（Micro-system Packaging，簡稱 MSP）技術，在不含半導體情況下，將佔有 2,000 億美元市場。MSP 最簡單的定義方式（如圖 4.1 所示），可定義為元件與終端產品系統之間的橋梁。微系統構裝如今已具有 2,000 億美元市場，佔整體 IT 市場 10%，MSP 已成為策略性（Strategic）與關鍵性（Critical）之技術。MSP 技術決定終端產品尺寸、性能、成本和可靠度。它將成為數位─整合電子系統的關鍵技術。在未來 MSP 將不侷限於微電子領域，亦包括：光學（Photonic）、射頻（Radio Frequency, RF）、微機電系統（MEMS）、感測器（Sensors）、機械（Mechanical）、熱

（Thermal）、化學（Chemical）和生物（Biological）等功能。

　　從手機到生醫（Biomedical）應用，現代人的生活將藉由系統整合技術，進而將各種複雜性之產品整合成為單一可攜式產品，以滿足完全個人化需求。如此的系統整合技術，必須滿足尺寸微縮與功能提升兩大訴求。回顧 1970 年代的電腦，其體積非常龐大，每秒只可計算數百萬個指令。接著到 1980 年代，電腦每秒可計算數十億個指令，進而演化到更小尺寸之個人化電腦。目前業界仍然致力於這些小型化計算系統的發展，例如：將 IC 整合到單晶片處理器、將構裝體整合到多層有機薄膜，以及其他微小化技術之研究。圖 4.2 顯示電子產品從過去到未來之發展趨勢，此種趨勢將繼續前進，未來希望在一立方公分系統內，擁有百萬功能（Mega Function）。且不僅具備計算、溝通、生醫和消費性電子等功能，還將進一步具有感知功能，以進行感測（Sensor）、數位化（Digitize）、監測（Monitor）、控制（Control），以及經由網路傳送資訊（Transmit）到世界各個地方。

圖 4.1　微系統構裝（MSP）是元件與終端產品系統之間的橋梁 [3]

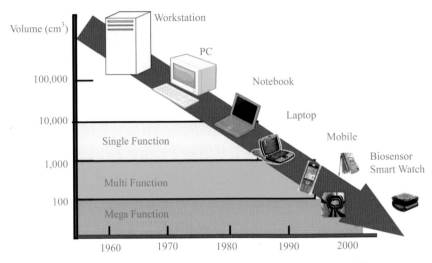

圖 4.2　電子系統朝向高度微小化之數位整合趨勢前進[3]

2. 系統整合技術之演進

　　系統整合技術之演進如圖 4.3 所示，傳統在電路板上作系統整合（System-on-board, SOB）的方式，其整體系統包括：體積龐大的 IC 構裝體、分離式元件、連接器、訊號傳輸線、電池、輸入與輸出點、大量的散熱架構、印刷電路板等，此種系統整合方式稱為 SOB。其中，傳統構裝體約佔據總體積之 80～90 ％，而系統製造佔總成本的 70 ％。根據文獻所述[1～9]，系統整合技術可區分為三種主要方式：(1)SOC：主要是進行積體電路之整合工作。(2)SIP：包括晶片尺寸構裝（Chip Scale Package, CSP）、二維多晶片模組（Two-dimensional Multi-chip Modules, 2D MCM），以及後續之3D 系統級構裝（System in Packaging, SIP）。此方式主要是注重於模組層次之構裝整合（Module-level Integration）。(3)SOP：系統層級之構裝整合（System-level Integration）。

　　其中，在晶片上作系統整合之技術，稱為系統晶片（System-on-chip, SOC）。此種技術需要持續發展，在到達具備經濟效益時，才能被業界所廣泛接受。在 1980 和 1990 年代，IBM、Hitachi 和 NEC 等公司，已發展出高度成熟之次系統構裝體，稱之為多晶片模組（Multi-chip-module, MCM）構裝。至於 MCM 三維結構（3D Structure）製造，則是使用 60 層到 100 層的預燒金屬化陶瓷薄板，將其一層一層堆疊而成，採用高導電性金屬，例如：鉬、鎢或銅等金屬，以進行導線互連。完成的 MCM 結構，由於在 Z 軸的尺寸和 X 軸與 Y 軸的尺寸相比，Z 軸的尺寸相當薄，所以看起來很像二維結構（2D Structure）。

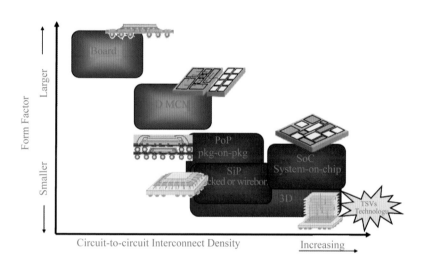

圖 4.3　系統整合技術之演進（資料來源：Yole Development）

　　當 MCM 技術尚未進入量產時，1980 年代的 Gene Amdahl 使用晶圓級整合（Wafer Scale Integration, WSI）技術，將構裝體和 IC 整合於單一矽晶圓載板上，其後衍生出所謂的 Silicon-on-silicon 技術，例如 IBM 和 Bell 實驗室便是採用 CMOS 工具及製程，來發展 Silicon-on-silicon 技術。但那時因為某些原因，而曾經一度放棄此種技術。然而在不同應用領域上，此種技術又再度受到重視。由於 1980 年代行動電話的出現，更加強化電子產品的微小化趨勢，所以不同於二維 SOC 或 MCM 之三維設計理念，迅速成為不可或缺的新需求。其中 SIP 系統級構裝，可將薄化晶片朝第三方向堆疊的概念，又稱為 IC 堆疊和構裝（Stacked IC and Package, SIP）。它首先將薄形化晶片堆疊在其他 IC 上，以進行模組之導線互連，接著使用表面黏著技術與系統基板作結合。在早期 SIP 技術發展上，大部分都採用打線（Wire Bonding）方式以進行導線互連，近年來改採用覆晶（Flip Chip）及矽導孔（Through Silicon Via, TSV）等技術，則可進一步大大縮小構裝體之尺寸。

在 90 年代中期，喬治亞技術學院（Georgia Institute of Technology）的構裝研究中心，提出系統整合構裝（System On Packaging, SOP）的概念。此種 SOP 概念是一項嶄新的系統整合技術，它可縮小元件（Device）、構裝體（Package）和系統基板（System Substrate），以成為單一系統構裝體，並且具備系統各項功能。相對於 IC 整合之摩爾定律，SOP 可謂電子系統整合之第二定律，其主要目的是進行系統微小化及高度整合。

SOP 技術理念，著重於兩大特性：(1)它結合 IC、構裝體、系統基板，進而成為單一系統構裝體，所以稱為系統整合構裝。(2)它將整體系統（Entire System）進行微縮及整合（Miniaturization and Integration），有如在元件內將 IC 進行整合。由於 SIP 在進行 IC 晶片堆疊時，目前並未作真正的構裝整合；然而 SOP 可將 IC 晶片及構裝體之所有系統元件進行整合，使之成為完整的薄膜或結構，並且包括以下元件：被動元件（Passive Component）、互連導線（Interconnection）、連接器（Connector）、熱結構（Thermal Structure）（例如：散熱和熱介面材料）、電源（Power Suppliers）、系統基板等。SOP 所整合的單一系統，可提供所有系統功能，例如：計算、無線網路溝通、消耗性電子以及在單一模組內具備生醫功能（Biomedical Function）。

3. 電子數位整合之五大系統技術

3.1　系統基板（System-on-board, SOB）

　　系統基板是將分離式元件於系統級基板上進行導線互連。目前 SOB 系統製作，首先製作分離式元件，接著將其整合於系統基板上。此技術之系統微小化方式，主要是將各別元件之節距（Pitch）縮小，將每層結構之線路與絕緣體尺寸，都進行微小化。但此技術在數位整合上，則遇到極大之瓶頸，從 IC 的 I/O 點到系統製作，其體積非常龐大且成本高昂，在 IC 構裝性能與可靠度考慮上，遭受極大限制。在系統級基板上，由於含有太多元件導線之互連接點，所以其電性與機械強度亦受到極大影響。

3.2　系統晶片（System-on-chip, SOC）

　　SOC 可在單一晶片上建立部分系統，具有兩種或更多功能。由於半導體向來為 IT 產業之基石，自從電晶體發明之後，微電子製造技術持續致力於電晶體的高度整合，以持續降低成本，其所生產的電子產品對於人類生活已產生極大影響。例如：汽車、消費性電子、電腦、電信、太空、軍事等應用領域。未來電子產品將朝向系統整合，其中系統晶片（SOC）便是其中一種解決方案。SOC 以水平方式整合數種系統功能於單一矽晶片上，如圖 4.4 所示。首先 SOC 晶片希望能夠在具有成本效益下進行設計與生產，經由整合主要元件以及其他元件，來構成完整的終端系統。接著進行晶片保護、外部導線連接，提供電源和冷卻等構裝步驟，進而執行計算、溝通和消費性電子產品（處理、記憶、無線和繪圖）等功能。而且，SOC 如果可以大量生產，它將是提供最佳性能、高密度，以及具備輕巧特性之系統解決方案，這也是 ITRS 於 2006 年所提出的 Roadmap。

　　SOC 主要問題在於是否具備成本效益，以成為完全終端系統，例如：

未來領先尖端的手機功能需求，將具備數位、無線和感測能力；或者是未來生醫移植技術之應用。全球的研究者正在進行發展 SOC 技術，並有長足進步。然而，在長遠看來，SOC 將面臨到一些瓶頸，即針對無線溝通和額外非累加性成本，所引起之計算與整合兩種限制。SOC 最大挑戰，就是其設計時間很長，因為整合之複雜性，高晶圓製造和測試成本，以及混合訊號製程之複雜性，它需要許多光罩步驟和存在 IP 問題。在 SOC 發展階段上，目前正遭遇到部分技術上的瓶頸，例如：異質材料基板整合困難（Silicon 與 GaAs 整合）、混合類比數位訊號電路缺乏評估驗證方法，晶片設計智慧財產權（Intelligence Property）受限，再加上無法完全把所有系統被動元件都嵌入晶片。

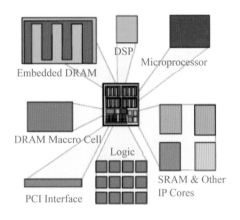

圖 4.4　SOC 示意圖[8]

由於 SOC 正面臨到技術（Technology）、財務（Financial）、商業（Business）和合法化（Legal）等挑戰，促使業界與學術研究單位，開始尋求其他解決半導體與系統整合的替代方案。首先，工業界預測延長投資摩爾定律的時間最多只能到 2015 年。此外，半導體與系統整合的方式，除了仰賴水平方式的 SOC 技術外，也可採用 3D 垂直晶片或構裝體堆疊之 SIP 技術，甚至最終採用 SOP 技術等。目前已有超過 50 家公司，正在積極發展

SIP 技術。所以針對 SOC 與傳統構裝技術之缺點，的確需要一項新技術來加以克服。SOP 技術的概念是結合 IC 與構裝之整合技術，進而成為一項令人信服的解決方案，它可適用於 SOC 和 SIP 以及矽晶圓（Silicon Wafer）、陶瓷（Ceramic）或有機載板（Organic Carrier）等相關構裝材料上。

3.3　多晶片模組（Multi-chip Module, MCM）

由於電晶體的速度與數量持續在增加，致使系統的速度不在受限於積體電路，目前系統的瓶頸已移轉到 IC 的連線與構裝，為了彌補 IC 與 PCB 之間在連線技術上的限制，因而衍生出多晶片模組（MCM）的概念。多晶片模組可將兩種或多種 IC 進行二維整合，以提高系統之電性，圖 4.5 為多晶片模組（MCM）示意圖。MCM 是由 IBM、Fujitsu、NEC 和 Hitachi 於 1980 年所發展出來。由於在原先矽晶圓上無法製造出相當高良率的大晶片，所以必須使用一個基板來將許多良好的裸露 IC 進行導線連接。

剛開始的 MCM 為水平二維結構，使用高溫共燒陶瓷基板（High Temperature Co-fired Ceramics, HTCCs），材料為多層陶瓷，例如：氧化鋁（Al_2O_3），並連接許多共燒鉬（Co-fired Molybdenum）或鎢（Tungsten）金屬。其後，第二代 MCM 採用高功能之低溫共燒陶瓷（Low Temperature Co-fired Ceramics, LTCCs）基板，材料為低介電常數之陶瓷，例如：玻璃陶瓷，並連接電性較佳之銅、金或銀－鈀金屬。第三代 MCM 特別使用多層有機介電材料（更低介電常數）和導電材料（濺鍍或電鍍銅），以進而提升性能。由於多晶片模組具有提升系統效能和縮小構裝尺寸之優點，目前主要應用於無線通訊系統和消費性電子產品等，然而良裸晶（Know Good Die, KGD）的供應，以及 KGD 高測試成本，這些皆是 MCM 發展上之主要障礙。

圖 4.5　多晶片模組（MCM）示意圖

3.4　IC **堆疊及構裝**（Stacked ICs and Packages, SIP）

　　SIP 可將兩種或多種薄形化 IC 作三維堆疊構裝，以進行系統微小化。相對於 SOC 水平整合方式，SIP 可將同質或異質 IC 元件進行垂直堆疊構裝，以克服 SOC 之一些限制，在晶片尺寸及厚度縮小條件下，SIP 具有較佳之潛在優勢。SIP 也被定義為完全系統級構裝，如果可以將所有系統元件，例如：被動元件、互連導線、連接器、散熱結構及熱介面材料等，以及電源和系統基板，皆進行微縮及整合，以形成一個完整系統，如此 SIP 與 SOP 就沒有任何不同之處。由於 SIP 可以解決 IP 問題，減少 IC 製程及大量的光罩步驟，目前可以滿足半導體廠之短期目標。

　　如果 SIP 在進行垂直堆疊構裝時，只能延伸摩爾定律於第三軸作單純的 IC 整合，針對整個系統也只能進行 10～20 % 的系統整合。因垂直堆疊的 IC 受限於 CMOS 製程瓶頸，其終端產品也會遭受 CMOS 奈米或奈米以下之製程限制，所以 SIP 技術仍存在著 SOC 所面臨的製程瓶頸。目前 SIP 技術具有的明確優勢，則包括：設計及驗證簡單、製程中可減少許多複雜的光罩步驟、上市時程短、IP 問題少等優點。目前有大約有 50 多家 IC 廠和構裝廠正積極準備投入 SIP 技術之生產。圖 4.6 為 SIP 垂直堆疊構裝示意圖。

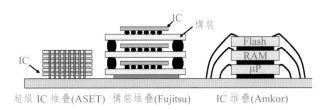

超級 IC 堆疊(ASET)　構裝堆疊(Fujitsu)　　IC 堆疊(Amkor)

圖 4.6　SIP 垂直堆疊構裝示意圖[11]

　　SIP 技術大體上可區分為兩大類（如圖 4.7 所示）[11]：(1) Non-TSV 技術：採用傳統打線（Wire Bonding）、TAB 或覆晶（Flip Chip）技術，進行裸晶或構裝 IC 之垂直堆疊構裝；(2)TSV 技術：採用矽導孔（Through Silicon Via, TSV）技術，進行裸晶或構裝 IC 之垂直堆疊構裝，而不使用傳統打線（Wire Bonding）或覆晶（Flip Chip）技術。由於 TSV 技術可進行高密度導線垂直連接，通常又稱為三維構裝整合（3D Package Integration）技術。

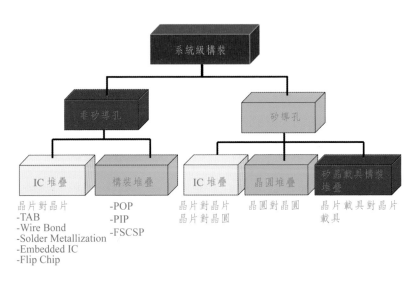

圖 4.7　SIP 技術大體上可區分為兩大類：非矽導孔（Non-TSV）技術、矽導孔（TSV）技術[11]

目前有許多種基於堆疊方式的三維構裝技術，包括：在晶片上進行 3D 整合，即在一個晶片上沉積各種功能性薄膜層；晶片到晶片或構裝體到構裝體之 3D 堆疊技術（Package-on-package, POP 或 Package-in-package, PIP）；以及 IC 三維整合，其中使用矽通孔（Through Silicon Via, TSV）作晶片到晶片之互連技術，在所有三維構裝（3D Packaging）技術中，TSV 技術可以提供最短和最直接的垂直連接。圖 4.8 為目前已生產及發展中之各式各樣 SIP 垂直堆疊構裝示意圖。

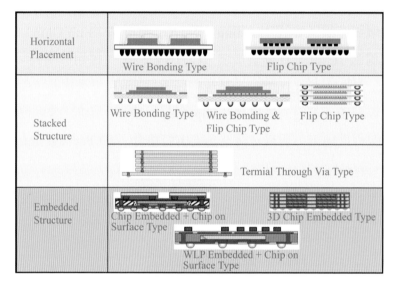

圖 4.8　目前已生產及發展中之各式各樣 SIP 垂直堆疊構裝 [9]

3.5　系統整合構裝（System-on-package, SOP）

SOP 希望將構裝體和系統基板，進行微縮及整合成單一系統，故稱為系統整合構裝。此系統構裝體含有許多 IC 元件，經由共同設計與製造，進而將數位（Digital）、射頻（Radio Frequency, RF）、光學（Optical）、微機電系統（MEMS），以及微感測器（Microsensor）等功能，整合於 IC 或系統構裝體上。

　　SOP 採用晶片內外之最佳整合技術，發展出超微小、高效能、多功能的終端產品。SOP 為 IC 與系統之最佳整合，可進行系統之超微小化，具備百萬功能、超高性能、低成本與高可靠度等優勢。SOP 除了進行 IC 整合之外，可進一步達到真正系統整合，致力於解決 80～90 % 的系統問題。IC 的摩爾定律是以每平方公分具有多少電晶體，以作為整合度之量測；SOP 以每立方公分具有的功能數或元件數，以作為整合度之量測。SOP 包含兩大部分：(1)數位 CMOS 或 IC 元件整合；(2)系統構裝體及其相關元件整合，如圖 4.13 所示。SOP 使用薄膜整合技術，針對系統中非 IC 部分的 80～90 % 元件，在短期內可縮小到 cm 級之尺寸，長期目標將達到奈米級之尺寸。

　　SOP 將結合 IC 製程及系統整合技術，解決 SOC 及 SIP 所面臨 CMOS 製程之瓶頸，以達到完全系統整合構裝之目的。矽技術（Silicon Technology）雖可大大增加電晶體的密度，但對於其他系統整合元件，例如：電源（Power Source）、熱結構（Thermal Structure）、構裝本體（Package）、基板（Board），以及被動元件（Passives），則必須仰賴 SOP 技術，使用奈米材料和結構，進行系統微小化及整合。

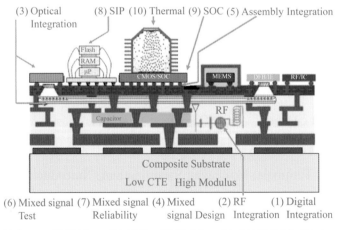

圖 4.13　SOP 結合 IC、構裝體、系統基板，進而成為一個系統構裝體（摘自：Professor Rao Tummala, Georgia Institute of Technology）。

4. 結論

　　由於目前半導體微小化在 2D 構裝技術上已面臨瓶頸，無法依賴現有技術來解決高速、大容量資料傳輸等問題，可想而知在未來將被 3D 構裝技術所取代。3D 構裝技術除了持續在積層數和厚度上進行發展外，亦將結合微機電系統、光電、3D 構裝於一體等技術，以達到多功能微小化之目標，最終實現 System-on-package（SOP）之整合性系統概念。SOP 整合性系統概念為 IC 與系統之最佳整合，使用薄膜整合技術，可針對系統中非 IC 部分進行整合與微小化，短期內可縮小系統元件到達 cm 級尺寸，長期目標將達到奈米級尺寸。至於 SIP 如果可以將所有系統元件，例如：被動元件、互連之導線、連接器、散熱結構及熱介面材料等，以及電源和系統基板，皆進行微小化及整合，以形成一個完整系統，如此 SIP 與 SOP 就沒有任何不同之處。

5. 參考文獻

1. K. Lim, M. F. David, M. Maeng, S. Pinel, L. Laskar, V. Sundaram, G. White, M. Swaminathan, and R. Tummala, " Intelligent network communicator: Highly integrated system-on-package (SOP) tested for RF/digital/opto applications," in Proc. 2003 Electronic Components and Technology Conference, pp. 27～30.

2. R.Tummala, "SOP: Microelectronic system packaging technology for the 21st century," Adv. Microelectronic., vol. 26, no. 3, may-June 1999, pp. 29～37.

3. Rao R, Tummala, Madhavan Swaminathan, "Introduction to system-on-package (SOP)", 2008, pp. 3～23.

4. M. F. Davis, A. Sutono, K. Lim, J.askar, and R. Tummala, " Multi-layer fully organic-based system-on-package (SOP) technology for RF

applications," in 2000 IEEE EPEP Topical Meeting, Scottsdatle, AZ, Oct. 2000, pp. 103~106.

5. ITRS 2006 update.

6. H. K. Kwon et all. "SIP solution for high-end multimedia cellular phone," in IMAPS Conf. Proc., 2003 pp. 165~169.

7. Dr. Eric Mounier, Yole Development, Lyon, France, Global SMT & Packaging July 2007.

8. Vaidyanathan Kripesh et all., "Three-Dimensional System-in-Package Using Stacked Silicon Platform Technology,:" IEEE Transactions on Advanced Packaging, vol. 28, no. 3 August 2005, pp. 377~386.

9. Juergen Wolf, Fraunhofer IZM for Bill Bottoms / Bill Chen-Chairs Production Electronic Nov. 14, 2007, pp. 7~10.

10. Muhannad S. Bakir, Calvin King, Deepak Sekar, Hiren Thacker, Bing Dang, Gang Huang, Azed Naeemi, and James D. Meindl, *3D Heterogeneous Integrated Systems: Liquid Cooling, Power Delivery, and Implementation*, IEEE, 2008.

11. Rao R. Tummala, Introduction to System-on-Packaging, page 85~93, 2007.

12. J. P. Focarie, "Modular Circuit Assembly," US Patent 3,459,998, 1969.

13. Dr. Philip Garrou, Wafer level 3D Integration, packaging in Montana, 2007.

14. M. F. Davis, A. Sutono, K. Lim, J askar, and R. Tummala, "Multi-layer fully organic-based system-on-package (SOP) technology for RF applications," in 2000 IEEE EPEP Topical Meeting, Scottsdatle, AZ, Oct. 2000, pp. 103~106.

15. ITRS 2006 update.

第五章

3D-IC 技術之發展趨勢

1. 前言

　　由於 3D-IC 可大大縮短內部導線連接路徑，使得晶片間的傳輸速度更快、雜訊更小、效能更佳，尤其在 CPU 與記憶體，以及記憶卡應用中的 Flash 與 Controller 間資料的傳輸上，更能突顯 TSV 在縮短內部導線連接路徑所帶來的優勢，因此在強調多功能、小尺寸可攜式電子產品領域，3D-IC 的小型化特性，可謂是驅動整體市場發展的首要因素。簡單而言，TSV（Through Silicon Via）是在晶圓上以蝕刻或雷射的方式形成導線連接之導孔（Via），再將導電材料如銅、多晶矽、鎢等填入導孔中，以形成導電通道（即內部接合線路），最後將晶圓或晶粒薄化再加以堆疊、結合（Bonding），進而成為 3D-IC 構裝體。由於目前 TSV 仍有許多技術挑戰尚待克服，所以各家廠商正朝此目標努力研發，以早日贏得技術與市場先機。本章將整合這些最新 TSV 相關文獻[1~14]，探討半導體晶片 3D 堆疊技術之發展趨勢。

2. 構裝技術之演進

　　International SEMATECH（ISMT）於公元 2005 年開始，將三維矽導孔（3-Dimensional Through Silicon Via, 3D TSV）之金屬導線互連技術，列入首要挑戰性技術之重要排名榜上。由於電子產品之日新月異，強調多功能、體積小及重量輕等訴求，促使半導體晶片之功能不斷提升，相對應地，I/O 點數目也快速增加，同時晶片尺寸不斷在縮小，以進而提供更佳之性能表現。尤其要將不同性能之元件，例如：將被動組件（Passive）、微機電組件（MEMS）等進行異質元件整合。此外，因操作頻率（Operation Frequency）增加，導線互連長度（Interconnection Distance）縮短，以及增加新數位類比（New Digital/Analog）功能，例如射頻（Radio Frequency, RF），所以構裝技術必須持續發展創新以降低成本，進而滿足未來在量產上之需求。其中消耗性電子市場不斷擴張，則是驅動半導體技術持續進步之主要動力。最新構裝技術，包括：(1)晶圓級構裝（Wafer Level Package, WLP）：在晶圓上整合各種功能，作晶圓對晶圓之接合或晶片對晶圓之接合。(2)系統級構裝（System in Package, SiP）和系統級晶圓（System on Wafer, SOW）。(3)三維積體電路（3D-ICs）：在 IC 前段作晶片堆疊。

　　然而，在此必須強調一件事，晶圓級構裝（WLP）與三維技術（3D Technology）是兩種截然不同之技術，絕不可相混淆。有許多三維製程技術被應用於晶圓級構裝，但不可歸類於晶圓級構裝。真正的電子構裝趨勢，是由二維結構（2D Configuration）進展到三維製程技術（3D Process Technology），然後發展到三維整合電路，以減少構裝尺寸及增加矽的使用效率（即所有矽的面積與基材面積之比值），並且以更短的導線作電性連接。圖 5.1 為三維 IC 構裝之技術藍圖。

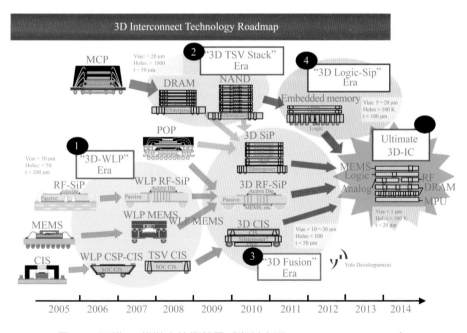

圖 5.1　三維 IC 構裝之技術藍圖（資料來源：Yole Développement）

2.1　系統級構裝之定義

系統級構裝（System in Package, SIP）可以整合不同功能之晶片（Heterogeneous Chips），在晶片與晶片之間，可以作上下堆疊或並列結合。ITRS-TWG 對 SIP 所作的定義為：針對超過一種以上之不同功能的主動電子元件，可以選擇性地與被動元件，或者其他元件（例如：微機電元件或光學元件）作整合，以構成單一的標準構裝體，與系統或次系統相結合，進而提供多重功能（Multiple Functions）。SIP 一般包括：類比和數位電路，以及非電子元件。SIP 具有許多解決方案，它可以使用各種不同的基板，以及不同的導線連接技術，可以使用整合或分離式的被動元件，在尺寸及性能上可作各種非限定之變異。SIP 可以整合被動元件及其他不同的元件技術，進而將數位及類比、CMOS 與 Bipolar 或基頻（Base Band）與 RF 等不同的 IC 元件整合於單一構裝體上。其長遠目標是將無線（Wireless）、光學（Optical），流體（Fluid）和生物元素（Bio Element）等作整合，並且具有界面電磁波隔絕保護和熱管理功能。

現今 SIP 最新整合技術，可將感測元件（Sensor Device）、訊號及數據處理器（Signal & Data Processors）、無線及光學溝通技術（Wireless & Optical Communication Technologies）、功率轉換及儲存元件（Power Conversion & Storage Devices）等整合在單一構裝體上。SIP 有許多種分類，其中 3D 堆疊是屬於 SIP 中之一項技術。

2.2　發展三維整合技術之驅動力

促使三維整合技術（3D Integration Technology）發展的首要驅動力，主要是尺寸的縮小，也就是使構裝體儘量縮小到最小體積。然而，使用並列構裝（Side by Side）、構裝體與構裝體之間的堆疊（Stacked Packages）、晶片堆疊（Die Stacking）等方案，其導線連接長度仍然太長。因導線連接長度太長，會導致訊號傳輸速度變慢，以及增加電力消耗。所以三維整合技術是解決上述問題之最佳方案。現今市場上之手持式電子產品，例如：手機、數位攝影機、Notebook、PDA 及衛星導航等電子產品，皆為三維整合技術發展的最大誘因。雖然有許多不同的 3D 整合技術（如圖 5.2），但是目前最主要的技術與未來的主流可分為下列三種：

(1) 構裝堆疊（Package Stacking）

此堆疊方式又可分為兩種 Package-on-package（POP）或 Package-in-package（PIP）技術，POP 封裝是將已完成構裝之 IC 直接堆疊在另一顆構裝體上，而 PIP 封裝（Package）則是將已完成構裝之 IC 放到另一個構裝體內。這種堆疊方式可有效的縮小 PCB 面積，且組裝成本低。不過，在其他方面，如效能與功率消耗等，並沒有太大的貢獻。此堆疊技術已經是成熟的量產技術，因此有不少市售的產品，例如：Nokia 部分手機的晶片是採用此堆疊技術。

(2) 晶片堆疊（Die Stacking）技術（圖 5.3）

此技術也有人稱為 System-in-package（SIP）技術。此方法是將數個晶片堆疊在一起，並利用打線接合（Wire Bonding）技術形成各層之間的連線（Interconnection）。此技術具有低成本之優勢，且可提供較 PIP 或 POP 構裝技術更好的效能與頻寬。唯因其 Bonding Wire 數目受晶片周長所限，且其效能亦受限於 Bonding Wire 長度，故這類技術無法大幅提升各層之間的資料傳輸頻寬。

(3) 矽導孔（Through Silicon Via, TSV）互連之 3D-IC 技術（圖 5.3）

此技術是以貫穿矽晶片的垂直導孔（Via）當作兩層晶片之間電訊號的互連傳輸，由於是直接穿過矽晶片，因此兩層間訊號傳遞的時間延遲比起使用打線接合的晶片堆疊技術有顯著的改善，實際上，在寄生電容與電感方面，使用打線接合技術，其數量級約為 pF 與 nH，而使用 TSV 技術其數量級則是 10fF 與 10pH。因此，兩者的差別十分明顯；另外一項優點則是

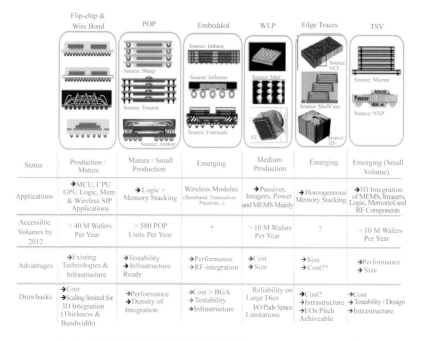

Status	Flip-chip & Wire Bond	POP	Embedded	WLP	Edge Traces	TSV
Status	Production / Mature	Mature / Small Production	Emerging	Medium Production	Emerging	Emerging (Small Volume)
Applications	→MCU, CPU GPU Logic, Mem & Wireless SIP Applications	→Logic + Memory Stacking	Wireless Modules (Baseband, Transceiver, Passives...)	→Passives, Imagers, Power and MEMS Mainly	→Homogeneous Memory Stacking	→3D Integration of MEMS, Imagers, Logic, Memories and RF Components
Accessible Volumes by 2012	> 40 M Wafers Per Year	> 580 POP Units Per Year	?	> 10 M Wafers Per Year	?	> 10 M Wafers Per Year
Advantages	→Existing Technologies & Infrastructure	→Testability →Infrastructure Ready	→Performance →RF-integration	→Cost →Size	→Size →Cost??	→Performance →Size
Drawbacks	→Cost →Scaling limited for 3D Integration (Thickness & Bandwidth)	→Performance →Density of Integration	→Cost > BGA →Testability →Infrastructure	Reliability on Large Dies I/O Pads Space Limitations	→Cost? →Intrastructure →I/Os Pitch Achiveable	→Cost →Testability / Design →Intrastructure

圖 5.2　各種 3D 整合技術（資料來源：Yole Développement）

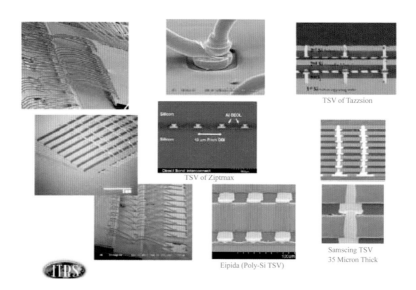

圖 5.3　SIP 與 TSV 製程實例（資料來源：ITRS 2007）

TSV 在整個構裝的厚度上，比起打線接合技術更薄，且能夠堆疊之晶片數也比打線接合技術多。

　　當然，對於系統該採用何種技術，則視系統之功能與整合程度而定，如圖 5.4 所示，當晶片內各單元間的互連很少，且功能不多時，可以採用單一晶片模組（Single Chip Module）構裝。當系統功能增加，但彼此間互連很少時，可採用傳統的 MCM（Multiple-chip Module）構裝。當系統互連密度較高時，採用單一晶片會浪費大量的面積在繞線上，此時改用傳統的 SIP 技術，將多層晶片堆疊在一起，並透過打線接合方式互連在一起可以節省晶片成本。當晶片需要很高的互連密度，且需要整合較多的功能時，採用較多層的堆疊，選擇 TSV 互連則是最佳的選擇方案。由於 3D-IC TSV 製程比 SIP 堆疊具有更多優點，因此許多著名的學術與研究機構，以及半導體大廠紛紛加入研發以 TSV 為基礎的 3D 晶片堆疊技術，在 2009 年各型研討會上都可看到許多 TSV 的相關論文，包括：製程、可靠性分析、自動化設計、系統設計等等，證明 TSV 製程已成為 3D 晶片堆疊技術的主流。

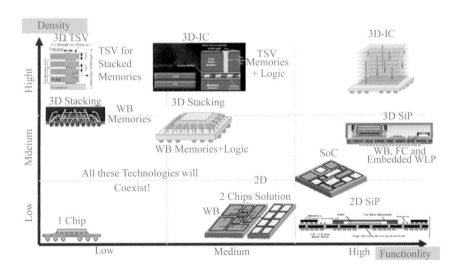

圖 5.4　互連密度與系統功能整合度關係圖（資料來源：Yole Développement）

2.3 發展矽導孔（Through Silicon Via, TSV）之 3D IC 方案的四大因素（圖 5.5）

(1)形狀因素（Form Factor）：可減少構裝體尺寸和重量，增加構裝密度，使單位體積內容納最多元件。在消費性電子走向輕薄短小的趨勢下，各種電子元件，在單位面積與體積下，不斷增加 IC 功能與儲存容量。在水平方向的構裝已經無法再擴張時，垂直方向的構裝密度增加，將成為未來之發展趨勢。由於 TSV 垂直連線比起在旁邊拉金屬線更短，且單層面積較小，可以縮小產品尺寸，因此，更適用於輕薄短小的電子產品。例如圖 5.6 在 ISSCC 2009，Toshiba 使用 TSV 製成的 Chip Scale Camera Module（CSCM），它比起傳統的照相模組在體積上少了 55 ％，這也是利用 TSV 製程來縮小元件尺寸的例子，尤其是在垂直方向縮小了 1 mm，這可以讓手持式裝置變得更輕、更薄，這是 3D-IC 技術最重要的優勢。

(2)提高電性（Increased Electrical Performance）：使用垂直互連技術，可以取代二維互連技術，以縮短組件之線路連接距離，進而降低寄生電容（Parasitic Capacitance）和耗電量（Power Consumption）。

(3)異質元件之整合（Heterogeneous Devices Integration）：將不同性質之元件技術（RF、Memory、Logic、Sensors、Imagers）整合在一個構裝體上（圖 5.7）；因此 TSV 之 3D-IC 方案在性能、功能和尺寸上，可提供極大優勢。

(4)成本（Cost Driven）：根據 ITRS/Moore Law 所公布，在技術與設備成熟條件下，未來採用 3D 整合技術會比 2D 設計準則，將更具備成本效益。比起 Wire Bonding 在元件周圍打線，TSV 的方法在同樣的性能表現下，最多能節省 30 ％ 的矽基板用量。

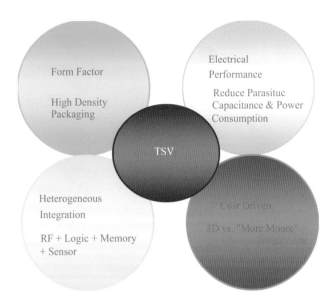

圖 5.5　發展 TSV 3D IC 方案的四大因素

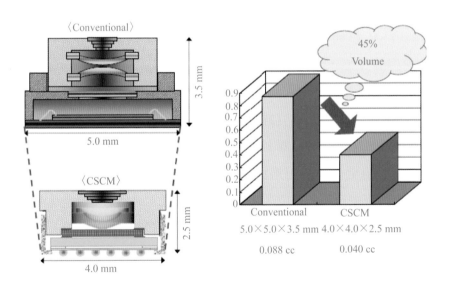

圖 5.6　Toshiba 使用 TSV 製成的 CSCM，比起傳統照相模組在體積上少了 55 %（資料來源：Toshiba, ISSCC, 2009）。

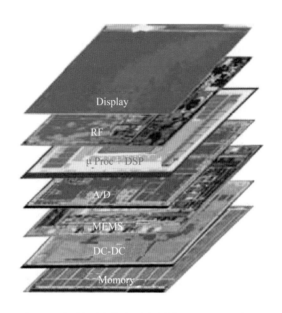

Display

RF

μ Proc + DSP

A/D

MEMS

DC-DC

Momory

圖 5.7 異質晶片整合（資料來源：MCNC）

　　目前 TSV 技術被公認具有的三大潛在優勢：(1)連接長度可縮短至與薄晶圓相同厚度，可將邏輯區塊（Logic Blocks）作垂直堆疊，以取代水平導線互連方式，可大大降低邏輯區塊間導線互連（Block-to-block Interconnects）之平均長度。(2)可達高密度、高深寬比之構裝連接，能夠整合複雜、多晶片系統在矽晶圓上，可作多次物理性構裝，其構裝密度比目前先進多晶片模組更佳。(3)可避免共平面式長導線互連所產生之 RC 延遲，採用立體方式來縮短邏輯區塊間電性互連之長度。

　　截至目前為止以及不久的將來，積體電路構裝的發展趨勢，首先會將 2D 結構提升至 3D 堆疊結構（打線、焊球和微導孔）；進而應用 TSV 技術作三維積體電路之導線接合。打線接合（Wire Bond）受到構裝密度和性能的限制，而覆晶構裝技術（Flip Chip Technology）無法廣泛應用於晶片堆疊。因此為實現構構裝小型化和提升性能，將無可避免地會應用到 TSV 技術。 3D-IC 的主要目標市場，則包括：快閃計憶體（Flash Memory）、影像感測器（Image Sensor）、RF 以及不同元件記憶體與邏輯元件的異質整合（Heterogeneous Integration）。尤其快閃計憶體（Flash Memory）和影像感測器（Image Sensor），將會是最快使用 TSV 技術之產品。

TSV Process Flow

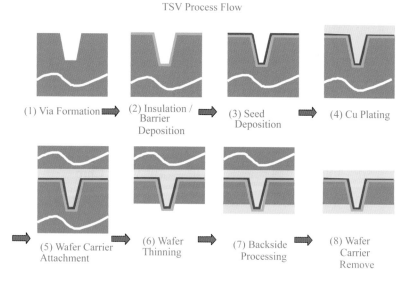

(1) Via Formation ➡ (2) Insulation / Barrier Deposition ➡ (3) Seed Deposition ➡ (4) Cu Plating

➡ (5) Wafer Carrier Attachment ➡ (6) Wafer Thinning ➡ (7) Backside Processing ➡ (8) Wafer Carrier Remove

圖 5.8　TSV 的典型製作流程[5]

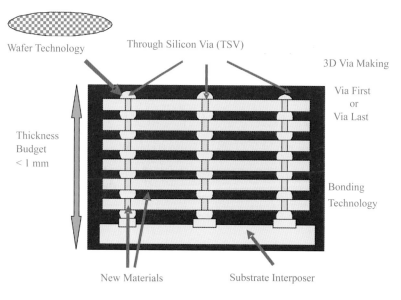

Wafer Technology

Through Silicon Via (TSV)

3D Via Making

Via First or Via Last

Thickness Budget < 1 mm

Bonding Technology

New Materials

Substrate Interposer

圖 5.9　TSV 互連 3D 晶片堆疊的關鍵技術示意圖

3. TSV 製作 3D 晶片堆疊的關鍵技術

TSV 的典型製作流程如圖 5.8 所示，而圖 5.9 為 TSV 的關鍵技術示意圖，以下將介紹這些關鍵技術的詳細內容。

(1) 導孔的形成（Via Formation）

導孔的形成可以使用雷射鑽孔（Laser Drill）或深反應性離子蝕刻（Deep Reactive Ion Etching, DRIE）；製程上強調導孔輪廓尺寸之一致性，以及導孔不能有殘渣存在，而且導孔的形成必須能達到相當的高速度需求。導孔（Via）的規格則根據應用領域的不同而定，其直徑範圍為 5～100 μm，深度範圍為 50～300 μm，導孔密度為 10^2 到 10^5 Vias / Chip。

其中，TSV 導孔的蝕刻，一般採用的 Bosch 蝕刻製程，會快速轉換 SF_6 電漿蝕刻與沉積聚合物氣體（例如：C_4F_8）兩道交換步驟。因為在聚合物沉積與低 RF Bias 電壓條件，其蝕刻對於光阻之選擇比較高，在一些情況下選擇比可高達 100:1[3]。

(2) 導孔的填充（Via Fill）

導孔的填充包括：絕緣層（Insulation Layer）、阻障層（Barrier Layer）和晶種層（Seed Layer）的沉積、銅的電鍍填充（Copper Electroplating）。使用 CMP 去除多餘電鍍銅和重新分布導線（Redistribution Layer）電鍍、金屬層蝕刻與凸塊製作等。其中，填充材料可分為多晶矽（Poly Silicon）、銅（Copper, Cu）、鎢（Tungsten, W）和高分子（Polymer）導體等材料；而填充技術可使用電鍍、化學氣相沉積、高分子塗布等方法[5]。圖 5.10 為 TSV 微導孔的結構圖。

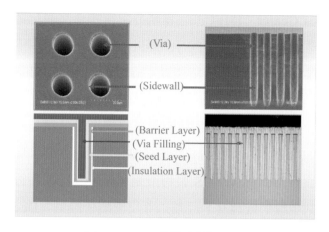

圖 5.10　TSV 微導孔的結構圖

(3) TSV 導孔的製作流程：先導孔（Via First）或後導孔（Via Last）[13]

　　以目前開發技術及製程的先後順序，可將 TSV 製程分為先導孔（Via First）與後導孔（Via Last）兩大類；其中 Via First 製程又可分為 CMOS 前（Before CMOS）與 CMOS 後（After CMOS）兩類。Before CMOS 的 Via First 製程步驟是在進行半導體製程前，先行在矽晶圓基材上形成 TSV 通道，並填入導電金屬，導電金屬材質目前以較可承受後續 CMOS 高溫製程的多晶矽（Polysilicon）為主要材料，投入此類製程開發的廠商與研究機構，包括以數位影像相關產品及微機電與半導體製造服務為主要業務的 DALSA（加拿大）、IBM（美國）、Tohoku 大學（日本）等。

　　而 After CMOS 的 Via First 製程步驟則是在完成半導體 CMOS 製程後，開始進行導孔形成製程並填入導電金屬，採用的導電金屬材料目前以導電特性較佳的銅（Copper, Cu）為多，而由於 Cu 在填孔時容易產生底部未填滿但頂部已封口的現象，導致通道內出現孔洞而失效，因此亦有部分廠商以鎢（Tungsten, W）金屬為導電材料，對於高深寬比（Aspect Ratio）的應用，將是較適合的導電材質。目前主要投入此類製程開發的廠商與研究機構包括：專精於奈米電子研究的比利時微電子研究中心 Inter-university

Microelectronics Center（IMEC）、專精於記憶體產品與記憶體堆疊技術的 Tezzaron（美國）、Rensselaer Polytechnic Institute 理工學院（RPI）（美國）、Ziptronix、專業半導體製造業者 Chartered Semiconductor（新加坡）等。

總體來說，採用 Via First 製程均需在傳統後段（構裝）製程前，進行導孔形成（Via Formation）與導孔填充（Via Filling）的步驟，而此類製程的導孔形成不論是 Before CMOS 製程或是 After CMOS 製程，均需要透過黃光顯影與蝕刻步驟形成導孔，目前以深反應離子蝕刻（Deep Reactive Ion Etching, DRIE）為導孔形成之主流技術，Via 孔徑（Diameter）多在 20 μm 以下，受限於目前技術，一般孔徑最小僅能做到 2～5 μm，技術發展持續朝 1 μm 的孔徑持續微縮，但相較於 CMOS 製程線寬，仍然不夠精細；而導孔深度（Via Depth）則在 15 μm 至 25 μm 之間，深寬比較 CMOS 製程為大。

Via Last 製程，則主要是在傳統後段製程前以雷射鑽孔（Laser Drill）方式進行導孔形成（Via Formation）與導孔填充（Via Filling）的步驟，Via 孔徑則依應用產品的不同，一般分布在 15 μm 至 50 μm 之間，由於孔徑規格大，使得 I/O 間距（Pitch）無法達成太小的規格，也造成晶片所能容納的腳數有限，因而只適用於影像感測器或快閃記憶體（Flash）等較低腳數的應用產品。

此外，因 Via Last 製程是在半導體 CMOS 製程後才進行鑽孔步驟，因此 Via 的深度需視晶圓薄化程度而定，以目前一般晶背研磨（Backside Grinding）厚度來說多介於 150～200 μm 之間，根據國際半導體技術藍圖（International Technology Roadmap for Semiconductor, ITRS）的技術規劃，由於有越來越多堆疊構裝需求出現，為了符合終端消費者對電子產品的輕薄需求，2007 年已可達到 50 μm 的厚度量產。此外針對特別薄化需求的產品，則可近一步達到晶圓厚度 20 μm 的規格。

在深寬比（Aspect Ratio）的部分，則分布在 2:1 至 10:1 不等，深寬比的範圍又較 Via First 製程來得寬。在 Via Filling 的導電金屬材料部分，廠商則多以 Cu 為電極導通的材質；投入 Via Last 製程的廠商，則包括：Infineon、IZM、ZyCube、ASET、RPI、RTI、IBM、MIT、Samsung 等業者。[3,4]

(4) 晶圓薄化處理與搬運（Ultra-thin Wafer Treatment and Handling）[13]

　　在晶圓薄化製程部分，傳統 IC 製程步驟中，在進入構裝製程階段時亦會針對晶圓進行晶背研磨（Grinding）製程，但厚度多在 6～8 mil 上下（約 150～200 μm）。隨著近年來 SIP 技術日趨普及，在電子產品功能日漸複雜造成晶片使用量增加，在有限面積與厚度規格限制下，ITRS 的技術規格中也明確指出，至 2010 年整個封裝的厚度將縮小在 1.0 mm 以內，而為了因應更多晶片堆疊的需求，採用 TSV 技術的 3D-IC 之單顆晶片厚度，也預計將在 2010 年達到 25 μm 的嚴苛要求。

　　由於晶圓厚度驟減，將導致晶圓薄如紙張，強度不足，此亦將造成晶圓在製程與運送過程中搬動不易，甚至由於太薄的晶圓容易於搬運過程中因捲曲而造成破裂，因此許多材料廠商紛紛提出在晶圓薄化前，先以特殊膠材黏貼在一層玻璃或矽材質的承載材料（Carrier）上，以作為固定及強化薄晶圓的承載支架。這道暫時性貼合（Temporary Bonding）製程，在傳統 IC 構裝製程中亦有相類似步驟，例如一般在晶背研磨製程後，先將薄化的晶圓暫時貼於特殊材質膠帶上，如 Blue Tape 或紫外線照射膠帶（UV Tape），並放置於承載盤上，再繼續進行後續的切割、打線等製程步驟。在 3D-IC 膠材的選用部分，由於最後晶圓仍需與晶圓載具分離（De-bonding），而薄化後的晶圓又不易自晶圓載具上剝下，也容易產生殘膠等問題。因此在膠材部分有材料廠商提出具感光材質的膠材，可在接收某波長的雷射光後，經由膠材自動膨脹之反應，使得晶圓與晶圓載具之間產生空氣縫細，進而自動剝離。

　　但以雷射感光膠材自動剝離的方式處理薄晶圓與晶圓載具的 De-bonding 時，由於雷射能量與每個位置的膠材厚度相關，因此膠材塗布的均勻度將是製程控制的重點。而針對薄化晶圓的承載與強化，以利搬運的方法，除了利用膠材貼合於晶圓載具之外，亦有廠商發展出晶邊不磨薄的晶圓研磨方式以強化薄晶圓的硬度。

(5) 晶圓／晶片堆疊、接合與切片技術[1, 13]

堆疊形式（Stacking Method）有晶圓到晶圓（W2W）、晶片到晶圓（C2W）或晶片到晶片（C2C）。雖然 W2W 製程可有較高速的產出，但由於 C2W 可藉由已知良好晶粒（Known Good Die, KGD）的挑選，來提高整體構裝的良率，因而較為目前業界所認可，進而成為 3D-IC 投入廠商短期戮力開發的主要製程。

除了 C2W 與 W2W 的選擇外，由於堆疊部分可能使用多顆晶片的堆疊，以 ITRS 的規格藍圖來看，堆疊的晶片個數至 2015 年可能到達 14 顆的目標，而 TSV 的孔徑大小又持續微縮，晶片與晶片間的電氣訊號傳遞又需透過 TSV 通道串聯，因此晶片與晶片間 TSV 通道的對準（Alignment）將為一大挑戰。另一方面，由 ITRS 的技術藍圖規劃中，我們也可以看到在晶片堆疊的規格部分，將由 2007 年的 3〜7 顆晶片堆疊演進至 2015 年的 5〜14 顆晶片的堆疊。而為使堆疊 14 顆晶片的裝仍能符合構裝總厚度小於 1.0 mm 要求，因此在晶圓薄化的規格上也將由 2007 年的 20〜50 μm（約 1〜2 mil），近一步要求至 2015 年的 8 μm（<1 mil）的厚度（表 5.1）。

此外，TSV 晶圓結合方式（Bonding Method）有直接 Cu-Cu 結合、黏接、直接熔合、焊接和混合結合等，在本書第 6 章會針對晶圓接合技術，進行詳細說明。

(6) 熱的管理（Thermal Management）[14]

當高效能 IC 電路的功率密度達到甚或超越 100W/cm^2 的傳統冷卻極限時，熱管理就變成了一個非常重要的課題。例如將微處理器整合在一個 3D 構裝體上，這會加重散熱問題。從國際半導體技術藍圖 ITRS 的計畫指出，高效能處理器的最高電力不斷在提高，但另一方面，可允許的接合溫度卻是越來越低。堆疊晶片可以有效增加每單位面積的功率發散效能，而低介電係

表 5.1　ITRS SiP 近程技術藍圖（資料來源：ITRS（2007））

Year of Production	2007	2008	2009	2010	2011	2012	2013	2014	2015
# of terminals	700				800				
	3050	3190	3350	3509	3684	3860	4053	4246	4458
					200				
# die/stack	7	8	9	10	11	12	13	14	
		3			4			5	
# die/SiP	8		9	11	12	13	14	14	
		6			7				8
minimum TSV pitch (μm)	10.0	8.0	6.0	5.0	4.0	3.8	3.6	3.4	3.3
maximum TSV aspect ratio					10.0				
TSV diameter (μm)		4.0	3.0	2.5	2.0	1.9	1.8	1.7	1.6
TSV layer TK for min, pitch (μm)	50	20	15		10				8
min. TK of thinned wafer (μm) -- general product			50		45		40		

Manufacturable solutions exist, and are being optimized

Manufacturable solutions are known

Interim solutions are known

Manufacturable solutions are NOT known

數的金屬層間介電質（IMD）是屬於不良的熱傳導物，所以散熱問題，將是 3D 堆疊技術進入市場非常重要的考慮因素。

　　3D IC 元件熱傳路徑和一般 IC 不同之處，在於熱源及熱阻的增加，不同晶片有不同的熱源及接面溫度，由於堆疊結構，晶片的熱阻也隨之增加，而晶片向上傳熱到散熱片及向下傳熱到 PCB，則是透過構裝的結構。在散熱設計上如何降低晶片本身及晶片外構裝的熱阻，是很重要的散熱設計方向。由於介面增加所造成的接觸熱阻也提高，對於 3D-IC 造成額外的散熱問題，在構裝內部是靠傳導傳熱，因此如何降低晶片的等效熱阻，如增加通孔，或是降低材料接合介面的熱阻，對散熱有很大的幫助。在構裝層級，如增加凸塊數目，或是增加底部填充膠材之熱傳導率等，對散熱也有很大的幫助。

(7) 檢查評估技術：針對 20 μm 間距之微小導孔的電極測試技術，如何建立微小區域之檢驗及技術設備等。

(8) 可供共同設計及摸擬之工具。

(9) 無凸塊式（Bumpless）之導線互連結構。

　　這些相關技術對於構裝產業而言都是相當新奇，而且要冒很大的風險進行巨額投資，這就是目前 TSV 技術為何仍處於研發階段之原因。然而，這些技術中有許多是引用微機電所發展出來之技術，目前則廣泛應用於 3D 整合技術上。未來幾年將是使用此項技術之關鍵期，文獻中[1,2]已經分析未來手持式電子產品、無線電子和計算應用產品等項目，將會是發展 3D-IC 整合技術之一項強大的市場驅動力。

　　其中，記憶體堆疊（例如：NAND、Flash、DRAMs 等）、記憶體在邏輯元件上作堆疊、FPGAs、MEMS、CMOS 影像感測器、功率放大器和 RF 整合被動元件，這些將是第一批大量應用 3D-IC 之市場主力產品。圖 5.11 為根據 Yole Développement 之研究數據預測，在 2012 年以後，應用 3D-IC

製作之晶圓數量會達到一千萬個單位[1]。

4. 結論

　　雖然 TSV 堆疊技術在目前仍有許多挑戰存在，但是韓國的三星電子和 IBM 已先後公布其最新發展技術，進而加速此項技術在市場上之應用。在 2006 年 4 月，三星電子公布其使用晶圓級堆疊構裝（Wafer Level Stack Packaging, WSP）方法，來堆疊高密度之記憶體晶片，其採用雷射穿孔技術來製作 TSV 導孔。如圖 5.12 所示：為堆疊 8 個 NAND Flash Memory 之照片，總厚度為 560 μm，記憶體容量可高達 16 Gb；此外，在 2007 年 4 月 IBM 也宣布將 TSV 技術導入晶片製作之製程中，可將數據傳輸距離（Data Travel Distance）縮短 1,000 倍，而且比 2D 晶片多出 100 倍的通道（Path Way）。使用 3D-IC 技術會大大影響一般標準半導體之製程，IC 之前段與後段之分界會更加模糊，然而無論如何我們所處理的終究還是晶圓，如何將技術發展成熟，進而降低生產成本，則是未來大家持續努力之目標。

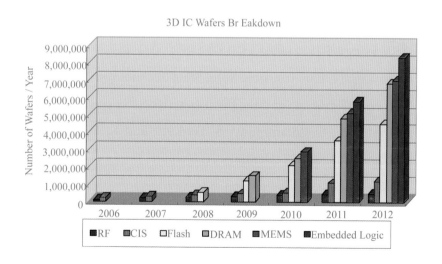

圖 5.11　根據 Yole Développement 之研究數據，預測在 2012 年以後，使用 3D IC 製作之晶圓數量會達到一千萬單位[1]

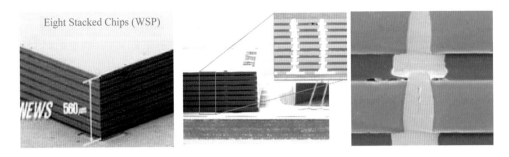

圖 5.12　韓國三星電子使用晶圓級堆疊構裝（Wafer Level Stack Packaging, WSP）方法，來堆疊 8 個 NAND Flash Memory，總厚度為 560 μm，記憶體容量為 16 Gb[1]

5. 參考文獻

1. Dr. Eric Mounier, Yole Development, Lyon, France, Global SMT & Packaging July 2007.

2. Bioh Kim, Semitool, Kalispell, Mont, Semiconductor International, February 2007.

3. M. Puech, JM Thevenoud, JM Gruffat, N. Arnal, P. Godinat, Alcatel Micro Maching Systems, Anecy, France, Fabrication of 3D packaging TSV using DRIE, 2007.

4. Steve Lassig, Lam research, Solid State Technology, December 2007.

5. Process integration for through-silicon vias S. Spiesshoefer, Z. Rahman, G. Vangara, S. Polamreddy, S. Burkett, and L. Schaper Journal of Vacuμm Science & Technology A: Vacuum, Surfaces, and Films -- July 2005 -- Volμme 23, Issue 4, pp. 824-829.

6. J.-Q. Lu, Y. Kwon, J.J. McMahon, A. Jindal, B. Altemus, D. Cheng, E. Eisenbraun, T.S. Cale, and R.J. Gutmann, in Proceedings of 20th International VLSI Multilevel Interconnection Conference, T. Wade, Editor, pp. 227-236, IMIC (2003).

7. Ramm, P. et al., "3D System integration Technologies," Materials Research Society Symposiμm Proceedings, San Francisco, CA, 2003, pp. 3-14.

8. Klμmpp, A. et al., "Chip-to-Wafer Stacking Technology for 3D System Integration," Proceedings of the 53rd Electronic Components and Technology Conference, New Orleans, LA, 2003, pp. 1080-1083.

9. Khan, N. et al., "Development of 3D Stacked Package Using Silicon Interposer for High Power Application," Proceedings of the 56th Electronic Components and Technology Conference, San Diego, CA, 2006, pp. 756-760.

10. Kunio, T. et al., "Three-dimensional Shared Memory Fabricated Using Wafer Stacking Technology, " IEDM Technical Digest, 2000, pp. 165-168.

11. S. Spiesshoefer and L. Schaper, "IC Stacking Technology Using Fine Pitch Nanoscale Through Silicon Vias, "Proceedings of the 53rd ECTC, 2003, p. 631.

12. Takahashi, K. et al., "Process Integration of 3D Chip Stack with Vertical Interconnection," Proceedings of the 54th Electronic Components and Technology Conference, Las Vegas, NV, 2004, pp. 601-609.

13. 楊雅嵐：IEK 產業分析師，工業技術研究院電子報，2008 年 9 月 22。

14. 劉君愷：工研院電光所，工業材料雜誌 274 期。

第六章

TSV 製程技術整合分析

1. 前言

　　TSV 製程技術可將晶片或晶圓進行 3D 垂直堆疊，使導線連接長度縮短到等於晶片厚度，以提升訊號與電力之傳輸速度，在晶片微縮趨勢下，這些都是最具關鍵性的性能因素，目前導線連接長度已可減低到 70 μm。此外，TSV 可以進行異質元件整合（Heterogeneous Integration of Different ICs），例如將記憶體堆疊於微處理器上方，由於 TSV 垂直導線連接可減低寄生效應（Parasitic），例如雜散電容、耦合電感或電阻洩漏等，以提供更高速與低損耗之記憶體與處理器界面。如果搭配面積矩陣（Area Array）之構裝方式，則可進一步提高垂直導線的連接密度。本章將根據最近所發表之相關文獻[1~28]，探討 TSV 主要關鍵製程技術，詳細內容包括：導孔的形成（Via Formation）、導孔的填充（Via Filling）、晶圓接合（Wafer Bonding）、晶圓薄化（Wafer Thinning）以及各種 TSV 整合技術（Via Fist, Via Last）之應用範例等。圖 6.1 為 TSV 主要製程流程圖[28]。

2. 導孔的形成（Via Formation）

　　TSV 導孔的形成可使用 Bosch 深反應性離子蝕刻（Bosch Deep Reactive Ion Etching, Bosch DRIE）、低溫型深反應性離子蝕刻（Cryogenic DRIE）、雷射鑽孔（Laser Drilling），或各種濕式蝕刻（等向性及非等向性蝕刻）技術。在導孔形成製程上特別要求其輪廓尺寸之一致性，以及導孔不能有殘渣存在，並且導孔的形成必須能夠達到相當高的速度需求。導孔（Via）規格則根據應用領域的不同而定，其直徑範圍為 5~100 μm，深度範圍為 10~100 μm，導孔密度為 10^2 到 10^5 Vias / Chip。

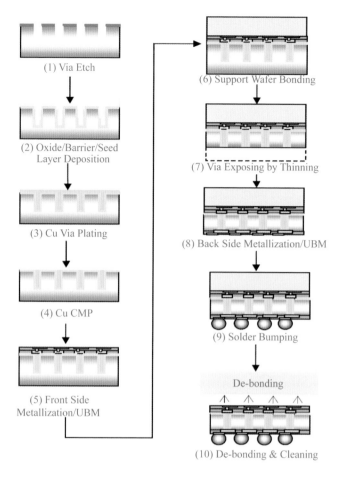

(1) Via Etch

(2) Oxide/Barrier/Seed Layer Deposition

(3) Cu Via Plating

(4) Cu CMP

(5) Front Side Metallization/UBM

(6) Support Wafer Bonding

(7) Via Exposing by Thinning

(8) Back Side Metallization/UBM

(9) Solder Bumping

De-bonding

(10) De-bonding & Cleaning

圖 6.1　TSV 主要製程流程圖[28]

2.1　雷射鑽孔（Laser Drill）

雷射鑽孔技術起源於 1980 年代中期，由於雷射鑽孔會溶解矽，進而產生飛濺的矽殘渣，所以使用雷射鑽孔來形成 TSV 導孔時，兩個主動元件（Active Devices）之間最小距離必須保持 2 μm，以防止元件特性受到影響。針對直徑小於 25 μm 的導孔，則很難採用雷射鑽孔來形成 TSV 導孔。一般雷射鑽孔所形成導孔側壁（Sidewall）的斜率為 1.3° 到 1.6°。

2.2　Bosch 深反應性離子蝕刻（Bosch DRIE）

　　導孔（Via）的蝕刻可採用光阻（Photoresist）或二氧化矽（Silicon Dioxide）硬式遮罩（Hard Mask）來定義所要蝕刻的區域，針對深寬比為 5～10，深度為 70～100 μm 的導孔（Via），如何達到高速蝕刻及側壁鈍化（Sidewall Passivation）是製程的兩大關鍵。傳統上矽的深度蝕刻使用 SF_6 及一些添加劑，例如 O_2 和 HBr 等來控制蝕刻之輪廓（Profile）。應用於 TSV 蝕刻設備，包含高密度電漿源（High Density Plasma Source），例如：感應耦合電漿（Inductively Coupled Plasma, ICP）、電子迴旋共振（Electron Cyclotron Resonance, ECR）或磁性輔助平行板 （Magnetic Enhancement of the Parallel Plate）結構，以達到高產能之需求。

　　導孔蝕刻是一種結合濺鍍（Sputter）、化學蝕刻（Chemical Etching）以及側壁鈍化（Sidewall Passivation）等多種機制之製程，並且同時利用離子撞擊（Ion Bombardment）以移除底部的鈍化層。氟（F）用於蝕刻矽，產生易揮發性的 SiF_4 產物。當添加 O_2 時可以促進導孔側壁的鈍化，產生揮發性的 $SiOF_4$，其中沉積於導孔側壁的 SixFyO 可以抑制導孔的側向蝕刻。如果將 HBr 添加入 SF_6/O_2 混合物中時，氟與氧的比率會降低，根據推測氟將與氫產生反應形成 HF，可改善側壁的鈍化效果。由於氟和氧會攻擊光阻，所以普遍採用二氧化矽硬式遮罩（Hard Mask）來定義所要蝕刻的區域，SiO_6/O_2 對 SiO_2 的蝕刻選擇比為 50，所以如果使用 2～3 μm 厚度的硬式遮罩，可以蝕刻矽導孔達 100 μm 的深度。SF_6 的蝕刻速率為 3～6 $\mu m/min$，所以針對 100 μm 的 TSV 導孔，每小時只能蝕刻 2～3 片晶圓，這樣的產能似乎太低，不符合量產需求。

　　在 1990 年早期已發展出 Bosch 蝕刻製程，以應用於矽的深度蝕刻，Bosch 蝕刻製程對於光阻（Photoresist）或二氧化矽（Silicon Dioxide）硬式遮罩，皆具有相當高的蝕刻選擇比。Bosch DRIE 會快速轉換 SF_6 電漿蝕刻與聚合物氣體 C_4F_8 表面鈍化兩道步驟，在聚合物沉積與低 RF Bias 電壓條件下，其蝕刻對於光阻的選擇比很高，在一些情況下蝕刻選擇比甚至可高達 100：1。

　　Bosch DRIE 所形成 TSV 的導孔側壁（Via Sidewall）非常平直，由於交替變換蝕刻（Etching）和鈍化（Passivation）兩道步驟，所以可確保導孔側壁幾乎呈平直狀態。氟（F）的蝕刻會造成 C_4F_8 側壁鈍化層的底切（Undercut），形成扇形貝殼狀（Scalloped）的側壁。經由控制 C_4F_8 聚合物沉積與 SF_6 的蝕刻時間之比率，以達到所需要的蝕刻輪廓。根據 TSV 導孔深度和側壁鈍化層之扇形輪廓，進而調整蝕刻與鈍化的週期數。圖 6.2 為 Bosch DRIE 製程步驟與其所形成 TSV 導孔之 SEM 照片。

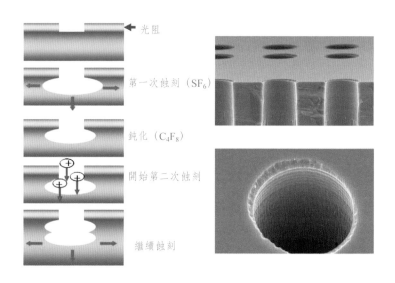

圖 6.2　Bosch DRIE 製程步驟及其所形成 TSV 導孔之 SEM 照片

2.3　低溫型深反應性離子蝕刻（Cryogenic DRIE）

　　低溫型深反應性離子蝕刻（Cryogenic DRIE）與一般 DRIE 相似，主要不同點是 Cryogenic DRIE 將晶圓冷卻到極低的溫度（−110 ℃），使離子在尚未撞擊到晶圓表面時，先大大降低其離子的遷移率。如此可避免離子蝕刻到導孔的側壁（Sidewall）。此外，Cryogenic DRIE 之非等向蝕刻（Anisotropic Etching）特性與溫度有關，所以在執行上需要一套強而有力的冷卻系統（Cooling System），通常會進行許多冷卻步驟，以確保能夠消除蝕刻製程所產生的熱量，而不致影響到非等向蝕刻之性質。

3. 導孔的填充（Via Filling）

一般 TSV 導孔開口會落在寬 5～100 μm，深度為 50～300 μm。因此深寬比均在 3:1～10:1 之間。填充孔洞的金屬主要的材質是銅，然而為確保已充填導孔的功能可以正常運作，必須沉積三層材質。

第一層為絕緣層，當 TSV 導孔形成後，接著進行絕緣層（Insulation Layer）沉積，以作為矽和導體間的絕緣材料。沉積絕緣層的方式，包括：熱氧化（Thermal Oxidation）法、熱化學氣相沉積（Thermal CVD）法、使用 Silane 和 Tetra-Ethoxysilane（TEOS）氧化物之電漿輔助化學氣相沉積（PE-CVD）法，以及使用低壓化學氣相沉積（LP-CVD）法來沉積氮化物層（Nitride Layer）等。

圖 6.3 為使用熱氧化（Thermal Oxidation）法，沉積絕緣層 SiO_2 厚度為 1 μm 照片，在溫度為 1,050 ℃ 之石英爐管中，氫與氧混合反應產生火燄及蒸氣，氧化時間 3.5 小時，在導孔上、中、下都覆蓋沉積均勻的 SiO_2，其均勻度在 ± 5 % 之內。由於熱氧化會消耗矽，所以導孔內側壁的粗糙度可由 200～250 nm 下降到 100 nm[27]。

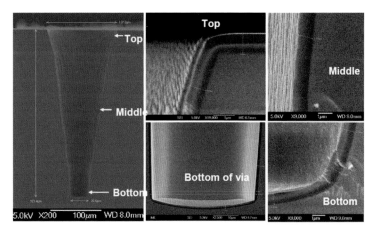

圖 6.3　在溫度為 1,050℃ 之石英爐管中，使用熱氧化（Thermal Oxidation）法，沉積均勻的絕緣層 SiO_2[27]

　　圖 6.4 為使用 PE-CVD 沉積絕緣層 SiO_2 照片，在導孔頂端之 SiO_2 厚度為 1.9～2 μm，導孔上側壁之 SiO_2 厚度為 1.3～1.4 μm，導孔中間側壁之 SiO_2 厚度為 0.7～0.8 μm，至於導孔底部之 SiO_2 厚度則為 0.35～0.458 μm。可知使用低於 250 ℃ 之 PE-CVD 沉積絕緣層 SiO_2 的厚度均勻度不如爐管之熱氧化法[28]。

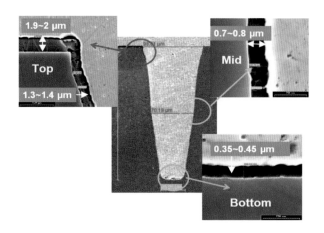

圖 6.4　使用 PE-CVD 沉積絕緣層 SiO_2 之照片[28]

　　基本上，熱氧化（Thermal Oxidation）法可提供厚度較均勻的 SiO_2 絕緣層，如果在 CMOS 製程之初期已形成 TSV，由於尚無金屬存在，此時可使用熱氧化法生長絕緣層，其製程最高容許溫度為 700～900 ℃，甚至更高溫度。然而大部分 3D-IC 整合製程都是在後段形成 TSV，由於在元件基板有金屬存在時，無法進行超過 400 ℃ 溫度之高溫熱氧化製程，此時必須使用溫度範圍為 200～400 ℃ 之 CVD 製程來沉積絕緣層。

　　第二層為金屬阻障層（Metal Barrier Layer），電鍍銅的金屬阻障層，包括：鈦（Ti）、鈦化氮（TiN）、鈦化鎢（TiW）、鉭（Ta）、鉭化氮（TaN）等。在高深寬比的 TSV 導孔製程上，必須注意金屬阻障層的階梯覆蓋性（Step Coverage），以防止銅污染到導孔（Via）周圍的矽（Silicon）。這兩個層體皆為 TSV 製程之基本要素。

　　第三層則為「晶種層」（Seed Layer），此層鍍膜的連續性及覆蓋性、晶粒平滑性等形態，對後續的電鍍製程相當重要，若此鍍層表面不連續且不平滑，則易在後續銅填充的過程中造成側壁結塊，而產生導孔中央或底部的空隙，易破壞導孔及電導性。目前這三層的沉積方式皆利用乾式製程，如 PVD 及 CVD。這兩種乾式製程方式皆可輕易到達 3：1 的深寬比。但當深寬高比超過 4 以後，傳統的物理氣相沉積無法提供良好的階梯覆蓋率（Step Coverage），並且有非常嚴重的突懸（Overhang）而造成隨後的電鍍無法成功的將銅填入導線中。根據 ITRS 及 Sematech 發展藍圖顯示，未來 TSV 製程直接要求為 10：1 的深寬比。因此，使用乾式製程的沉積方式已在 TSV 技術發展中造成瓶頸。圖 6.5 為 Alchimer 使用電化學電子接枝（Electrografting）濕式製程，沉積阻障層及晶種層之照片，可以在導孔內部形成連續均勻的階梯覆蓋率，尤其適合高深寬比之 TSV 製程。

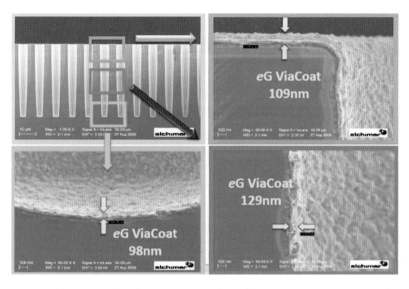

圖 6.5　Alchimer 使用電子接枝（Electro-grafting）沉積阻障層及晶種層之照片（資料來源：Alchimer）

　　完成絕緣層、阻障層及晶種層沉積後，接著進行 TSV 導孔的填充（Via Fill）。至於 TSV 導孔填充的導電材料，則包括：銅（Cu）、鎢（W）和多晶矽（Polysilicon）等。其中，銅具有優良導電率，電鍍銅（Copper Electroplating）可作為 TSV 導孔之充填。電鍍銅充填時，必須產生均勻（Uniform）及無孔洞（Void Free）的鍍層，以作為高品質訊號傳輸之路徑，圖 6.6 為 TSV 導孔電鍍銅充填無孔洞存在之照片。目前 TSV 導孔電鍍銅充填之品質，可以使用非破壞性 X-ray 檢查是否有孔洞的存在，如圖 6.7 即為 X-ray 檢查 TSV 導孔電鍍銅之照片[28]。

　　為了避免孔洞的生成，在填充 TSV 導孔的整個深度時，必須維持固定的銅沉積速率，由於有些 TSV 導孔呈錐形之形狀，要維持固定的沉積速率，在整個電鍍銅過程中，需要不斷地調整各種電鍍參數。一般影響 TSV 導孔充填之參數，包括：(1)溶液成分；(2)晶圓轉速；(3)施加電流之波形；(4)脈衝電流之持續時間；(5)電流密度與分布等。

圖 6.6 TSV 導孔電鍍銅充填無孔洞存在之照片

圖 6.7 TSV 導孔電鍍銅充填，可使用非破壞性 X-ray 檢查是否有孔洞的存在[28]

在一完整的 TSV 電鍍系統中必須包含下列部分：(1)陽極（anode）：其應為高純度的金屬銅。(2)含銅離子的溶液：一般銅電鍍的配製通常都是使用含硫酸銅和硫酸等的基本溶液。就目前 TSV 的鍍銅技術，硫酸銅濃度是重要的偵測指標，主要的目的就是要避免在導孔中的銅離子，因填充過程中造成耗損，因此良好的補充分析系統並外加軟體之週期性監控，可以有效的進行濃度控制及資料分析建檔，不但可以使鍍液保持在穩定的狀態並且增加其使用壽命。(3)陰極：晶片必須與陰極夾點有良好的電性接觸，才能有利於銅離子的沉積還原。(4)添加劑：其中催化劑其主要目的在特定的電壓下，可以在它們吸附的地方加速電流的流動。抑制劑是一種聚合物，主要目的是會在整個晶圓表面，形成抑制電壓的薄膜。平整劑是二級的電流抑制分子，在電鍍液中的濃度通常都很低，其主要作用是吸附在表面突出處或角落等地方，抑制電鍍速率。

　　如果 TSV 導孔深度較淺時，電鍍銅可完全充填導孔。然而，當 TSV 導孔之深度較深時，由於矽熱膨脹係數（3 ppm /℃）與銅熱膨脹係數（16 ppm /℃）相差極大，使用電鍍銅作導孔完全充填時，會產生熱機械應力（Thermo-mechanical Stress），進而導致內部介電層（Internal Dielectric Layer）與矽基材產生裂縫（Crack）。此外，在 TSV 導孔側壁（Sidewall）沉積絕緣層薄膜會有高電容產生，進而影響電性。針對大直徑 TSV 導孔，由於使用電鍍作充填之速度太慢，圖 6.8 為比利時 IMEC 改採用厚度為 2～5 μm 聚合物（Polymer）絕緣層來填補電鍍銅充填導孔所剩下的體積。由於厚度較厚之聚合物絕緣層為低介電材料，可以解決一般絕緣層薄膜之高電容問題。使用聚合物絕緣層可減少導孔內銅的比例，進而降低矽與銅因熱膨脹係數差距大所產生的熱機械應力，而且此聚合物薄膜製程與晶圓後段導線製程，彼此具有相容性[3]。

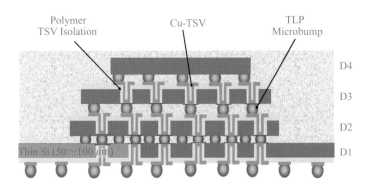

圖 6.8　IMEC 採用厚度為 2～5 μm 聚合物絕緣層，來填補電鍍銅充填導孔所剩下的體積[3]

　　鎢（W）與鉬（Mo）也可用來充填 TSV 導孔，雖然在導電性能上不如銅，但兩者之熱膨脹係數都低於銅（W: 4.5 ppm /℃; Mo: 4.8 ppm /℃；Cu: 16 ppm /℃），而且與矽（Si: 3 ppm /℃）較接近。所以使用鎢（W）與鉬（Mo）金屬來進行導孔充填，可減少熱機械應力。圖 6.9 為導孔充填這些金屬的各種方法[4]，其中物理氣相沉積（Physical Vapor Deposition, PVD）或濺鍍（Sputtering）可用於較小直徑導孔之填充，但是 PVD 缺點就是沉積速度慢且覆蓋性不良。雷射輔助化學氣相沉積（Laser-assisted Chemical Vapor Deposition），可快速沉積鎢（W）與鉬（Mo）金屬於深導孔內。此外，還有許多不同的金屬－陶瓷複合材料，由於具備較低熱膨脹係數，亦可應用於導孔填充，但針對深寬比大於 5 之深盲孔，則不易進行導孔充填，必須使用特殊製程以充填此種導孔。

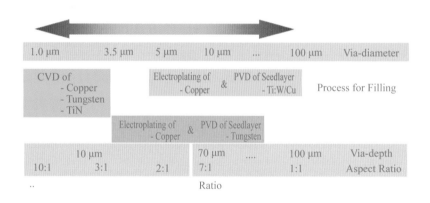

圖 6.9　導孔充填金屬的各種方法[4]

4. 晶圓接合（Wafer Bonding）

目前晶圓接合（Wafer Bonding）製程已被認為是 3D-IC 整合的關鍵步驟之一，此製程是將個別獨立之晶圓進行對準（Alignment）及接合（Bonding），以實現層對層之導線連接（Layer to Layer Interconnections）目的。許多晶圓對準及接合方法，都是從 MEMS 技術所進步演化而來的，然而 3D-IC 的晶圓接合設備平台的精密度比 MEMS 技術高出 5～10 倍，3D-IC 晶圓接合之最終產品的對位精密度可達到微米（Micron）甚至次微米（Sub-micron）等級。晶圓接合設備有手動及自動化平台，此種設備必須能夠執行許多操作步驟，包括：晶圓表面準備及清洗（Surface Preparation and Cleaning）、晶圓對位（Wafer Alignment）、晶圓接合（Wafer Bonding）和接合後之量測（Post Bond Metrology）等。為了增加設備產能，通常會加裝冷卻板（Chill Plate），使完成接合之晶圓能夠在高於常溫下先離開接合台，以進行後續之冷卻步驟。然而並非所有晶圓接合製程都需要以上所述步驟，在實際生產系統上，則可根據製程需求來設計所需要之模組。

晶圓接合型式有晶片到晶圓（Die to Wafer）、晶片到晶片（Die to Die），或晶圓到晶圓（Wafer to Wafer）等三種型式。至於晶圓接合方法，如圖 6.10 所示，包括：(1)矽的直接或熔融接合（Silicon Direct or Fusion Bonding）、(2)金屬－金屬接合（Metal-metal Bonding）、(3)聚合物黏著接合（Polymer Adhesive Bonding）。其中，金屬－金屬接合又可分為：金屬熔融接合（Metal Fusion Bonding）和金屬共晶接合（Metal Eutectic Bonding），例如：銅錫共晶（Cu-Sn Eutectic）等。以下將針對各種接合方法進行詳細探討。

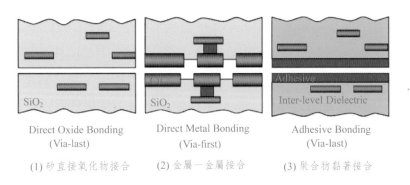

Direct Oxide Bonding
(Via-last)
(1) 矽直接氧化物接合

Direct Metal Bonding
(Via-first)
(2) 金屬－金屬接合

Adhesive Bonding
(Via-last)
(3) 聚合物黏著接合

圖 6.10　晶圓接合方法，包括：(1)矽的直接或熔融接合，又稱為氧化物接合（Oxide Bonding）、(2)金屬－金屬接合（Metal-metal Bonding）、(3)聚合物黏著接合（Polymer Adhesive Bonding）

4.1 矽的直接或熔融接合（Silicon Direct or Fusion Bonding）

矽的直接接合又稱為氧化物接合（Oxide Bonding），矽的熱膨脹係數為 3.2 ppm/℃，以一個 300 mm 的矽晶圓為例子，每上升 100 ℃ 溫度，其半徑將增長 50 μm。為了確保熱的不匹配不會影響晶圓接合之最終結果，在晶圓接合時必須滿足以下三個條件：(1)上下晶圓必須具備相同的熱膨脹係數；(2)晶圓加熱速率要均勻，各位置均能達到相同的設定溫度；(3)基板在半徑方向之熱分布要均勻，如此才能保證晶圓對位的準確度。

矽的直接或熔融接合步驟，首先使用電漿活化（Plasma Activation）或濕式化學品，使晶圓表面水解（Hydrate），接著以 IR 或面對面對準方法進行晶圓對位，使用 1N 的力量建立點的接觸及作預接合（Pre-Bond），其中凡得瓦力會使晶圓吸引在一起，以及排除接合界面中間之空氣。當晶圓進行預接合時，晶圓將以批次方式作退火（Anneal），而且不必使用接合機（Bonder）。

目前 Lincoln 實驗室在 3D 整合平台上已開發出使用矽氧化物接合技術，如圖 6.11 為氧化物接合之示意圖。首先將預先處理好具有主動元件（Active Device）、第一層級（First-level）或多層級晶片連接線路（Multilevel On-chip Interconnections）之晶圓，使用二氧化矽作晶圓對準及接合。在欲接合晶圓上使用低壓化學氣相沉積法（LP-CVD），沉積低溫氧化物層。然後將表面拋光到粗糙度 Ra < 0.4 nm，而且兩接合面要具備高密度氫氧族（Hydroxyl Groups），以形成良好接合面。將晶圓浸入雙氧水（H_2O_2）中，以去除污染物，然後在晶圓表面鍍上氫氧族。接著用水洗淨以及在氮氣環境下作晶圓快速旋乾，最後將晶圓中心對準及接合於上層晶圓。

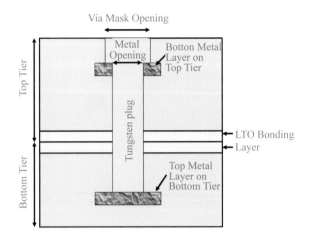

圖 6.11　Lincoln 實驗室在 3D 整合平台，使用氧化物接合之示意圖[20]

　　一般在較高溫度之製程下，其接合界面會形成共價鍵（Covalent Bond），可進而提高結合強度。晶圓接合必須具備原子級平滑界面，以得到較佳結合強度。IBM 將氧化物接合應用於 3D 整合平台上[6]，而且此技術可進一步與晶圓導線連接製程具備相容性。圖 6.12 為 IBM 之 TSV 製程示意圖，使用 Via Last 之氧化物接合方式進行 3D 整合。

　　矽直接接合的優點為：(1)矽直接接合，無夾持固定所造成的位置偏移；(2)因矽直接接合在常溫下進行，所以不會有熱膨脹不匹配的問題，晶圓堆疊準確度高；(3)矽直接接合採用批次方式進行退火，可增加產能；(4)矽直接接合之對準設備的產能，比熱壓方式快 4～10 倍，所以整體設備成本較低。

　　矽直接接合的缺點為：(1)晶圓表面需達到原子級的平滑度，而且晶圓表面要滿足以下規格：TIR<2 μm，Bow<60 μm。(2)晶圓表面對顆粒（Particles）非常敏感，當晶圓表面吸附到碳氫化合物時，在退火後會產生孔洞（Voids），所以矽直接接合製程，必須遠離微影製程或含有碳氫化合物之製程區域。

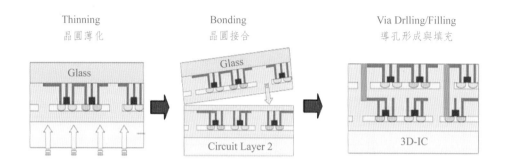

圖 6.12　IBM 使用氧化物接合方式進行 3D 整合[6]

4.2　金屬－金屬接合（Metal-metal Bonding）

4.2.1　銅－錫共晶接合（Cu-Sn Eutectic Bonding）

使用低熔點錫金屬，經由擴散（Diffusion）或焊接熔合（Solder Fusion）方式，以應用於矽晶圓之三維整合製程。藉由銅－錫之間的擴散作用來進行銅導孔之垂直連接，如此可省去晶片背面製作凸塊之額外步驟[7]。ASET 已發展出高深寬比節距（Pitch）小於 50 μm 的銅導孔（Cu Via），以錫作為接合之基礎材料。此外，IBM 結合銅墊（Cu Pad）及無鉛焊錫電鍍（Lead-free Solder Plating）技術，亦發展出節距（Pitch）為 50 μm，而且具備高可靠度之接合技術[5]。

4.2.2　直接銅－銅結合（Direct Cu-Cu Bonding）

此法可省去製作錫或金凸塊等步驟，以及排除其他與凸塊或金屬間化合物相關之電性和機械可靠度問題，此技術使得 3D 整合技術與標準晶圓製程更加具有相容性。因為銅對銅的熱壓接合之製程簡單及成本需求低，對於業界和學術界似乎較具吸引力，並且具有較多的研究與發展。此方法最重要參數是溫度，由於銅對銅接合是使用於電子元件和相關應用，其接合溫度必須與後段製程（BEOL）之溫度相容，以免影響到該元件之性能。

圖 6.13 為銅對銅層接合好的穿透式電子顯微鏡（TEM）照片[24]。在接合之前，首先將晶圓浸泡於鹽酸（HCl）溶液中 30 秒，接著以 DI 水清除化學液，最後快速旋乾以去除晶圓表面之氧化物（Oxide）。使用接合機（Bonder）進行銅接合，製程中使用壓力為 4,000 mbar，真空度為 10^{-3} torr，在溫度為 400 ℃ 下進行 30 分鐘之接合，後續於溫度 400 ℃ 的氮氣環境下進行退火 30 分鐘。從穿透式電子顯微鏡（TEM）之影像無法觀察到原先的接合界面（Initial Bond Interface），但是可以發現到晶粒結構（Grain Structure），以及橫越銅接合層的雙晶（Twins）出現。兩個銅接合層在接合後，其接合界面（Bond Interface）已消失，進而合併形成具有強力鍵結的單一銅層。此外，可觀察到連續性雙晶已穿越接合層，如果原先的兩個銅層有明顯的接合界面或缺陷區（Defect Area）存在時，則此雙晶將無法形成或者會停留於接合界面。這意謂要先有均勻的接合層（Uniform Bond Layer）存在時，才會有雙晶（Twin）的形成。

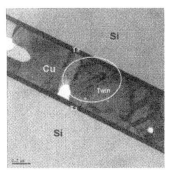

圖 6.13　銅對銅層接合好的穿透式電子顯微鏡（TEM）照片[24]

Reif 等人[8]在早期有提出銅熱壓接合的基本研究，根據圖 6.14 之 TEM 微結構照片，可以觀察在不同晶圓接合及退火步驟下，其界面形態（Interface Morphology）的變化情形。在圖 6.14(a) 部分為接合前的照片，銅的平均晶粒尺寸為 300 nm，主方向為（111）。圖 6.14(b) 部分為溫度

400 ℃ 下進行 30 分鐘接合的照片，在剛開始進行接合時會引起一些內部擴散作用，但不會完成熔解及晶粒成長的照片，可以觀察到明顯的接合界面，然而界面並不是很直，具有不同的接合形態，在銅薄膜上可觀察到雙晶（Twin）結構，晶粒尺寸範圍為 300～700 nm，沒有主要的晶粒方向。圖 6.14(c) 部分為接合後於溫度 400 ℃ 下，在氫氣環境中進行 30 分鐘退火後的照片，可以發現銅對銅產生內部擴散（Inter-diffusion）、晶粒成長（Grain Growth）、再結晶（Re-crystallization）等完整反應步驟，最後完成整體結晶過程，其晶粒尺寸為 800 nm，主方向為（220）。圖 6.15 為 Tezzaron 銅對銅接合之 Supervia TM 照片。

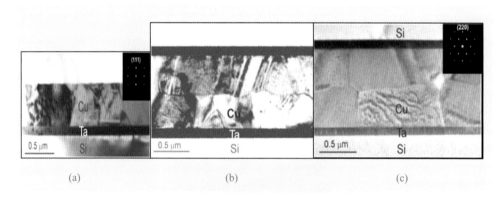

圖 6.14　銅對銅接合之 TEM 微結構照片[8]

根據 IBM 陳等人之最近研究報告[9]，發現晶圓結合時以緩慢溫度梯度上升（6 ℃ /min），會比那些以快速溫度梯度上升（32 ℃ /min）的晶圓，具有更佳接合品質。同時，他們的研究也表示，在溫度上升之前施以小接合力量，或在接合期間施以向下高接合力量（High Bonding Down-force），皆可以提高接合強度。增加互連時之接合密度（Interconnect Pattern Density），亦可促進界面接合品質，但與銅接合之尺寸無直接關係。一般而言，如果有少量的銅氧化物存在，就會直接影響到銅對銅的接合品質。當表面先以稀釋的檸檬酸（Dilute Citric Acid）作前處理時，則可得到最高剪力強度，IMEC 亦延伸此種接合製程於 Pitch 只有 10 μm 之超薄矽 TSV 技術應用上。

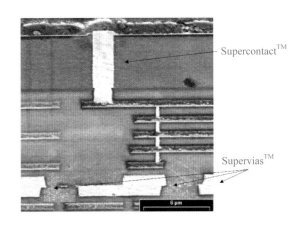

圖 6.15　Tezzaron 銅對銅接合之 Supervia TM 之照片[21]

4.3　聚合物接合（Polymer Bonding）

聚合物之晶圓接合不需要特殊表面處理，例如：平坦化與過度清洗（Excessive Cleaning）等步驟。聚合物接合對於晶圓表面之顆粒污染物較不敏感，一般常使用於晶圓接合的聚合物，則包括：熱塑性聚合物（Thermoplastic Polymers）及熱固性聚合物（Thermosetting Polymers）兩種。欲接合之兩片晶圓表面，首先旋轉塗布液態聚合物，加熱以去除溶劑，以及形成聚合物交鏈作用（Cross-linking）。然後將兩片晶圓於真空壓力下小心進行對準及接合，接著在真空環境下烘烤，以形成強而可靠的接合界面。聚合物晶圓接合種類，包括：負光阻[10~11]、BCB（Benzocyclobutene）[2, 12~14]、Parylene[6]及 Polyimide[7, 15]等，其中 BCB 具有傑出的晶圓接合能力、抗化學腐蝕性，以及具備良好接合強度。

　　針對 BCB 材料需要進行預烘烤（Pre-cure）步驟，以去除溶劑及強化高分子聚合物，如此可防止後續壓合時產生歪斜，進而改善整體的對位精準度，預烘烤溫度為 190 ℃，時間為 1.5～3 分鐘。BCB 聚合物接合可在大氣環境或真空壓力下進行，然而在真空壓力下即能防止外圍空氣污染，又可在加熱升溫時將殘留溶劑迅速抽離排出。BCB 聚合物接合溫度為 220～320 ℃，時間為 30 分鐘[13]。

　　負光阻與 Polyimide 皆可使用氧電漿（Oxygen Plasma）進行蝕刻，所以非常適合於犧牲性接合層（Sacrificial Bonding），或 3D 整合平台（例如 MEMS 應用）之暫時性接合應用上。圖 6.16 為使用 BCB 聚合物，將具有銅－氧化物互連結構之晶圓與玻璃進行接合，然後經由研磨、拋光、濕式蝕刻等步驟，以去除矽基板之照片。使用聚合物接合之優點，包括：(1)聚合物接合與 IC 製程相容、(2)接合溫度低、(3)接合強度較不容易受內層顆粒所影響。然而，在接合與烘烤製程上則容易產生對位不準問題，這是聚合物接合目前尚待克服之技術瓶頸。

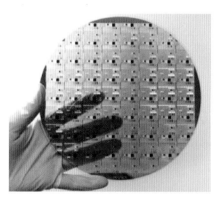

圖 6.16　使用聚合物進行接合之照片[2]

5. 晶圓薄化（Wafer Thinning）

　　無論 TSV 堆疊形式與連線方式如何改變，在構裝整體厚度不變甚至有所降低之趨勢下，堆疊中所有各層晶片的厚度將不可避免的需要進行薄化。目前較為先進的多層構裝使用的晶片厚度都在 100 μm 以下。根據目前的技術發展路線圖，在 2010 年左右晶片將減薄到近乎極限厚度 25 μm 左右，堆疊層數高達 10 層以上。即使不考慮多層堆疊的要求，單是單晶片之間的導孔互連技術就要求上層晶片的厚度在 20～30 μm，這是現有離子蝕刻開孔及金屬沉積所比較適用的厚度，同時也幾乎是整個元件層之厚度。因此矽晶圓的超薄化製程（< 50 μm）將在構裝技術中扮演越來越重要的角色，而且應用範圍逐漸廣泛。

　　晶圓薄化技術所面臨的首要挑戰，就是超薄化製程所要求的 < 50 μm 的減薄能力。傳統上，晶圓薄化製程僅需要將晶片從晶圓加工完成時的原始厚度減薄到 300～400 μm。在這個厚度上，晶片仍然具有相當的厚度，來容忍薄化製程中研磨所造成晶片的損傷及應力，同時其剛性也足以使晶片保持其原有的平整狀態。

　　目前業界的主流解決方案是採用東京精密公司所率先倡導的單機整合多製程之思考方式，將晶圓研磨、拋光、保護膜去除、切片膜黏貼等製程整合在一臺設備內，經由獨創的機械傳送系統，使晶圓從研磨一直到黏貼切片膜為止，晶圓始終被吸在真空吸盤上，晶圓一直保持平整狀態。

　　當晶圓黏貼到切片膜上後，比切片膜厚還薄的晶片會順從膜的形狀而保持平整，不會發生翹曲及下垂等問題，進而解決搬運的難題。超薄化製程必須克服的主要問題有兩方面：(1)晶圓研磨製程所產生損傷層之去除及應力的消除；(2)晶圓研磨到切片膜黏貼之間，各製程間的晶圓傳送[22]。

6. 發展 3D 系統整合之各種 TSV 技術

　　使用 TSV 技術來發展 3D 系統整合的方法有許多種，如果以導孔的形成順序來區分，可分為先導孔（Via First）與後導孔（Via Last）兩種製程。其中先導孔（Via First）是指在晶圓後段導線製作（Back End of the Line,

BEOL）之前，進行 TSV 導孔的製作；後導孔（Via Last）　是指在晶圓後段導線製作之後，才進行 TSV 導孔的製作，表 6.1 為兩種製程之比較表。以上只是大體上之區分，根據不同公司、組織、研究單位之發展，這些製程仍有一變化，如表 6.2 所示為各家公司之 TSV 技術的製作流程。

表 6.1　兩種 TSV 製程比較表[1]

步驟	先導孔（Via First）	後導孔（Via Last）
1	製作 TSV 導孔	製作晶圓後段之導線連接（BEOL）
2	沉積介電層	晶圓黏上晶圓載具進行薄化
3	沉積鈍化層與導孔之導電層充填	晶圓背面製作 TSV 導孔
4	製作晶圓後段之導線連接（BEOL）	沉積介電層
5	晶圓薄化與 TSV 接點製作	沉積鈍化層與導孔之導電層充填
6	晶圓背面之導線連接	晶圓背面之導線連接

表 6.2　各公司 TSV 技術之製程流程[1]

Step No	Via First Process 1	Via First Process 2	Via Last Process 1	Via Last Process 2	Via Last Process 3
1	Via drilling	Via drilling	Bonding	Thinning	Thinning
2	Via filling	Via filling	Thinning	Bonding	Via Drilling
3	Bonding	Thinning	Via drilling	Via Drilling	Via Filling
4	Thinning	Bonding	Via filling	Via Filling	Bonding
Examples	Tezzaron	IMEC, ASET, Fraunhofer	RPI	RTI	Infineon

6.1　TSV 製程範例 1（Via First）

以下將以 Tezzaron 之先導孔（Via First）製程為例子（圖 6.17），進而說明 TSV 技術之應用發展狀況[16]。首先將兩片晶圓以面對面方式（Face to Face）進行堆疊，採用銅對銅（Copper to Copper）接合作導線垂直互連，此法又稱為超導孔技術（Super Via Technology）。製程中除了使用 EVG 對準機（Aligner）和接合機（Bonder）之外，大部分製程皆使用傳統微機電（MEMS）製造設備，詳細製程說明如下：

步驟 1：首先在晶圓上製作 IC 元件（Devices）。

步驟 2：使用化學機械研磨（CMP）製程，將氧化物（Oxide）進行平坦化。

步驟 3：蝕刻介電堆積層（Dielectric Stack）。

步驟 4：將矽蝕刻達深度 4～9 μm。

步驟 5：沉積氧化物（Oxide）和氮化物（SiN）層，以作為阻障層（Barrier Layer）及鈍化層（Passivation Layer）。

步驟 6 及 7：製作溝渠（Trench）和導孔（Via），以作為晶圓間之接合（Bonding）使用。

步驟 8 及 9：沉積 Ta 或 TaN 阻障層（Barrier Layer），銅晶種層（Copper Seed Layer），接著進行電鍍銅以填充導孔（Via Filling），使用化學機械研磨（CMP）製程，去除多餘之 Ta 層及銅，此時已完成晶圓後段導線製程（Backend of the Line; BEOL），包括結合鋁與銅導線層。

步驟 10：在銅墊上沉積無電鍍金屬層（Electroless Metal Deposition），或去除介電層（Dielectric Layer），以形成晶圓對晶圓（Wafer to Wafer）之接合墊。

步驟 11：製作銅對銅（Copper to Copper）之熱擴散接合（Thermal Diffusion Bonding）。

步驟 12：使用化學機械研磨（CMP）及研磨（Grinding）方式，將上層晶圓進行薄化（Thinning），並以化學蝕刻法（Chemical Etching）去除 12 μm 厚度的矽。

步驟 13：使用 PE-CVD 沉積氧化物於薄化晶圓之背面，如此可防止上層晶圓因進行整合堆疊另一片晶圓時，所造成矽之污染。

步驟 14：進行氧化層蝕刻，以形成溝渠（Trench），接著沉積銅，以

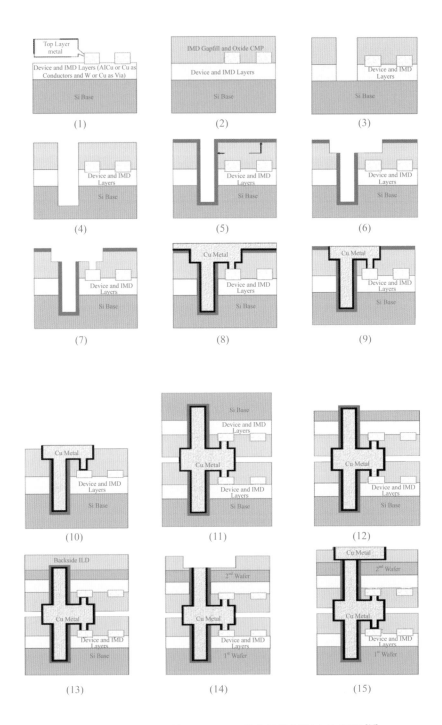

圖 6.17　Tezzaron 使用 3D TSV 整合技術製程之流程圖 [16]

作為導線連接之使用。

步驟 15：形成銅墊（Copper Pad），以作為上層晶圓進行晶圓堆疊之接合點。

6.2 TSV 製程範例 2（Via First）

ASET、Fraunhofer、IMEC 和其他公司也採用 Via First 技術。然而與範例 1 步驟不同之處，此法之晶圓接合步驟是在晶圓薄化後進行。圖 6.18 為 ASET 的 TSV 製程流程圖，首先以電鍍銅作導孔填充，接著以 CMP 方式作表面拋光，以及進行晶圓薄化（Wafer Thinning）。使用選擇性回蝕（Selectively Etch-back）方式蝕刻晶圓背面，讓晶圓背面露出銅柱（Copper Pillar），然後再以無電鍍法沉積厚度為 1.5 μm 的錫，以利於後續進行銅凸塊接合（Copper Bump Bonding, CBB），或使用金凸塊（Gold Bump）作晶圓接合[17]。

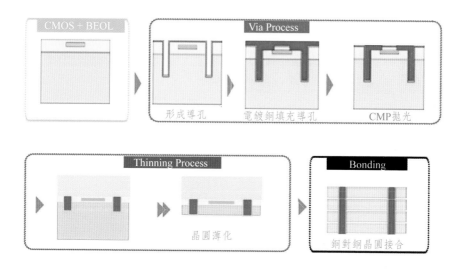

圖 6.18　ASET 的 TSV 製程流程圖[17]

圖 6.19 為 IMEC 的 TSV 製程流程圖，使用 ICP-DRIE Bosch 製作導孔

（Via Formation），以改良式雙鑲嵌銅製程作導孔填充（Via Fill），並且應用標準 FEOL 與 BEOL 製程。針對薄形晶圓，則使用晶圓載具（Wafer Carrier）作晶圓持取，最後以銅對銅（Copper to Copper）方式進行晶圓接合。

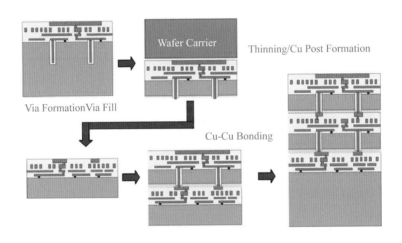

圖 6.19　IMEC 的 TSV 製程流程圖[3]

6.3　TSV 製程範例 3（Via Last）

使用此製程技術作 TSV 整合的公司為 RPI 與 IBM，並且與 Albany 大學合作開發 SOI 為主的製程，其製程如圖 6.20 所示[12]。其詳細製程描述如下：

(1) 將具有主動元件與 BEOL 導線的晶圓，使用聚合物（例如：BCB）作晶圓對位與接合，此種面對面的晶圓接合方式（Face to Face Wafer Bonding），可以省下使用晶圓持取載具（Handle Wafer）之步驟。此外，使用聚合物接合可容許晶圓表面具有污染物的存在。

(2) 其中一片晶圓使用晶背研磨（Backside Grinding）、CMP 和濕式蝕刻（Wet Etching）等方法，將晶圓薄化到蝕刻停止區。然後在堆疊的晶圓上製作高深寬比之導孔，接者沉積阻障層，並以銅填充導孔。

(3) 其他晶圓則進行相似之晶圓對準、接合、薄化和導孔形成等步驟，然後黏合於此堆疊晶圓的頂端。

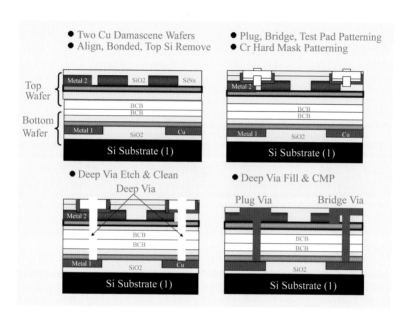

圖 6.20　RPI、IBM 與 Albany 大學合作開發的 TSV 製程流程圖[12]

6.4　TSV **製程範例** 4　（Via Last）

在此製程中先作晶圓薄化，然後進行晶圓接合，RTI 使用此種製程來堆疊薄形 IC[18]，並且所有的 3D 製程步驟都在 250 ℃ 溫度下進行，使用此種 TSV 製程可作晶片對晶片（Chip to Chip）或晶片對晶圓（Chip to Wafer）之堆疊，圖 6.21 為此種 3D 整合方法之重要製程步驟。製程步驟詳述如下：

(1) 將有 IC2 記號之晶圓黏上載具基板，使用晶背研磨與 CMP 製程進行晶圓薄化，接著切割 IC2 晶圓，然後小心地將個別分離之 IC2 晶片與 IC1 晶圓作對準及接合。

(2) 蝕刻 IC2 晶片以形成高深寬比之導孔（High Aspect Ratio Via），在導孔內部沉積絕緣層，先作底層之選擇性清除，然後作導孔之金屬填充。

(3) 最後將頂端金屬層進行圖案化與鈍化處理，以便與其他晶片作接合。

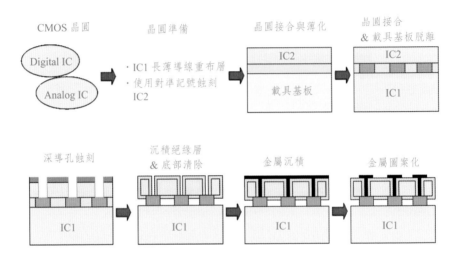

圖 6.21　RTI 所發展 3D 整合方法之重要製程步驟[18]

6.5　TSV 製程範例 5（Via Last）

Infineon 使用此種製程作 3D 整合，其製程步驟依序分別為：晶圓薄化、導孔製作，以及晶圓接合等，圖 6.22 為其製程之重要步驟[19]。

(1) 首先使用對準記號（Alignment Marker）作晶圓之圖案化製程，然後在表面沉積一層矽磊晶層（Silicon Epi-layer），接著將晶圓作切割與貼附晶圓載具。

(2) 在晶圓薄化製程上，先以機械方式作快速薄化，然後以濕式蝕刻方式作晶圓薄化。經晶圓薄化後，可以觀察到對準記號。

(3) 在矽基板上使用非等向性蝕刻方式來製作導孔，然後在露出的導孔依序沉積氧化物絕緣層、Ti-W 阻障層、銅晶腫層、最後使用電鍍銅填充導孔。

(4) 在晶圓接合製程上，使用對準記號作精密對準，並以 Cu-Sn-Cu 共晶作晶圓接合，最後去除晶圓載具。

(5) 將其他晶片進行上述相同製程之後，接合於此堆積晶圓的上面。

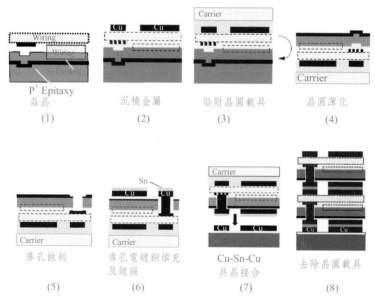

圖 6.22　Infineon 進行 3D 晶片堆疊之重要製程步驟[19]

6.6　矽晶載板技術（Silicon Carrier Technology）

　　矽晶載板技術的概念最先是由 IBM 於 1972 年所發展出來[25]，使用矽基板當作晶片之載具，以取代內部沉積多層高分子與銅線（Polymer-copper

Wiring）之有機基板及陶瓷基板（Organic and Ceramic Substrates）。該技術最先使用周邊式打線（Perimeter Wiring）方式將晶片與矽基板作電性連接，接著演變為使用覆晶導線連接方式，目前最新方式是採用 TSV 技術進行導線連接，以取代打線及覆晶導線連接方式。使用 TSV 技術可以將晶片與矽基板，甚至矽基板到印刷電路板等導線連接上，提供更高密度之金屬導線互連目的。目前矽晶載板技術，包括：TSV 技術、超高密度線路技術（Ultrahigh Density Wiring）、細節距之晶片到載板的導線互連技術（Fine Pitch Chip to Carrier Interconnection），以及主動元件與被動元件之整合技術等。

如圖 6.23 所示，使用 TSV 矽晶載板（Silicon Carrier）技術，可以將個別獨立的矽晶載板進行堆疊整合。其製作流程說明如下，首先將 IC 晶片以覆晶（Flip Chip）方式連接至個別獨立的矽晶載板上，然後將這些附有 IC 晶片的矽晶載板進行上下垂直堆疊，最後與 PCB 板連接，以形成完整的 3D 模組結構。

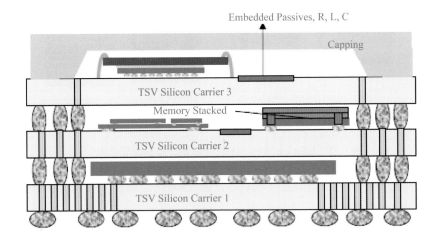

圖 6.23　使用 TSV 矽晶載板（Silicon Carrier）技術，可以將個別獨立的矽晶載板進行堆疊整合（資料來源：IME）。

矽晶載板（Silicon Carrier）技術具有許多優勢，它可以直接使用標準的 IC 後段製程，在矽晶載板上製作高密度之連接導線，如此可達到降低成本與提高良率之目的。由於矽晶載板與 IC 晶片同為矽材質，其彼此間的熱膨脹係數相同，所以晶片與載板之間可以形成高信賴度之接合，即使以微小之迷你凸塊（Mini-bump）進行接合，亦可達到高接合品質。此外，使用此技術可以將主動元件製作於載板上，以進而得到高度整合之多功能系統[26]。

7. 結論

全球正積極研發 TSV 技術，微電子構裝將朝向 3D 系統整合。本文已針對 TSV 製程技術進行介紹，TSV 製程雖然具有多種變化，但其關鍵技術可簡單歸納為：導孔的形成（Via Formation）、導孔的填充（Via Filling）、晶圓接合（Wafer Bonding）及晶圓薄化（Wafer Thinning）等四大步驟。在 TSV 技術發展上，目前仍有許多挑戰有待克服，並且這是一項需要整合各種專業領域的技術。

8. 參考文獻

1. Rao R. Tummala, Madhavan Swaminathan, "Introduction to System-On-Package (SOP)", 2008, pp.127～137.

2. Through Silicon Technologies, "Through-silicon-vias" available on the website: http://www.trusi.com/frames.asp?5 (Access date: Dec. 4, 2007).

3. B. Swinnen and E. Beyne, "Introduction to IMEC's research programs on 3D-technology," available on www.emc3d.org/documenta/library/ technical /IMEC%20 Review_3D_introduction.pdf (Access date: Dec. 4, 2007).

4. A. Klumpp, P. Ramm, R. Wieland, and R. Merkel, Integration

Technologies for 3D Systems" FEE 2006, May 17-20, 2006, Perugia, Italy. Available on www.mppmu.mpg.de/～sct/welcomeaux/activities/pixel/3DSystemIntegration_FEE2006pdf (Access date: Dec. 4, 2007).

5. J. U. Knickerbocker et al., "Development of the next generation system on package (SOP) technology based on silicon carriers with fine pitch chip connection," IBM J. Research and Development, vol. 49, no. 4/5, 2005, pp. 725～753.

6. H. Noh, Kyoung-sik Moon, A. Cannon P. J. Hesketh, and C. P. Wang, Proc. IEEE Electronic Components and Technology Conference, vol. 1, 2004, pp. 924～930.

7. K. W. Guarini, A.W. Topol et all, Proc. IEDM, 2002, pp. 943～945.

8. K. N. Chen, A. Fan, and R. Reif, "Microstructure examination of copper wafer bonding ", Journal of Electronic Materials," vol. 30, 2001, pp. 331～335.

9. K. N. Chen et all, "Structure, design and process control for Cu bonded interconnects in 3D integrated circuits, "IEEE IEDM, 2007, pp. 13.5.1～13.5.3.

10. F. Niklaus, S. Haasl, and G. Stemme, "Array of monocrystalline silicon micro-mirrors fabricated using CMOS compatible transfer bonding,"IEEE Journal of Microelectromechanical System, vol. 12, no 4, 2003, pp. 465～469.

11. F. Niklaus et all, "Characterization of transfer-bonded silicon bolometer arrays, " Proc. SPIE, vol. 5406, 2004, pp. 521～540.

12. J.-Q. Liu, A. Jindal, et all, "Wafer-level assembly of heterogeneous technologies, "The International Conference on Compound Semiconductor Manufacturing Technology, 2003, available on http://www.gaasmantech.org/Digests/2003/index.htm (Access date: Dec. 4,

2007).

13. C. Christensen, P. Kersten, S.Henke, and S. Bouwstra, "Wafer through-hole interconnects with high vertical wiring densities, "IEEE Trans. Components, Packaging and Manufacturing Technology, A, vol. 19, 1996, p.516.

14. J. Gobet et all, "IC compatible fabrication of through wafer conductive vias," Proc. SPIE-The International Society for Optical Engineering, vol. 3323, 1997, pp. 17~25.

15. M. Despont, U. Drechsler, R. Yu, H. B. Pogge, and P. Vettiger, Journal of Microelectro-mechanical System, vol. 13, no.6, 2004, pp.895~901.

16. S. Gupta, M. Hilbert, S. Hong, and R. Patti, "Techniques for producing 3DICs with high-density interconnect," Proc. 21st International VLSI Multilevel Interconnection Conference, Waikoloa Beach, HI, 2004, pp. 93~97.

17. K. Takahashi et al., Process integration of 3D chip stack with vertical interconnection, "Proc. 54th Electronic Components and Technology Conference Components and Technology Conference, 2004, vol. 1, pt.1, pp. 601~609.

18. C. A. Bower et al., "High density vertical interconnects for 3-D integration of silicon integrated circuits, "Proc. 56th Electronic Components and Technology Conference, 2006,pp. 399~403.

19. P. Benkart et al., "3D chip stack technology using through-chip interconnections," IEEE Design & Test of Computers, vol. 22, no. 6, 2005, pp. 512~518.

20. K. Warner, J. Burns, C. Keast, R. Kunz, D. Lennon, A. Loomis, W. Mowers, D. Yost, Proc. IEEE, International SOI Conference, pp. 123~125, 2002.

21. http://www.tezzaron.com.

22. 童志義，3D IC 集成與矽通孔（TSV）互連，電子工業應用設備，pp. 31，2009 (3)。

23. Chuan Seng Tan, Ronald J. Gutmann, L. Rafael Reif, Wafer Level 3-D ICs Proceses Technology, Springer Scienec Business media, LLC, 2008, pp. 72～80.

24. Chen K N et all (2006), Bonding parameters of blanket copper wafer bonding, J Electron Mater 35(2): 230-234.

25. D. J. Bodendorf, K. T. Olson, J. P. Trinko, and J. R. IBM Tech, Disclosure Bull., Vol. 7, 1972, pp. 656.

26. V. Kripesh et al., "Three-dimensional system-in-package using stacked silicon platform technology. "IEEE Transactions and Advanced Packaging, Vol. 28, no. 3, 2005, pp. 377～386.

27. Ranganathan, N., Ebin, L., Linn, et. all, "Integration of high aspect ratio tapered silicon via for through silicon interconnection", IEEE, May 2008, pp.859～865.

28. Xiaowu Zhang, TC Chai, et. all, "Development of through silicon via (TSV) interposer technology for large die (21x21mm） fine pitch Cu/low-K FCBGA package", In IEEE Electronic Components and Technology Conference, San Diego, CA, May 2009, pp. 305～312.

3D-IC 製程之晶圓銅接合應用

1. 前言

目前全球 3D-IC 技術在相關材料設備的發展上，以晶圓接合（Wafer Bonding）及導孔填充（Via Filling）兩部分所佔的成本比重最高，也是多數廠商努力的重點，如圖 7.1 所示。晶圓接合（Wafer Bonding）已公認為 3D-IC 整合的關鍵步驟之一，此製程是將個別獨立之晶圓進行對準（Alignment）及接合（Bonding），以實現層對層導線連接之目的。許多晶圓對準及接合方法，都是從微機電（MEMS）技術所演化而來的，然而 3D-IC 晶圓接合設備平台的精密度比 MEMS 技術高出 5～10 倍，3D-IC 晶圓接合之最終產品的對位精密度可達到微米（Micron），甚至次微米（Sub-Micron）等級。晶圓接合操作步驟，包括：晶圓表面準備及清洗、晶圓對位、晶圓接合和接合後之量測（Post-bond Metrology）等。

晶圓接合方法，包括：(1)矽的直接或熔融接合（Silicon Direct or Fusion Bonding）、(2)金屬－金屬接合（Metal-Metal Bonding）、(3)聚合物黏著接合（Polymer Adhesive Bonding）。其中，金屬－金屬接合又可分為：金屬融熔接合（Metal Fusion Bonding）和金屬共晶接合（Metal Eutectic Bonding）。例如：銅錫共晶（Cu-Sn Eutectic），銅對銅接合等。由於銅對銅的熱壓接合之製程簡單及成本低，因此它將成為 3D-IC 整合的主流技術。本文將針對晶圓銅接合方式，銅接合基本性質，以及銅接合的關鍵技術等，進行詳細探討，已瞭解此技術的發展趨勢。

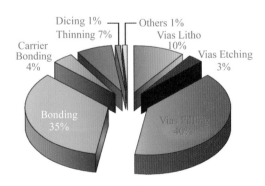

圖 7.1　3D IC 各製程所佔的成本比例圖（資料來源：Yole Développement）

2. 晶圓銅接合方式

　　晶圓銅接合有兩種方式：(1)表面活化接合（Surface Activated Bonding），可以使用銅對銅直接接合方式（Direct Cu to Cu Bonding）於常溫下進行[1]；(2)銅的熱壓接合（Thermal Compressive Cu Bonding），因銅的熱壓接合製程簡單與成本低，在 3D 整合應用上較受歡迎。

(1) 表面活化接合（Surface Activated Bonding）：

　　兩片原子等級節淨度的固態表面，在接觸時因黏著力而產生接合能量[2, 3]。在超高真空（～10^{-8} torr）條件下，兩片活化晶圓（晶片）因接觸而完成接合製程。使用乾式蝕刻製程，例如離子束撞擊（Ion Beam Bombardment）或自由基輻射（Radical Irradiation），在乾淨氣氛（即超高真空下），可得到活化表面。因表面活化製程可以去除晶圓表面污染物與原生氧化物（Native Oxide），所以在高真空與常溫下，即可完成接合製程。接合結果顯示界面接合力強，並且界面沒有空孔存在。與其他接合技術相比，因為表面活化之接合力是起緣於表面黏著力，此接合技術的一大優點，就是它適用於所有材料。由於此製程是在常溫下進行，所以沒有不同材料之熱不匹配的問題。然而，此技術需要整合其他清洗設備，例如氬離子束（Argon Ion Beam）與維持高真空之接合腔體（Bonding Chamber），這使得此製程變得更加複雜，因而大大影響到未來量產的可能性。

(2) 銅的熱壓接合（Thermal Compressive Cu Bonding）

　　除了表面活化接合之外，第二個選項是銅對銅的熱壓接合（也稱之為銅對銅的擴散接合），將兩個具有銅表面的晶圓／晶片在高溫高壓下進行接合。施加壓力與熱會使得銅之間的接觸區域產生微觀變形，以增加接觸的面積。在某特定接合溫度下，當兩個銅表面結構具備足夠熱能時，可以彼此進行擴散，進而完成接合製程。雖然此種接合方法使用較高的接合溫度，但並不需要非常嚴格的表面清潔度及高真空條件。

因為銅對銅的熱壓接合之製程簡單及成本需求低，對於業界和學術界似乎較具吸引力，並且具有較多的研究與發展。此方法最重要參數是溫度，銅對銅接合之溫度必須與後段製程（BEOL）相容，以免影響元件性能。目前銅熱壓接合是 3D-IC 整合的主流技術，以下探討中我們將著重於此一技術的發展。

3. 銅接合的基本性質（Fundamental Properties of Cu Bonding）

銅接合層的基本性質，包括：形態、氧化物含量、微結構變化和方向之演變，瞭解這些性質很重要，因為它是達成 3D-IC 整合的關鍵因素。

3.1 銅接合層的形態（Morphology of Cu-Bonded Layer）

圖 7.2 為銅對銅接合的穿透式電子顯微鏡（TEM）照片。在接合前，首先將晶圓浸泡於鹽酸（HCl）溶液中 30 秒，接著以 DI 水清除化學液，最後快速旋乾以去除晶圓表面之氧化物（Oxide）。

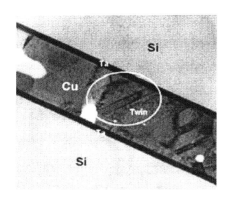

圖 7.2 銅對銅層接合好的穿透式電子顯微鏡（TEM）照片。

使用 EVGroup AB1-PV 接合機（Bonder）進行接合，製程中使用壓力為 4,000 mbar，真空度為 10^{-3} torr，在溫度為 400 ℃ 下進行 30 分鐘之接合，後續於溫度 400 ℃ 的氮氣環境下進行退火 30 分鐘。從穿透式電子顯微鏡（TEM）之影像無法觀察到原先的接合界面（Initial Bond Interface），但是可以發現到晶粒結構（Grain Structure），以及橫越銅接合層的雙晶（Twins）。兩個銅接合層在接合後，其接合界面（Bond Interface）已消失，進而合併形成具有強力鍵結的單一銅層。此外，可觀察到連續性雙晶已穿越接合層，如果原先的兩個銅層有明顯的接合界面或缺陷區（Defect Area）存在時，則此雙晶將無法形成，或者會停留於接合界面。這意謂要先有均勻的接合層（Uniform Bond Layer）存在，才會有雙晶（Twin）的形成。

3.2 銅接合層的氧化物檢驗（Oxide Examination of Cu-Bonded Layer）

表 7.1 為 X 光能量散布光譜儀（EDS）分析氧化物之結果，可以發現氧化物均勻分布於整個接合層[5]。使用 X 光束尺寸從 5 nm 到 500 nm 來偵測氧化物，其接合層的氧含量都低於 3 wt%，此含量低於 EDS 所能偵測的門檻。可知鹽酸（HCl）處理步驟已去除銅層表面的氧化物，所以在接合時可忽略此殘餘氧化物。在鹽酸處理過程中有可能只去除銅層表面部分氧化物，或者在鹽酸處理與接合製程之間形成新的氧化物。然而，在接合製程之高溫與高壓下，氧原子較易快速擴散到接合層，進而分布於接合層中。根據結果顯示在鹽酸處理後進行接合製程，可以有效控制氧化物在接合層中的數量[5]。

表 7.1　使用 EDS 來偵測接合層的氧含量[5]

Beam Size (nm)	Oxygen (weight%)	Location
500	2.68	Whole Bonded Layer
25	2.13	Near Ta Layer
5	2.22	Near Ta Layer
25	2.53	Near Bonded Interface

Beam Size (nm)	Oxygen (weight%)	Location
5	2.78	Near Bonded Interface
25	2.98	Near Ta Layer
5	2.89	Near Ta Layer

3.2　銅接合過程中的微結構變化（Microstructure Evolution During Cu Bonding）

為了瞭解接合機制（Bond Mechanism）與接合層的變化，針對微結構形態與晶粒方向的演變進行調查。如圖 7.3（a～c）所示，接合的銅層在進行退火（Anneal）後，會達到穩定狀態[6]。在圖 7.3(a)部分為接合前的照片，銅的平均晶粒尺寸為 300 nm，主方向為（111）。圖 7.3(b)部分為溫度 400 ℃ 下進行 30 分鐘接合的照片，在剛開始進行接合時會引起一些內部擴散作用，但不會完成熔解及晶粒成長，可以觀察到明顯的接合界面，然而界面並不是很直，具有不同的接合形態，在銅薄膜上可觀察到雙晶（Twin）結構，晶粒尺寸範圍為 300～700 nm，沒有主要的晶粒方向。圖 7.3(c) 部分為接合後於溫度 400 ℃ 下，在氮氣環境中進行 30 分鐘退火後的照片，可以發現銅對銅產生內部擴散（Inter-diffusion）、晶粒成長（Grain Growth）、再結晶（Re-crystallization）等完整反應，最後完成結晶過程，其晶粒尺寸為 800 nm，主方向為（220）。

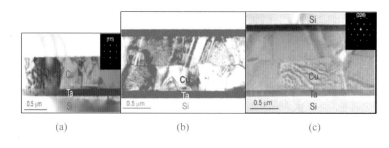

圖 7.3　銅對銅接合之 TEM 微結構照片[6]

　　從 TEM 影像可以發現在接合及退火過程中晶粒有明顯地增長，並且可以區分兩個原始的銅層。銅與銅之鋸齒狀界面，顯示兩個銅層在接合過程中發生相互擴散作用。在圖 7.3(b) 階段由於仍未完成晶粒生長，所以其接合層仍有缺陷存在，例如在個別獨立的銅層中可以發現到雙晶分布。在後續的退火過程，由於可提供足夠的能量，進而完成接合層之晶粒成長，並達到最終穩定的微結構組織，所以在圖 7.3(c) 中無法區分兩個原先的銅層。

　　圖 7.4 為在不同接合條件，以 TEM 來估計平均晶粒尺寸的分布。經第一次 30 分鐘接合後，由於仍未達到完整的晶粒成長，所以晶粒尺寸範圍有極大的分布。接合後進行 30 分鐘的退火製程，此時晶粒快速成長。然而，超過 30 分鐘後，晶粒尺寸沒有明顯成長[6]。

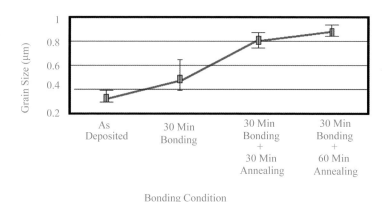

圖 7.4　在不同接合條件，以 TEM 來估計平均晶粒尺寸的分布

3.3　銅接合過程中的方向變化（Orientation Evolution During Cu Bonding）

　　從圖 7.5 的 X-ray 繞射分析可以發現相同現象，銅的從優方向（Preferred Orientation）由（111）方向轉變為（220）方向。此種不正常的晶粒

成長，可解釋為整體系統之降服應力（Yield Stress）與能量的微小化所致。在接合前兩個銅層覆著在較厚的矽基板上，銅接合層是在雙軸應變狀態下。由於晶粒的平面應力是雙軸應變與雙軸模數的乘積，也是晶粒方向因素 Cijk 的一個函數，晶粒之降服應力會根據它的方向而改變。

（220）的方向因素為 1.42，（111）的方向因素為 3.46[7]，這代表（220）的降服應力遠低於（111）。在相同尺寸的條件下，（220）晶粒比（111）晶粒更早發生降服現像，（220）具備能量上之優勢，可作進一步的晶粒成長[7]。此外，發生降服現象可降低能量，當接合晶圓於退火製程由常溫再度加熱到高溫時，會再度增加平面應變（Plane Strain），進而在高溫下發生第二次的晶粒成長。（220）晶粒會先發生降服現象，接著利用能量優勢來減低接合層的應變能（Strain Energy）。這說明了（220）晶粒為何會有不正常的晶粒成長，以及銅的從優方向（Preferred Orientation）由（111）方向轉變為（220）方向[6]。

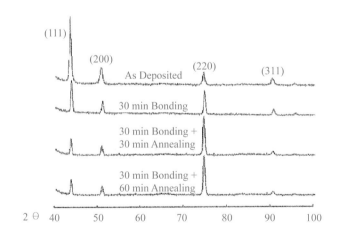

圖 7.5 不同接合情況下之 X-ray 繞射分析圖[6]

4. 銅接合的發展（Cu Bond Development）

要達到最好的接合品質，必須注意銅接合墊的結構設計、銅墊製作與準備，以及接合參數等。

4.1　銅接合墊的結構設計（Structure Design）

銅接合墊的結構設計不僅決定線路位置，也影響到局部區域或穿越整個晶圓／晶片進行接合時的品質。銅接合墊的結構設計必須考慮：銅墊尺寸（導線互連尺寸）及銅墊圖案密度（所有接合面積）兩大因素。

銅墊尺寸（Copper Bond Pad Size）：根據研究在相同的接合密度下，要達到足夠的接合強度時，銅墊尺寸必須大於 2 μm。然而，接合品質與接合墊尺寸，並沒有明顯地直接關係。

圖案密度（Pattern Density）：目前已研究過接合品質的圖案密度範圍為 <1 % 到 35 %，較高圖案密度會有較好的接合品質。當圖案密度大於 13% 時，在切割測試時發現接合區域很少發生失效（Failure）問題。圖 7.6 為不同接合尺寸與圖案密度下，所測試的接合品質。

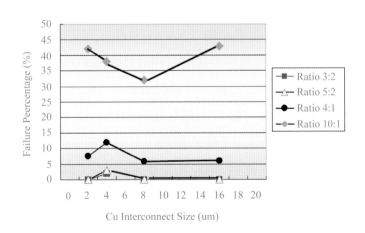

圖 7.6　各種銅互連圖案密度下，進行切割測試時所發生的失效百分比（Ratio=Pitch/Diameter）[9]

密封設計（Seal Design）：圖 7.7 為密封設計圖，使用額外的銅墊區域包圍電性互連區、晶片邊緣與晶圓邊緣，可以防此腐蝕發生及提供額外的機械力支撐[8]。

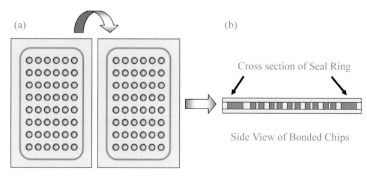

圖 7.7　銅墊密封設計圖，可以防此腐蝕及提供額外的機構支撐[8]

4.2　銅墊的製作（Copper Pad Fabrication）

銅墊於接合製程時，如果製作良好則銅接合表面不會受到污染物（Contamination）、原生氧化物（Native Oxide）或其他材料所干擾，可確保兩個銅接合表面作完整性的接觸（Full Contact）。銅墊製作的重要因素，包括：銅墊的製作製程及接合前的表面處理（Surface Treatment）等。

銅墊的製作製程：為了確保兩個雙鑲嵌銅接合墊（Two Damascene Cu Bond Pads），在接合時作完全性的接觸，必須將周圍的材料（一般為氧化物）作隱蔽（Recess）。使用 SiO_2 化學機械拋光（CMP）製程作氧化物隱蔽（Recess），並結合氫氟酸濕式蝕刻（HF Wet Etching），可以得到最佳接合品質。

表面潔淨度（Surface Cleanliness）：在接合前使用鹽酸（HCl）清洗，

接著以 DI 水潤濕清洗，最終快速旋乾（Spin Dry），以去除表面原生氧化物（Native Oxide）及其他污染物質等，因為銅接合表面潔淨度不良時，將直接增加接合製程的困難度。

4.3 接合參數（Bond Parameters）

接合參數包括：接合溫度（Bond Temperature）、接合的持續時間（Bond Duration）、接合壓力（Bond Pressure）、腔體的周圍氣氛（Chamber Ambient Condition）及退火（Anneal）方式。接合參數將因元件性能與成本考量，進而有所變更，表 7.2 將針對這些接合參數進行概要性描述。

表 7.2 銅接合參數

項次	項目	內容
1	接合溫度（Bond Temperature）	接合溫度越高，接合品質越好[11]。然而，為了與後段製程（Back End of the Line, BEOL）的溫度能夠相容，一般接合溫度設定在 400 ℃ 或 400 ℃ 以下。
2	接合的持續時間（Bond Duration）	一般而言，接合的持續時間越長，接合品質越好[11]。為了兼顧製造成本與接合品質，在接合溫度為 400 ℃ 時，建議接合的持續時間最少需要達到 30 分鐘[5]。
3	接合壓力（Bond Pressure）	足夠的接合壓力可以使得兩個銅表面作完全緊密之接觸，進而完成接合製程。針對 100 mm Wafer 使用 EVG AB1-PV 接合機時，最大接合壓力為 4,000 N；至於針對 200 mm Wafer 使用 EVG AB1-PV 接合機時，最大接合壓力為 10,000 N。根據結果顯示，以上兩種情況下，皆可得到良好的接合品質[5]。
4	腔體的周圍氣氛（Chamber Ambient Condition）	氧化物與污染物會影響接合品質，在高真空環境可降低氧化物與污染物的生成。針對 100 mm Wafer 使用 EVG AB1-PV 接合機時，真空度需求為 10^{-3} torr；至於針對 200 mm Wafer 使用 EVG AB1-PV 接合機時，真空度需求為 10^{-4} torr。在以上兩種情況下，皆可得到良好的接合品質[5, 7]。此外，在晶圓放入接合機時通入氮氣，對接合品質亦有重大貢獻[5]。

項次	項　目	內　容
5	退火（Anneal）	在相同溫度下使用氮氣退火（Nitrogen Anneal），對於微結構（Microstructure）與接合層強度（Strength）皆有明顯改善，尤其對於整片銅層（Blanket Cu Film）之接合改善最具明顯效果[5]。但針對小於 300 ℃ 之低溫接合條件，則不適合使用氮氣退火製程，因為低溫接合之強度無法抵抗氮氣退火之熱應力（Thermal Stress）[10]。
6	其他參數	200 mm Wafer 進行圖案化之銅墊接合（Pattern Cu Bond）時，必須注意的參數，包括：強度（Strength）、對位（Alignment）與電性連接（Electrical Connectivity）等。在進行接合升溫前，先施以 1,000 N 的小接合壓力，然後施以 10,000 N 的大接合壓力，並且儘量控制在較低升溫速率下，例如維持在 6 ℃/min 的升溫速率。

　　基於表 7.2 所述銅接合參數，優良的銅接合結構必須通過對位精準度與品質檢查等需求。使用銅接合為基礎之多層矽堆疊，會施加背面研磨（Backside Grinding）、回蝕（Etch Back）等步驟以評估堆疊結構之強度。在堆疊結構中的銅會成為均勻的接合層，原始的接合界面會逐漸消失。接合結構必須具備足夠強度，才可以抵抗因回蝕（Etch Back）與研磨（Grinding）時所產生的外加應力。

5. 結論

　　本章已針對晶圓銅接合方式，銅接合基本性質，以及銅接合的關鍵技術等，進行詳細探討。因為銅對銅的熱壓接合之製程簡單及成本低，它將成為 3D 整合的主流技術。有關晶圓銅熱壓接合應用於 3D-IC 技術，目前已有許多文獻報導[11~14]，例如：IBM 與其他公司即使用 TSV 銅接合技術，應用於處理器與處理器（Processor to Processor）接合，以及記憶體與處理器（Memory to Processor）接合等晶片設計上。此外，Intel 的 Morrow 等人亦首次報導應用此技術進行 12" 晶圓之堆疊上，使用具有應變矽（Strained Silicon）及 Low-K 65 奈米 CMOS 銅接合技術，將主動元件（例如：65 nm MOS-FITs 與 4-MB SRAM）進行銅墊之面對面接合。

6. 參考資料

1. Kim TH et all (2003) Room temperature Cu-Cu direct bonding using surface activated bonding method. J Vacuum Sci Technol A21 (2): 449-453.

2. Shigetou A et al (2003) Room temperature bonding of ultra-fine pitch and low-profiled Cu electrodes for bumpless interconnect. IEEE, Electronics Components and Technology Conf. (ECTC), 53rd, proceedings., New Orleans, Louisiana, USA, May 27-30, 848-852.

3. Suga T, Takahashi Y, Takagi Hetal (1993) Ceram Trana 33: 323.

4. Chen K N et al (2006), Bonding parameters of blanket copper wafer bonding. J Electron Mater 35(2): 230-234.

5. Chen K N et al (2001) Microstructure examination of copper wafer bonding. J Electron Mater 30: 331-335.

6. Chen K N et al (2002) Microstructure evolution and abnormal grain growth during copper wafer bonding. Appl Phys Lett 81(20): 3774-3776.

7. Chen K N et al (2006) Structure design and process control for Cu bonded interconnects in 3D integrated circuits, 2006 International Electron Devices Meeting (IEDM), pp 367-370.

8. Chen K N et al (2006) Improved manufacturability of Cu bond pads and implementation of seal design in 3D integrated circuits and packages, 23rd International VLSI Multilevel Interconnection (VMIC) Conference, Fremont CA, Sep pp 25-28.

9. Chen K N et al (2003) Temperature and duration effect on microstructure evolution during copper wafer bonding. J Electron Mater 32(12): 1371-1374.

10. Chen K N et al (2004) Morphology and bond strength of copper wafer bonding. Electrochem Solid State Lett 7(10: G14-G16.

11. Reif Retal (2002) Fabrication technologies for three dimensional integrated circuits. In: Proceedings of the International Symposium on Quality Electronic Design.

12. Reif Retal (2002) 3-D interconnects using Cu wafer bonding: technology and applications. In: Advanced Metallization Conference.

13. Reif Retal (2004) Technology and applications of three dimensional integration. In 206th Electrochemical Society Fall Meeting.

14. Chuan Seng Tan · Ronald J. Gutmann et all, Wafer Level 3-D ICs Process Technology, 2007, pp 117-130.

第八章

TSV 銅電鍍製程與設備之技術整合分析

1. 前言

目前業界已廣泛採用銅作為 TSV 導孔（Via）填充之導電材料，雖然導孔具有不同的特徵尺寸（Feature Size）與結構（Architecture），然而大部分銅的沉積皆採用電鍍方式來達成。如圖 8.1 所示，最早使用電鍍銅填充 3D-IC TSV 導孔的產品，有多晶片堆疊之快閃記憶體（Flash Memory），以及 CMOS 影像感測器（CMOS Image Sensor, CIS）。其中 CIS 採用 TSV 電鍍銅作為背面電極之導線接觸點（Backside Contact），其目的在降低導線對於光傳輸所造成之干擾，並且更進一步縮小數位相機（Digital Camera）之尺寸。

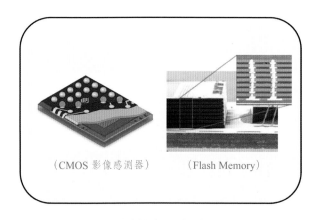

（CMOS 影像感測器）　　（Flash Memory）

圖 8.1　使用電鍍銅填充 TSV 導孔的產品（資料來源：Yole Développement）

電鍍銅可填滿大的導孔（Large Via），或只沉積於導孔的內襯（Lining），由於電鍍為常溫與常壓製程，並且不需要昂貴與複雜之真空設備，所以廣受業界歡迎。電鍍銅為含水溶液之濕式製程，於正確操作條件下，可得到導孔底部優先沉積之超保角（Super Conformal）沉積效果[1]。在半導體元件製程中的次微米特徵尺寸（Sub-micron Feature Size）上，電鍍銅有超過十年的應用歷史，目前已累積成熟理論基礎[2~4]，並且成功應用於半導體次微米導線填充製程[5, 6]。在次微米雙鑲嵌（Dual Damascene）電鍍銅填充導線製程，其特徵尺寸的深度比一般工業電鍍設備之流體擴散邊界層厚度（Diffusion Layer Thickness）小 10 到 100 倍；然而 TSV 之導孔（Via）深度卻比流體擴散邊界層厚度大 10 倍。由於 IC 銅雙鑲嵌導線電鍍與 TSV 導孔電鍍填充兩者深度不同，如何達到相同的超保角沉積（Super Conformal Deposition）效果，這需要同時考慮電鍍製程參數間的相互影響，以及參數最佳化組合等因素。

　　電鍍銅填充 TSV 導孔與沉積次微米銅雙鑲嵌導線，兩者銅離子濃度（Copper Ion Concentration）及電位分布（Potential Distribution）是不同的。在次微米銅導線電鍍製程上，由於沉積速率夠快，所以銅離子濃度會隨孔內深度增加而產生明顯變化。當濃度差異足夠高時，才會影響孔內底部之電鍍銅的沉積速率，一般銅離子濃度會與溶液本體（Bulk）差 20～50 ％。為了增加填充 TSV 孔洞的沉積速率，銅離子濃度是決定製程是否最佳化的重要因素。

　　除了銅離子濃度之外，電位分布是次微米孔洞與 TSV 導孔電鍍銅填充這兩種製程的不同之處。在次微米導線的電鍍銅填充時，其電位分布相當固定；然而在 TSV 導孔的電鍍銅填充條件下，由於鍍液本身會有歐姆降（Ohmic Drop）產生，所以電位分布會隨孔深度的增加而產生變化。TSV 導孔與次微米導線，他們的孔洞尺寸相差 100～1,000 倍，必須考慮到銅離子濃度差與電位分布等不同條件，所以要調整不同的最佳化製程參數，以達到皆無孔隙（Void）產生之結果。

　　在沉積材料方面，除了使用電鍍銅填充 TSV 導孔外，亦可使用 CVD 沉積鎢（Tungsten, W）材料或摻雜過的多晶矽（Doped Poly-silicon）材料。雖然鎢及多晶矽（Poly-silicon）的熱膨脹係數與矽（Silicon）較接近，比較不會產生熱應力（Thermal Stress）問題，然而銅的導電及導熱性優於以上兩者；此外，鎢及多晶矽必須使用昂貴的 CVD 真空沉積設備，這也是一項成本考量。銅、鎢及多晶矽等材料目前都有人使用[9, 10]，至於選用何種材抖，這將取決於市場接受度（Market Acceptance），以及材料與特殊製程在應用上之搭配性。

2. TSV 銅電鍍設備（TSV Copper Electroplating Equipment）

銅電鍍設備可分為手動機臺，或完全自動化晶圓電鍍機臺。銅電鍍設備之基本功能，包括：(1)槽體必須可以裝載具腐蝕性之鍍液，並且不受到化學液攻擊；(2)可以有效控制鍍液之流場，尤其是在整片晶圓表面之流場分布；(3)提供電鍍所需之電源；(4)晶圓的持取與固定，尤其對於薄形化晶圓的持取及傳送時，絕對不可污染或損傷到晶圓；(5)電鍍液的成分分析及補充。

此外應用於晶圓電鍍設備方面，可分為兩種型態：濕式工作臺式（Wet Bench Type）之電鍍設備、單晶圓湧泉式（Single Wafer Fountain Type）之電鍍設備。濕式工作臺式之電鍍設備，使用特殊晶圓固定夾具，以進行晶圓持取與電性連接。此種晶圓固定夾具在鍍槽中呈垂直方向擺放，並且可在各槽之間作傳送，例如：預先潤濕（Pre-wet）、活化、電鍍及後續之清洗與乾燥等製程。單晶圓湧泉式電鍍設備，一個鍍槽一次只電鍍一片晶圓，晶圓被鍍面朝下，鍍液由槽底向上湧出，其他如循環系統，則與濕式工作臺式之電鍍設備相同。

不管何種型式之電鍍設備，都必須能夠作好鍍液之成分控制，以維持製程之穩定；至於鍍液之循環系統方面，則需包含：循環泵浦、過濾器、溫度與流量控制器等，以精確控制及記錄流體之各項參數。此外，電鍍設備之電源供應器與鍍液之質量傳輸性能等，亦主宰電鍍製程結果之好壞。這意謂鍍液的攪拌非常重要，尤其是晶圓表面的攪拌（Agitation），它將直接影響電鍍沉積時之流體邊界層的厚度。攪拌條件決定質量傳輸行為，進而影響化學物質之擴散特性。一般工業用電鍍設備的攪拌條件，所能提供流體邊界層的厚度為 $10 \sim 50 \ \mu m$。

因為電鍍之電化學沉積是由所施加的電流或電壓所控制，所以電源供應器必須能夠提供最佳之電流密度分布。例如藉由電流遮板（Current Shielding Plate）可調整電流密度分布，或使用脈衝（Pulse）及反脈衝（Reverse Pulse）波形電鍍，以調整局部區域之表面濃度。在電鍍的製程參數（Recipe）設定上，可利用電流短暫關閉（Off）方法，以緩解電鍍沉積所造成的濃度梯度（Concentration Gradient）。針對高電流密度區之不必要的沉積物，可利用陽極脈衝電流進行溶解，以控制局部區域之沉積形態（Deposition Morphology）。此外，反向脈衝（Reverse Pulse）電流可使得金屬表面之有機添加劑（Organic Additives）產生脫附（Desorption）作用，亦可調整金屬表面之沉積形態。

由於 TSV 電鍍之晶圓大部分為薄形化晶圓（Thinned Wafer），很容易產生破片，所以晶圓夾冶具（Wafer Holder）的設計是自動化晶圓電鍍機臺是否成功的關鍵。一般都認化學成分控制系統為電鍍設備的輔助項目，但是為了維持製程穩定與提高產品良率，針對電鍍液之主要化學成分，仍然需要有自動分析與補充之功能，以建立鍍液化學成分之製程統計數據及管制圖表。

3. TSV 銅電鍍製程（TSV Copper Electroplating Process）

由於銅具備優良的機械性質及電性，所以廣泛應用於塑膠、印刷電路版、汽車及滾輪等產品之表面電鍍。在半導體工業上，自從銅導線取代鋁導線之後，電鍍銅開始扮演重要之角色。銅與 LSI 多層線路及 IC 後段製程相容，並且其性質優良，例如：低電阻及高導電性等，所以銅適合於 TSV 電鍍沉積製程。

目前 TSV 導孔填充有多種方法，例如：化學氣相沉積（CVD）、物理氣相沉積（PVD）、電鍍及無電鍍等方法。每一沉積方法都有它的適用性，最重要的是考量其製程是否容易執行，沉積物性質，製程的信賴度，以及成本等因素。如圖 8.2 所示為 TSV 之尺寸與相對應的填孔沉積方式，由於 PVD 的導孔填充之階梯覆蓋性（Step Coverage）較差，沉積速率為 0.05〜0.1 μm/min，不適於導孔填充；至於 CVD 則只適於小孔徑之導孔填充，由於 CVD 的成本高，會產生有害的有機金屬物，其金屬沉積物附著力差，亦不適於導孔填充，CVD 的沉積速率為 0.2 μm/min。

電鍍銅沉積為濕式製程，使用液態化學鍍液，藉由電源供應器來提供電子以還原銅離子成為銅原子。由於電鍍銅沉積是在常溫常壓下進行，所以製程非常簡單及節省成本，一般電鍍銅沉積速率為 1 μm/min。至於無電鍍製程方面，它是藉由鍍液中之還原劑（Reducing Agent）來提供電子，進而將銅離子還原為銅原子，其沉積速率為 0.2 μm/min。由於無電鍍之沉積速率較電鍍緩慢，而且溶液中需要較複雜之錯合劑來穩定鍍液，鍍液之化學成分需要作嚴格管理，以及頻繁更換老舊的鍍液，所以在製程控制與成本考量下，電鍍銅沉積為目前 TSV 填孔的最佳選擇方案。

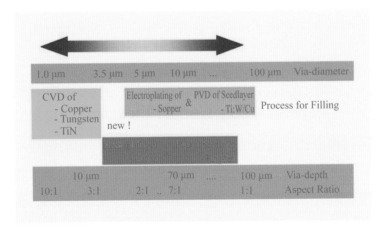

圖 8.2　TSV 之尺寸與相對應的填孔沉積方式[12]

由於電鍍銅已經應用於 IC 之銅雙鑲嵌製程（Copper Dual Damascene Process）達多年之歷史，它是一項為人熟知的半導體製程，所以將其應用於 TSV 填孔會比較容易執行。然而一項新技術要達到成熟量產可用之前，仍然必須面對一些技術挑戰與學習曲線。為了克服導孔填充上之困難，如果在使用電鍍銅填充較大直徑的導孔時，則必須注意較大孔徑的導孔所衍生之產能下降與成本增加等問題。由於銅的熱膨脹係數比矽大 5～6 倍，針對大孔徑導孔與薄形晶圓的電鍍銅填充，會面臨到熱膨脹係數不匹配之問題，如果使用導電高分子材料來填充已沉積電鍍銅薄層內襯（Lining）之導孔，則可克服後續熱處理所產生的熱膨脹問題。

目前電鍍銅填充導孔的製程有三種應用：(1)電鍍銅填充導孔薄層內襯（Lining）；(2)電鍍銅完全填滿導孔（Full Filling）；(3)電鍍銅填充有圖案化之導孔，例如有金屬短釘（Metal Stud）或導線重新分布（Redistribution Line, RDL）等圖案之應用，如圖 8.3 所示。其中金屬短釘電鍍可應用於微小凸塊（Mini-Bump）之共晶接合（Eutectic Bonding）[9]。

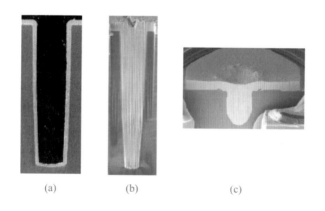

(a)　　　　　(b)　　　　　　　(c)

圖 8.3　目前電鍍銅填充 TSV 導孔的製程有三種應用：(a)填充導孔內襯（Lining）；(b)完全填滿導孔（Full Filling）；(c)填充有金屬短釘（Metal Stud）圖案化之導孔[9]

3.1　電鍍銅填充導孔薄層内襯（Copper Lining）

應用於微機電（MEMS）或感測元件上（Sensor），都使用電鍍銅填充大導孔薄層內襯（Lining），正如其名所隱含的意思，導孔內部沉積保角狀（Conformal）之均勻性的銅薄層，其鍍層厚度只有導孔寬度的 5～15 %。

　　一般影響電鍍銅填充導孔薄層內襯的製程參數，包括：(1)鍍液成分（即有機物與無機物之成分）、(2)電鍍之電流波形、(3)平均電流密度，及(4)流場分布等。為了克服導孔頂端電流聚集（Current Crowding）問題，以及促進導孔內部之質量傳送（Mass Transfer），必須將以上所述之製程參數作最佳化處理。如圖 8.5 所示，(a)為製程參數有作最佳化處理，其導孔電鍍銅填充無孔洞（Void Free）存在；(b)為製程參數未作最佳化處理，其導孔電鍍銅填充有孔洞（Void）存在。

　　一般降低導孔頂端電流聚集（Current Crowding）問題，可藉由降低電流密度，使用脈衝電鍍，以及使用正確的鍍液化學成分，讓加速劑能擴散進入導孔內部之底端，進而加速導孔內部之電鍍沉積速率；並且使抑制劑分布於導孔頂端開口處，以抑制導孔頂端開口處之電鍍沉積速率。使用高極限電流密度（Limit Current Density, LCD）之鍍液，以及加強鍍液攪拌（Strong Agitation），可促進導孔之內部底端的質量傳輸（Mass Transfer）效率。

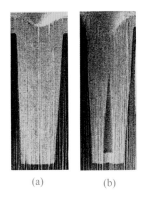

(a)　　　　　(b)

圖 8.5　(a)導孔電鍍銅填充無孔洞（Void Free）存在；(b)導孔電鍍銅填充有孔洞（Void）存在[21]

　　圖 8.6 為使用電鍍銅填充導孔內襯（Lining），然後將非導電性高分子將導孔完全填滿，使用電鍍銅填充導孔內襯方式具有兩大優點：(1)可降低沉積時間；(2)消除銅與矽所產生熱膨脹係數不匹配之問題。尤其針對薄形

晶圓，使用高分子填充技術，可以緩衝電鍍之後續熱處理所導致的熱應力問題。

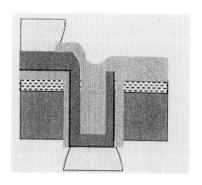

圖 8.6　使用電鍍銅填充導孔內襯（Lining），然後將非導電性高分子將導孔填滿（資料來源：IMEC）

3.2　電鍍銅完全填充有或無金屬短釘之導孔（Copper Full Fill With and Without Stud Formation）

使用電鍍銅完全填充導孔之應用，它含括各種導孔尺寸，從接近雙鑲嵌尺寸之小導孔到影像感測器應用之大導孔，一般電鍍銅填充導孔必須達到堅固且無孔洞存在（Void-free）之沉積結果。至於是否要在導孔頂端加上定義的光阻圖案，以形成銅金屬短釘，這主要取決於是否要以 CMP 方式去除多餘的銅沉積層，或是否以化學蝕刻方式將阻障層與晶種層作蝕刻去除。

要達到完美的 TSV 導孔填充（Via Fill），必須使導孔底部（Bottom of the Feature）的銅沉積速率高於導孔頂端（Top of the Feature），如此才能形成導孔底部先進行快速沉積之超保角填充機制（Super-Conformal Fill Mechanism）。圖 8.7 為超保角填充沉積之例子，分別為填充 1/3、填充 2/3 及完成填滿導孔之照片。

TSV 導孔填充機制如圖 8.8 所示，其原理與 IC 導線連接之銅雙鑲嵌

（Copper Dual Damascene Interconnection）製程相似，都是要達到超保角填充沉積之目的，目前亦有許多相關理論提出[6, 9, 10, 14, 15]。其中，體積大且擴散速率慢之抑制劑會吸附在導孔表面及洞口，以抑制導孔表面及洞口之銅的沉積速率；至於體積小且擴散速率快之加速劑會吸附在導孔底部，以加速銅在導孔底部的沉積速率，最終形成底部優先電鍍之超保角沉積形態。

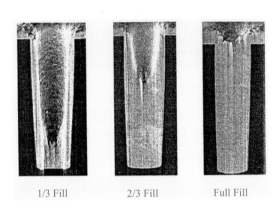

1/3 Fill　　　　2/3 Fill　　　　Full Fill

圖 8.7　電鍍銅填充導孔寬為 5 μm，深度為 25 μm 之超保角填充例子，分別為填充 1/3、填充 2/3 及完成填滿導孔之照片[21]。

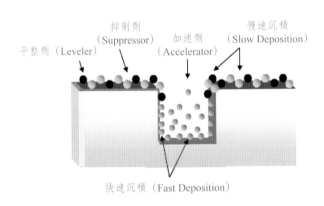

平整劑（Leveler）　　抑制劑（Suppressor）　　加速劑（Accelerator）　　慢速沉積（Slow Deposition）

快速沉積（Fast Deposition）

圖 8.8　TSV 導孔填充機制[11]。

　　一般電鍍銅的沉積形態如圖 8.9(a)所示，即導孔的頂端與洞口處皆為物質容易擴散，高電流密度區，此處銅的沉積速率會比導孔底部快，所以完成電鍍銅沉積後會有孔洞（Trapped Void）的形成；然而在圖 8.9(b)條件下，因為使用過多的添加劑，其導孔表面與底部的沉積皆受到抑制，最終形成保角沉積形態（Conformal Deposition），這也是無法被接受的；唯有圖 8.9(c) 條件下，其導孔底部的沉積速率遠大於導孔頂部及洞口，形成可被接受之超保角沉積（Super-conformal Deposition）形態[10, 16]。

　　傳統電鍍銅設備進行更小孔徑或高深寬比之 TSV 導孔沉積時，如果有孔洞（Void）、細縫（Seam），以及電鍍液夾雜於導孔沉積層內部時，則無法被 TSV 製程所接受，因為這些缺陷會影響元件之電性與訊號的傳輸。

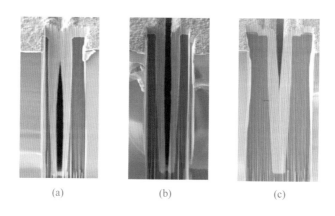

圖 8.9　各種 TSV 導孔之沉積形態：(a)次保角（Sub-conformal）沉積；(b)保角（Conformal）沉積；(c)超保角（Super-conformal）沉積[10, 16]

4. 影響 TSV 導孔電鍍銅填充之因素（Factors Affecting Copper Plating）

　　影響 TSV 導孔電鍍銅填充之因素，包括：

(1) 導孔輪廓與平滑性（Via Profile and Smoothness）。

(2) 絕緣層／阻障層／晶種層等的覆蓋性（Insulator/Barrier/Seed Layer Coverage）。

(3) 電鍍前導孔的潤濕（Feature Wetting）。

4.1　導孔輪廓與平滑性（Via Profile and Smoothness）

如圖 8.10 所示，一般導孔的輪廓可分為三種形態：外寬內窄之導孔（Taper Via）、內外等寬側邊垂直之導孔（Straight Via）、外窄內寬之導孔（Re-entrant）等形態。外寬內窄之導孔（Taper Via），其斜邊開口的角度範圍為 85～90°，由於開口大有利於電鍍液傳輸至導孔底部，所以電鍍銅填充導孔比較容易。反觀外窄內寬之導孔（Re-entrant），由於電鍍液不容易傳輸至導孔底部，所以電鍍銅填充導孔最具挑戰性[21]。

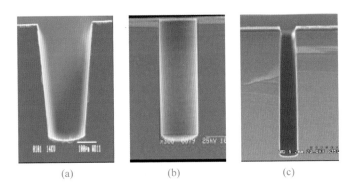

圖 8.10　一般導孔的輪廓可分為三種形態：(a)外寬內窄之導孔（Taper Via）、(b)內外等寬側邊垂直之導孔（Straight Via）、(c)外窄內寬之導孔（Re-entrant）等形態[21]

此外，導孔側邊（Via Sidewall）之平滑性，也是影響導孔填充的重要影響因素。如圖 8.11 所示為 Bosch 乾式蝕刻 TSV 導孔所造成的貝殼（Scalloped）狀側壁，此種不連續的側邊對於絕緣層、阻障層及晶種層的連續覆蓋性影響極大，它們的厚度及覆蓋性必須完整，才能保證後續電鍍銅填充導孔的成功。

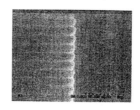

圖 8.11　Bosch 乾式蝕刻 TSV 導孔所造成的貝殼（Scalloped）狀側壁[21]

4.2　絕緣層、阻障層及晶種層的覆蓋性（Insulator/Barrier/Seed Layer Coverage）

　　這三層要連續完整地覆蓋於整個導孔內層，其厚度及各層間的附著力必須足夠。至於影響薄膜覆蓋性之原因，則包括：薄膜沉積方式、導孔寬度、導孔深寬比、導孔輪廓及平滑性等因素。如圖 8.12 為導孔底部之銅晶種層的覆蓋性不足，進而在電鍍銅填充導孔時所產生的孔洞。

圖 8.12　導孔底部之銅晶種層的覆蓋性不足，進而在電鍍銅填充導孔時所產生的孔洞[21]

4.3　導孔的潤濕（Feature Wetting）

　　為了使電鍍銅能夠成功填滿孔洞，導孔必須先行潤濕，鍍液容易傳送到孔洞內部。至於影響導孔潤濕化之因素，則包括：所使用的潤濕製程（Wetting Process）、孔的幾何形狀、晶種層（Seed Layer）表面狀態、及電鍍液之表面張力（Surface Tension）[32, 39, 41]。

　　潤濕之目的在去除孔內的空氣，一般使用浸泡或噴擊方式，將流體導入孔內。隨著孔之深寬比的增加，或孔之寬度的減小，孔的預先潤濕，顯得格外重要，甚至在一些嚴苛情況下，會使用稀釋的界面活性劑（Dilute Surfactant）來潤濕孔洞。晶種層表面的氧化銅，由於會增加水在其表面的接觸角（Contact Angle），所以會影響到導孔之潤濕效果，可以使用稀釋的硫酸，將晶種層表面的氧化銅蝕刻去除。一般將少量的潤濕劑或界面活性劑加入電鍍液中，如此可降低電鍍液之表面張力，以及改善潤濕效果。

　　潤濕效果的好壞會影響後續電鍍銅填孔的結果，如圖 8.13 (a)所示為導孔潤濕不足，孔內有氣泡存在，阻礙後續銅的沉積；圖 8.13 (b)為導孔潤濕良好情況下，可使得鍍液能夠傳輸至導孔底部，以促進銅的沉積。所以在電鍍銅之前需要有足夠的潤濕時間，確保鍍液中之化學物質能夠擴散到導孔底部，以啟動電鍍銅製程之進行。

圖 8.13　(a)導孔潤濕不足，孔內有氣泡存在，會阻礙後續銅的沉積；(b)導孔潤濕良好情況下，可使得鍍液能夠傳輸至導孔底部，以促進銅的沉積[21]

5. 電鍍液之化學成分

　　電鍍銅所使用的鍍液種類，包括：酸性硫酸銅鍍液、甲基磺酸鍍液、氰化物鍍液及焦磷酸鹽鍍液等。其中酸性硫酸銅鍍液為目前使用最廣泛之鍍液，以下將針對其成分及作用進行分析。酸性硫酸銅鍍液大量應用於印刷電路版（PCB）及半導體導線製作，酸性硫酸銅鍍液主要成分及作用，敘述如下：

(1) 硫酸銅：是主要鹽類，提供電鍍所需之銅離子。如果硫酸銅含量過低，則允許的電流密度小，光亮度較差，電鍍效率低；若硫酸銅含量過高時，則會在鍍槽四周或極板上產生結晶析出，導致均厚能力下降。

(2) 硫酸：其作用是增加鍍液之導電度及增加陰極之極化現象，進而提高均厚能力。若硫酸含量太少，則鍍液中少量的一價銅會氧化成氧化亞銅，又稱為銅粉，氧化亞銅（Cu_2O）會使鍍層粗糙化。

(3) 氯離子：氯離子會降低陽極極化，以及增加一些添加劑的活性。

(4) 有機添加劑：有機添加劑會加強電鍍效率與品質，一般可分成三類：催化劑、抑制劑及平整劑等。以下將分別敘述其功能與特性：

❯ 催化劑（Accelerator）：會在氯離子協助下產生去極化（Depolarization）作用，降低過電壓（Overvoltage），因而加速鍍銅沉積速率，所以又稱為加速劑（Accelerator）。且此劑會進入鍍銅結構，影響銅原子沉積的自然結晶方式，使得組織更加細緻，故又稱細晶劑（Grain Refiner）。此外，它可以使得鍍層外表變得光滑產生反光，又稱為光澤劑（Brightener）。

❯ 抑制劑（Suppressor）：是一種聚合物，此劑在槽液反應中會增加極化（Polarization）現象，或增加過電壓，對電鍍沉積產生減速作用，表現壓抑作用，所以稱為抑制劑（Suppressor）。由於此劑會協助光澤劑往鍍面的各處分布，又稱為運載劑（Carrier）。因此此劑具有降低表面張力，進而增加潤濕效果，故又稱為潤濕劑（Wetting Agent）。

❯ 平整劑（Leveler）：是二級的電流抑制分子，在電鍍液中的濃度通常都很低，其主要作用是吸附在表面突出處之電流密度較高地方，並與銅離子出現競爭的場面，使得銅離子不易在高電流密度地方落腳，但又不影響低電流區鍍銅的進行，所以會使得原本高低起伏不平之表面變得更為平坦，因而稱為平整劑（Leveler）。

表 8.1 為酸性硫酸銅鍍液主要電解質成分。表 8.2 為酸性硫酸銅鍍液之添加劑成分表。目前商用鍍液都含有三種添加劑，包括：抑制劑（Inhibitor）、平整劑（Leveler）及加速劑（Accelerator）等。當電鍍銅鍍液中只含加速劑時，則鍍層會非常粗糙，且填充品質不良，加入抑制劑及平整劑時，可以改善沉積形態與輪廓。

表 8.1　為酸性硫酸銅鍍液主要電解質成分[11]

Species	Function	Concentration		
		Traditional Plating	Wafer Plating	Recent Trend
Copper Sulfate	Reactant	0.25 M(0.2～0.6 M)	0.2～0.6 M	0.5～1 M
Sulfuric Acid	Conductivity	1.8 M (0.5～2 M), pH = 0	0.5～2 M, pH = 0	0.003～0.1 M, pH = 1～3.5

表 8.2　酸性硫酸銅鍍液之添加劑成分表[11]

Species	Function	Concentration (ppm)
Chloride ion	Mild inhibitor	40～100
Polyether	Suppressor	PAG: 50～500
Organic Sulfate	Accelerator	SPS: 5～100
Nitrogen Compound	Leveler	0～20

6. TSV 電鍍銅製程之需求

當進行 TSV 導孔填充時，決定 TSV 晶片成功之因素，在於製程穩定度與速度之控制。TSV 導孔填充製程之主要需求，就是達到良好的填充性能，亦意謂著導孔填充後不能有孔洞存在（Void Free）。此外，整片晶圓之鍍層厚度均勻度（Thickness Uniformity）要小於 3 %。銅鍍層的附著力

（Adhesion）要足夠，儘量減少電鍍凸懸（Overburden）之體積，以降低後續 CMP 製程之負擔。

6.1 超保角沉積理論之探討

為了充分掌握 TSV 導孔填充製程之行為與機制，目前已有許多研究致力於瞭解導孔超保角沉積之相關理論。首先在進行電鍍銅之前，導孔必須先沉積絕緣層、阻障層及銅晶種層。銅晶種層是電鍍銅沉積的成核層（Nucleation Layer），一般使用 PVD 方式進行沉積，亦有人採用無電鍍（Electroless Plating）方式沉積銅晶種層。其中銅晶種層在 TSV 導孔之底部（Bottom）、側邊（Sidewall）及上方（Top），都必須形成連續性的階梯覆蓋層（Continuous Step Coverage），以確保後續電鍍銅沉積的完整性。

(1) 質量傳輸（Mass Transport）理論

一般晶圓平面電鍍製程的電流分布只受電場所控制，然而 TSV 導孔內部填充電鍍的電流分布，則受到電化學動力學（Kinetics）及質量傳輸（Mass Transport）所影響。由於電鍍添加劑（Additives）的含量非常少（只有幾個 ppm），所有其流動分布受到質量傳輸所影響。

如圖 8.14 所示，隨者 TSV 導孔之深寬比（Aspect Ratio）的增加，電鍍液中所含的銅離子與添加劑，需要藉由擴散方式才能到達 TSV 導孔內部。對流（Convection）與擴散（Diffusion）是電化學質量傳送（Mass Transport）的兩大主要機制，當 TSV 導孔的深寬比小時，還可以藉由機械攪拌之對流（Convection）方式，以傳送銅離子與添加劑到達導孔內部。然而，如果導孔的深寬比大時，有大部分區域，則必須仰賴擴散（Diffusion）方式來傳送銅離子，這意謂離子的傳送如果只依賴對流方式，要使得高深寬比（High Aspect Ratio）導孔內部分布濃度均勻的離子將更加困難[22]。

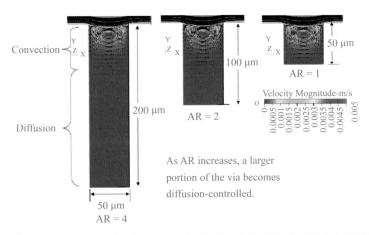

圖 8.14　對流（Convection）與擴散（Diffusion）是電化學質量傳送的兩大主要機制，隨著 TSV 導孔深寬比之增加，有大部分區域必須仰賴擴散（Diffusion）方式來傳送離子到達導孔內部（資料來源：EMC-3D Japan/Korea Technical Symposium, Semitool, Inc., 2007.）

(2) 電荷轉移（Charge Transfer）理論

　　從電荷轉移（Charge Transfer）方面考慮，隨著導孔深度增加會有嚴重的電位降（Potential Drop）產生，由於導孔之開口處為低電阻區（Low Resistance），所以導孔開口處為高電荷轉移區。

　　如圖 8.15 的電荷轉移條件顯示，在一固定電流密度與均勻種子層的條件下，電位會隨者導孔深度增加而產生變化。其中影響電位分布的主要因素，包括：晶種層厚度與晶種層之覆蓋連續性、導孔的特徵尺寸和鍍液的電導率（Bath Conductivity）等。此理論模型指出高導電率的鍍液，將具有較均勻之電流密度分布，但隨者導孔深度增加，其電位降亦產生變化[40]。由於導孔之頂端具有較高之電荷密度（Charge Density）與電荷傳送（Charge Transport）等優勢，如果以一般電鍍參數進行電鍍時，則導孔開口處會先被鍍滿，最終形成如圖 8.16 所示內含孔洞（Void）之沉積結果。所以應用於 TSV 導孔填充之鍍液成分，必須能夠形成如圖 8.17 所示之超保角沉積

（Super Conformal Deposition）效果，即先從導孔底部沉積，漸漸往上填滿
導孔。

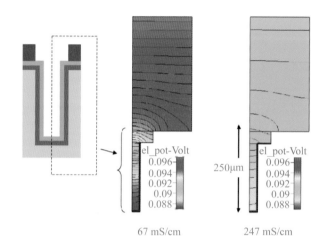

圖 8.15　在一固定電流密度與均勻種子層的條件下，電位會隨者導孔深度增加而產生變化，添加劑的吸附與脫附行為與局部區域之電位分部有關（資料來源：EMC-3D Japan/ Korea Technical Symposium, Semitool, Inc., 2007.）[40]

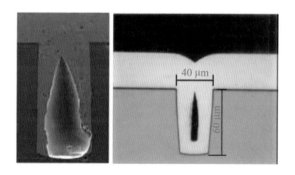

圖 8.16　TSV 導孔填充之內含孔洞（Void）的沉積結果

圖 8.17　TSV 導孔填充之超保角沉積（Super Conformal Deposition）效果

6.2　電鍍波形與電流密度對導孔填充性能之影響（Effect of Waveform and Current Density on Fill Performance）

脈衝電鍍（Pulse Plating）是指在一定時間內使用陰極還原電流，並且在中間穿插週期性短時間之高能量陽極脈衝電流（Anodic Pulse Current）。其中直流電與脈衝電流的不同之處，在於直流電只能控制電壓或電流，然而脈衝電流可以單獨控制以下三個參數：電源開的時間、電源關的時間，以及波峰電流密度（Peak Current Density）等。這些參數可改變質量傳輸狀態、吸附與脫附行為，進而改善電鍍填孔效能[16]。

根據實驗結果顯示，利用適當之電鍍波形可以大大促進電鍍填孔效能。如圖 8.18 所示，使用適當之波形參數，可以降低電鍍凸懸（Overburden）現象，以達到超保角沉積效果[22]。圖 8.19 顯示在增加銅濃度時，由於可促進銅離子藉由質量傳送擴散到導孔內部，進而改善電鍍銅之填洞能力。

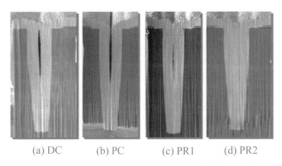

(a) DC　　　(b) PC　　　(c) PR1　　　(d) PR2

圖 8.18　利用適當之電鍍波形可以大大促進電鍍填孔效能[22]

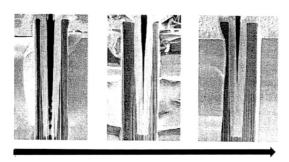

Increasing Copper Concentration

圖 8.19　顯示在增加銅濃度時，由於可促進銅離子藉由質量傳送擴散到導孔內部，進而改善電鍍銅之填洞能力[23]

　　然而，如果增加平均電流密度時，則會增加電鍍孔洞（Void）之形成機率，如圖 8.20 所示。當平均電流密度增加時，在固定沉積條件與導孔尺寸下，其電鍍的沉積輪廓會隨時間之增加，進而產生重大改變。在高電流密度下，會使得導孔開口處之電流密度遠高於導孔底部，並且增加導孔底部之質量傳輸限制，導致填充電鍍有孔洞存在。即提高電流密度，會增加電鍍孔洞產生機率。此外，因為電流聚集於導孔開口，在相同電鍍安培小時下，沉積於導孔內部的銅亦跟著減少。

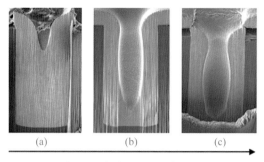

Increase in Current Density

圖 8.20　增加平均電流密度時，則會增加電鍍孔洞（Void）之形成機率[21]

7. 結論

　　本章已針對 TSV 銅電鍍設備、製程原裡及影響銅導孔填充之相關因素，進行詳細探討。雖然電鍍銅已成功應用於 IC 銅導線製作長達十年的時間，然而在未來 TSV 導孔填充使用上，銅電鍍技術仍然有許多地方需要進行研究與改進。由於 IC 銅雙鑲嵌導線電鍍與 TSV 導孔電鍍填充兩者深度不同，如何達到相同的超保角沉積（Super Conformal Deposition）效果，這需要同時考慮電鍍製程參數間的相互影響，以及參數最佳化組合等因素，以進而使得 3D IC 晶片堆積與製作，能夠在低成本、高可靠度及高產能下完成。

8. 參考文獻

1. Andricacos, P. C., Uzoh, C., Dukovic, J. O. et al, (1998) Damascene copper electroplating for chip interconnections. IBM Journal Research and Development, 42(5), 567～574.

2. Edelstein. D., Heidenreich, J., Goldblatt, R. et al, (1997) Full copper wiring in a sub-0.25um CMOS ULSI technology, Proceeding IEEE IED, 773～776.

3. Venkatesan, S., Gelatos, A. V., Misra, V. et al., (1997) A high performance 1.8V, 0.20mm CMOS technology with copper metallization. Proceeding IEEE IEDM, 769~772.

4. Zielinski, E. M., Russell, S. W., Russell, S. W., List, R. S. et al, (1997) Damascene integration of copper and ultra low k xerogel for high performance interconnects. Proceeding IEEE IEDM, 936~938.

5. Vereecken, P. M., Binstead, R. A., Deligianni, H. and Andricacos, P. C., (2005). The chemistry of additives in damascene copper plating. IBM Journal of Research and Development, 49(1), 3~18.

6. Moffat, T. P., Wheeler, D., Edelstein, M. D. and Josell, D. (2005) Super-conformal film growth: Mechanism and quantification. IBM Journal of research and development, 49(1), 19~36.

7. Niklaus, F., and Lu, J. Q., McMahon, J. J. et al., (2005) Wafer level 3D integration technology platforms for ICs and MEMS, http://www.ee.kth. se/php/moduls/publications/reports/2005/IR-EE-MST_2005_001.pdf. (accessed on April 2007).

8. Vardaman, J. (2007) 3-D through silicon vias become a reality, Semiconductor International, http://www.semiconductor.Net/article/ CA6445435.html. (accessed on April 2007).

9. Kim, B. and Ritzdorf, T.(2006) High aspect ratio via filling with copper for 3D integration. SEMI Technical Symposium: Innovations in Semiconductor Manufacturing, SEMI Korea 2006, STS, S6: Electropackage System and Interconnect Product, P. 269.

10. Nguyen, T., Boellaard, E., Pham, N. P. et al, (2002) Journal of Micromechanics and Microengineering, 12, 395.

11. Landan, U., (2000) Copper metallization of semiconductor interconnects-issues and prospects. CMP Symposium, Abstract # 505,

Electrochemical Society Meeting, Phoenix, AZ, pp-22～27.

12. Klumpp, A., Ramm, P., Wieland, R. and Merkel, R., (2006) Integration Technologies for 3D Systems, http://www.atlas. mppmu.mpg.de/～ sct / welcome aux/activities/pixel/3DsystemIntegration_FEE2006.pdf. (accessed on April 2007).

13. Dory, T. (2005) Challenges in copper deep via plating. PEAKS-Wafer Level Packaging Symposium, June, Whitefish, MT.

14. Kang, S. K., at al, (September, 2001) Development of conductive adhesive materials for via fill applications, IEEE Transactions on Components and Packaging Technologies, 24, P. 431～435.

15. Edelstein D., Heidenreich et al, (1997) Full copper wiring in a sub-0.25um CMOS ULSI technology, Proceedings of the IEEE International Electron Devices Meeting, pp. 773～776.

16. Kondo, K., Yonezawa, T., Mikami, D. et al, (2005) High aspect ration copper via filling for three dimensional chip stacking. Reducing electro-deposition process time. Journal of the Electrochemical Society, 152(11), H173-H177.

17. Worwag, W. and Dory, T. (2007) Copper via plating in the three dimensional interconnects. Proceedings of 57th ECTC Annual Meeting.

18. Forman, B. (2007) Advances in wafer plating the next challenge: through silicon via plating. Proceedings EMC-3D SE Asia Technicak Symposium, January 22-26.

19. Kim, B., Sharbono, C., Ritzdorf, T. and Schmauch, D. (2006) Factors affecting copper filling process within high aspect ratio deep vias for 3D chip stacking. Proceedings of 56th ECTC Annual Meeting, 1 p. 838.

20. Tom Ritzdorf, Rozalia and Charles Sharbono, Handbook of 3D Integration, Copper Plating, (2008), page 133～156.

21. Philip Garrou, Christopher Bower and Peter Ramm, Handbook of 3D Integration, page 140.

22. Kim, B. (2006) Through silicon via copper deposition for vertical chip integration. Proceeding of MRS Fall Meeting.

23. Polamreddy, S., Spiesshoefer, S., Figueroa, R. et al. (March 2005) Sloped sidewall DRIE process development for through silicon vias (TSVs). IMAPS Device Packing Conference.

第九章

無電鍍鎳金在先進構裝技術上之發展

1. 前言

近幾年來，許多電子元件之構裝都採用覆晶（Flip Chip）和晶圓級晶片尺寸構裝（Wafer Level Chip Scale Packaging, WLCSP）技術，所以對於錫鉛凸塊（Solder Bump）之需求急速增加，其中位於凸塊底下之金屬層（Under Bump Metallurgy, UBM），一般皆使用真空濺鍍（Sputtering）或電鍍（Electroplating）技術來沉積生長。然而隨著凸塊市場（Bumping Market）之持續成長，成本壓力促使業界開始尋求其他替代性之薄膜技術。其中，使用無電鍍（化學電鍍）鎳金（Electroless Nickel/Gold, E-Ni/Au）製程來生長較厚的 UBM 層，則是熟知的技術。由於此項技術不需要使用高真空（High Vacuum）或微影（Photolithography）等昂貴設備，所以在成本考量上是一項非常可行的替代性技術。然而，在實施大量生產上，如果未注意到製程控制和製程相互間之影響，則往往會遇到一些產品生產上之阻礙。本文將針對無電鍍鎳金（E-Ni/Au）在凸塊應用上所面臨問題，以及製程參數之控制作一番探討；而對於想投入此項產業者所應考慮到之成本因素，在最後結論部分將有詳細分析。

2. 無電鍍鎳金之應用介紹

所有半導體元件在進行覆晶（Flip Chip）或晶圓級晶片尺寸構裝（Wafer Level Chip Scale Packaging, WLCSP）互相連接時，都需要有凸塊底下之金屬層（UBM）當作凸塊與鋁墊之間的銲接表面（Solderable Surface）和擴散阻障層（Diffusion Barrier Layer）。目前使用濺鍍（Sputtering）AlNiVCu 和電鍍銅（Copper Electroplating）作 UBM 層，已佔全球半導体凸塊製程之 90%，雖然這些技術已行之多年且成效良好，但其成本仍居高不下，促使業界面臨轉移到其他低成本的替代方案。

近幾年來，許多研究機構和公司，正陸續進行評估無電鍍鎳金製程（Electroless Nickel/Gold）來沉積 UBM，以取代濺鍍和電鍍製程。因其具有以下之優勢：(1)低成本（使用一系列之濕式製程設備）；(2)高產能（＞ 50 WPH（Wafers Per Hour）），使用批次製程（25 Wafers/Cassette）；(3)具有高可靠度（High Reliability），可產生附著力強且厚的鎳阻障層（Nickel Barrier）。然而初期使用無電鍍鎳金沉積薄膜於矽晶圓表面之鋁墊上時，常常遭遇到各種難以接受之技術問題。隨著時間演進，目前許多無電鍍鎳金之問題已逐項被確認及提出解決對策，無電鍍鎳金製程已正式應用於台灣半導體業界，如圖 9.1 所示，為弘塑科技應用於晶圓級無電鍍鎳金之自動化生產機台。

圖 9.1　應用於晶圓級無電鍍鎳金（Electroless Nickel/Gold）自動化生產線機台（資料來源：弘塑科技）

　　傳統凸塊製程是在鋁墊上濺鍍 Cr 或 Ti 來當作附著層（Adhesive Layer），其後沉積鎳作為擴散阻障層（Diffusion Barrier Layer），以防止金屬擴散，接著再沉積一層銅當作濕潤層（Wetting Layer），最後鍍上錫鉛凸塊（Solder Bump）。現今已有許多公司使用此項技術，例如：IBM、Motorola 和德州儀器等，根據評估結果其每片晶圓之生產成本約為 $80～

170 美元。由於製造成本及產能之考量，許多公司紛紛採用無電鍍鎳金（Electroless Nickel & Immersion Gold, ENIG）沉積 UBM 層於鋁墊，接著使用銲錫印刷（Solder Printing）及迴焊（Reflow）來形成凸塊製作。德國 PacTech 和美國 Flip Chip 兩大公司為最早使用無電鍍鎳技術之拓荒者。此技術有可能降低每片晶圓成本到低於 $70 美元。尤其近年來在行動通訊之影像應用上，無電鍍鎳金技術已被廣泛應用於 CMOS 影像感測器（CMOS Image Sensor, CIS）構裝之導線連接製造上[16, 17]，如圖 9.2 所示為 CIS 構造的橫截面示意圖。

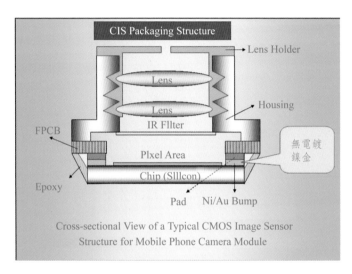

圖 9.2　無電鍍鎳金技術目前被廣泛應用於 CMOS 影像感測器（CMOS Image Sensor, CIS）構裝之導線連接上[16, 17]

由於半導體元件之鋁墊很容易發生氧化，無法直接進行鎳之沉積，所以在進行無電鍍鎳之前，必須要先進行二次鋅活化處理（Double Zincation Treatment），如此才能使鎳鍍於鋁墊表面。如圖 9.3 所示，為整個無電鍍鎳製程和經過各別製程步驟處理後之導線接合墊（Bonding Pad）表面的顯微鏡照片，整個無電鍍鎳製程包括：(1)鋁墊清洗（Al Clean）；(2)第一次硝酸槽之鋁微蝕刻製程（Al Etch）；(3)第一次鋅活化製程（1st Zincation）；

(4)第二次硝酸槽之鋅微蝕刻製程（Zinc Stripping）；(5)第二次鋅活化製程（2nd Zincation）；(6)無電鍍鎳（Electroless Ni Plating）製程等步驟。圖9.4 為在鋁墊上沉積無電鍍鎳層的 SEM 橫截面照片。無電鍍鎳層為鋁墊與凸塊間具有良好可靠度之附著層和擴散阻障層。一般在無電鍍鎳之後會鍍上一層厚度約為 500 Å 之金，作為抗氧化層。

由於無電鍍鎳鍍液很容易發生不正常的析出反應，所以必須作好嚴格地製程管制，如此才能從中獲得益處。而且大部分無電鍍系統性能的好壞，則取決於能否達到所需要的特定沉積性質而定。其中，這些特定沉積性質，則包括：抗腐蝕性、硬度和耐磨耗性等性質，為了達到這些特定沉積標準，無電鍍鎳系統之選擇，具有決定性之影響。此外，是否正確操作此無電鍍鎳系統，亦會影響其最終沉積品質。

本章以下內容將針對影響無電鍍鎳沉積製程之重要因素進行探討[2～17]。

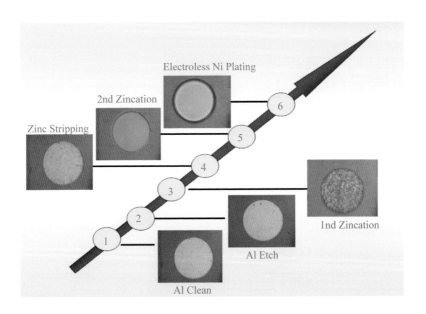

圖 9.3　從二次鋅活化到無電鍍鎳整個製程中，經過個別步驟後鋁墊基板表面之 OM 照片

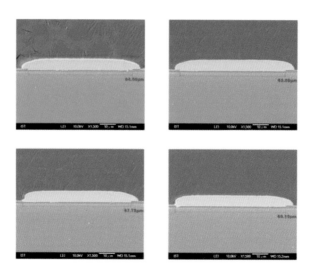

圖 9.4　在鋁墊上進行無電鍍鎳層的 SEM 橫截面照片。

3. 無電鍍鎳金製程問題探討[2,3,4,5]

3.1　鋁墊之合金成分

半導体元件所使用之鋁墊有許多不同成分，最常見的四種鋁合金如下所示：

(1) 純鋁（Al：100 %）。

(2) 鋁矽合金（Si：0.5～1 %）。

(3) 鋁銅合金（Cu：0.5～2 %）。

(4) 鋁矽銅合金。

無電鍍鎳之反應機制，包含一系列在鋁表面所發生之伽凡尼（Galvanic Reaction）反應。當摻雜一些微量合金成分於鋁中時，則會在鋁層中產生電化學電池（Electrochemical Cell），因而改變鋁之電位（Potential），這對於鋅活化品質和其後之無電鍍鎳製程皆會受到影響。根據經驗，添加少量銅於鋁中，會在鋁與鎳之間產生一個強大的界面。依理論解釋：由於添加銅會改變鋁之電位，並產生微小電池（Micro-cell）效應，可促進無電鍍鎳製程之進行。

在 1970 年代已有許多公司開始著手添加 0.5 %Cu 在鋁中，以限制電遷移現象（Limit Electro-migration）和控制晶粒成長（Control Grain Growth）。很不幸地，並非所有半導體在製造時都有添加銅在鋁中，當元件在製造時如果沒有添加銅於鋁中，則較難與二次鋅活化和無電鍍鎳金製程相容，進而衍生可靠度方面之問題。

文獻[2]顯示將無電鍍鎳金分別沉積於純鋁墊上和含有 0.5 %Cu 之鋁墊上，然後比較兩者之組織結構和鋁墊與鎳鍍層間之附著力，測試結果發現純鋁墊上沉積無電鍍鎳金之組織較粗糙，並且鋁墊與鎳之間的附著力也較差（圖 9.5）。至於添加矽到鋁銅合金中，其對於鎳與鋁之界面性質並無明顯之影響；而添加矽到純鋁中，因為有新的晶粒邊界產生，則會使得鎳與鋁之界面強度變得更加脆弱。所以根據不同鋁墊合金成分，必須適當修改無電鍍鎳金與前處理之製程條件和化學品成分。

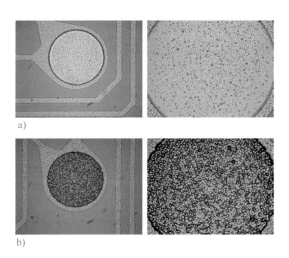

圖 9.5 無電鍍鎳金分別沉積於含有(a) 0.5 %Cu 之鋁墊上和(b)純鋁墊上之 OM 照片，結果發現純鋁墊上之無電鍍鎳金組織較粗糙[2]

3.2　因電路、化學品、光所造成之電位問題（Potential Issue）

除了鋁和其合金本身會具有電位外，許多半導體元件內部電路也會與電鍍液中之化學離子起交互反應，因而產生其他額外之電位，如果此電位大到某種程度，則會影響到無電鍍鎳金之品質。一般而言，晶圓背面與半導體電路中之接地墊（Ground Pad），兩者所產生之電位最大。為了防止無電鍍鎳金品質受到影響，將晶圓背面作隔離，以降低感應電位（Inductive Potential），則可以使用以下兩種方案：

在晶圓背面沉積氧化層（SiO_2）／氮化層（Si_3N_4），或：

在晶圓背面塗布光阻（Wafer Backside PR Coating），然後於無電鍍鎳金完成後去除光阻，此種方法較被普遍使用。

由於在半導體之鋁墊（Al Pad）表面也會與光產生反應，也就是光伏特效應（Photovoltaic Effect），亦會影響無電鍍鎳金品質，所以有些產品會要求在隔離光源（Light Isolation）狀況下進行無電鍍鎳金製程，如此可以消除光伏特效應。

3.3　無電鍍（化學電鍍）鎳金製程控制

無電鍍（化學鍍）鎳金之鍍液成分與製程比一般光澤電鍍複雜繁瑣，許多無電鍍鎳金製程之失敗，是因為對於鍍液成分與製程參數未作嚴密管制所致。由於應用於半導體晶圓廠無電鍍鎳金之大量生產設備，必須具備晶圓自動化傳輸功能，目前弘塑科技（Grand Plastic Technology Corp）所設計製造之最新 8" Wafer 自動化無電鍍鎳金生產設備，已可結合線上監測系統（In-line Monitoring System）連接到主操作螢幕，能夠自動偵測及記錄鍍液之濃度與 pH 值，並自行調整補充鍍液成分，如此才能嚴密掌控製程條件，進而確保產品能維持在高良率狀態。以下將針對無電鍍鎳金製程（E-Ni/Au Process）應注意事項作一詳細探討：

3.3.1　鋁墊清洗（Al pad cleaning process）

鋁墊清洗可以確保鋅活化時，可以長出薄而均勻之鋅活化層，以利於後續之鎳置換反應，一般在鋁墊上有兩種污染物必須於此步驟作清除。第一種污染物是鋁墊上之有機殘留物（Organic Residuals），可以使用稀釋過的硫酸（Diluted Sulfuric Acid）作清除處理；而第二種污染物則是鋁墊上之矽基污染物（Silicon Based Contaminants），使用少量稀釋過的氫氟酸作去除。如果仍無法去除時才考慮使用電漿來清除污染物。

鋁墊清洗之目的包括：(1)降低鋁的表面張力；(2)增加表面潤濕性；(3)減少電鍍鎳時產生氣泡。因為鋁墊清洗之化學液非常具有攻擊性，所以化學液濃度要低，並且加大循環系統之流量和減小過濾孔徑，則可以增加製程範圍。

3.3.2　鋁墊蝕刻（Al Pad Etching Process）

在鋁墊上所生成之自然氧化物（Native Oxide），可保護鋁不受周圍環境所影響。然而，為了能夠成功地將無電鍍鎳鍍於鋁表面，在無電鍍鎳之前必須將鋁氧化物作去除，因半導體之鋁墊非常薄，相對於鋁墊全部厚度而言，鋁氧化物厚度佔有極大比例。半導體元件之鋁墊厚度，依各晶圓廠和設計法則，其厚度變化範圍為：0.4 μm～8 μm。鋁墊厚度與最終元件之使用目的存在著極大之關係。例如：高功率和被動元件，通常使用較厚之鋁墊（厚度：2～8 μm）；記憶體和邏輯晶片，則使用較薄之鋁墊（厚度：0.4～2 μm）。大部分鋁墊厚度為 1 μm，其佔所有半導體元件 80 %。正確鋁蝕刻是一個難以量化的觀念名詞，鋁蝕刻製程與元件種類有非常密切之關聯，例如：同樣厚度為 1um 之鋁墊，其晶粒組織之粗細（Grain Size）不同，所需要的蝕刻條件就不相同。一般鋁蝕刻厚度以小於其原先厚度的四分之一為原則。

如圖 9.6 所示，在鋁蝕刻製程中，常會發現在鋁與鈍化層接觸區域，即靠近界面區域（Interface Area）其鋁的蝕刻速率（Etch-rate）會較快，所以必須注意此區域不能蝕刻太多的鋁。因鋁蝕刻製程並非特定方向之選擇性蝕刻（Selectively Directional Etch），鋁容易在鈍化層底下被蝕刻成一個凹洞，然後於無電鍍鎳製程中被鎳所充填，這將不利於界面連接處之可靠度。保持製程穩定之最佳條件：就是鋁厚度最少要有 1 μm，並且在前處理之清洗／準備製程時要有嚴格的參數控制（例如：化學品成分、浸泡時間及溫度等）。為了確保無電鍍鎳金元件之高可靠度（High Reliability），對於整個無電鍍鎳金流程需要有一個詳細分析。其中對於鋁厚度、鋁蝕刻性質，以及後續無電鍍鎳金先後製程的相關特性，需作一個全盤性的了解，這對於每一個晶圓廠而言是必須的。

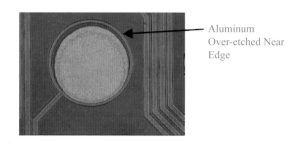

Aluminum Over-etched Near Edge

圖 9.6　在鋁蝕刻製程中，常會發現在鋁與鈍化層接觸區域，即靠近界面區域（Interface Area）其鋁的蝕刻速率（Etch-rate）會較快[2]

　　鋁墊表面之氧化鋁層去除，一般使用鹼性蝕刻液，其 pH 值控制精確度必須達到 0.05 pH 的範圍，以確保蝕刻速率能維持一致，並且加大循環系統之流量和減小過濾孔徑，則可以增加製程操作範圍。許多晶圓廠喜歡在沉積 UBM 或長凸塊（Solder Bump）之前，使用探針（Probe）在鋁墊上作電性測試（Electrical Test），這使得探針接觸區域之鋁厚度變薄，導致在前處理步驟中有可能會產生鋁過度蝕刻（Over-etching）現象。在許多場合下，這或許不是問題；但在一些特殊元件設計上，鋁過度蝕刻有可能會影響電性和可靠度。

3.3.3 鋅活化 I（Zincation I）／鋅剝除（Zinc Strip）／鋅活化 II（Zincation II）

鋅活化（Zincation）是一種結合鋁氧化與鋅離子還原之製程，當電化學活性較大的鋁接觸到含有鋅離子之溶液時，則鋁會被溶解於溶液中。

以下為鋅活化反應式：

還原反應：$Zn(OH)_4^{-2} + 2e = Zn + 4OH^-$ (1)

氧化反應：$Al + 2H_2O = AlO_2^- + 4H^+ + 3e$ (2)

全反應：$3Zn(OH)_4^{-2} + 2\,Al = 2AlO_2^{-1} + 3Zn + 4\,H_2O + 4OH^-$ (3)

鋅槽是一個高鹼性的溶液，鋁會溶解於此高 pH 值之溶液中，並且產生氫氣。一般鋁墊厚度只有 1 μm 時，當鋁溶解於高 pH 值之溶液時，則 UBM 層的附著力將會隨之下降。

由以下反應式(4)得知，鋁會被高 pH 值溶液所溶解，並且釋放出氫氣。

$$2Al + 6H_2O = 2AlO_2^- + 3H_2 + 6OH^-$$ (4)

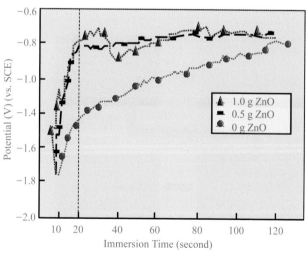

圖 9.7　鋁墊電極電位隨著時間之變化圖[4]

根據文獻[3, 4]所述，量測鋁墊電極電位隨著時間之變化情形，可以瞭解鋅離子對於鋁溶解反應之影響。圖 9.7 為鋁墊電極電位隨著時間之變化圖，當添加氧化鋅（ZnO = 1 g or 0.5 g）於溶液中時，電極電位會在短時間內快速上升，在此時間內鋅會沉積在鋁的表面，而且不管溶液中之鋅濃度為多少，鋁墊的電極電位會在 20 秒後達到穩定值；反之，如果溶液中不含氧化鋅時（ZnO = 0 g），鋁墊的電極電位則會隨時間變化而緩慢上升。由於鋁被高鹼性溶液溶解及釋放氫氯之反應，一般比鋅沉積反應慢，為了避免鋁被高鹼性溶液溶解，所以鋅活化製程必須在前 20 秒內完成，如此可減低鋁被高鹼性溶液所溶解。

在鋅活化反應之初期，鋁只經由鋅置換反應而溶入溶液中。然而，如果鋅置換時間過長時，最後鋁會被高鹼性之鋅活化溶液所溶解。鋅活化最佳時間大致為 20 秒，而氫氣釋放則是無法避免之反應，一般鋅活化製程必須進行兩次，所以通稱為二次鋅活化製程（Double Zincate Process）。如圖 9.8 所示因為第一次鋅活化無法去除鋁之自然氧化物，第一次鋅活化所產生之鋅顆粒會較粗糙，將會被其後之硝酸槽（HNO3）液所剝除，然後再進行第二次鋅活化製程，可以形成均勻而且緻密的鋅顆粒沉積物，以利於後續之無電鎳反應[16,17]。

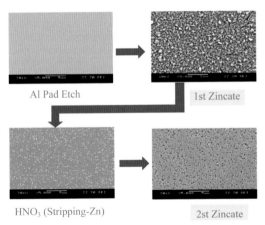

Al Pad Etch　　　1st Zincate

HNO3 (Stripping-Zn)　　　2st Zincate

圖 9.8　第一次鋅活化所產生之鋅顆粒會較粗糙，將會被其後之硝酸槽（HNO3）液所剝除，然後再進行第二次鋅活化製程，可以形成均勻而且緻密的鋅顆粒沉積物，以利於後續之無電鎳反應[16, 17]

4. 無電鍍鎳製程[4,5,6,7]

無電鍍鎳沉積之主要機制，就是無電鍍鎳溶液會溶解置換鋅，電子參與反應以降低無電鍍鎳沉積之有效電位；其中，次磷酸鈉（還原劑）提供電子到鋁表面，進而啟動鎳之催化沉積反應。而在無電鍍鎳之前必須作鋁表面鋅活化處理，在 UBM 無電鍍鎳製程中，因為鎳產生伽凡尼反應（Galvanic Reaction），所以鎳會置換鋅，而鋅會被溶解於化鍍鎳液中，所以鎳晶種顆粒會形成於基材表面。在無電鍍鎳製程一般使用次磷酸鹽（Hypophosphite）當作還原劑，此還原劑會將鎳離子還原成鎳原子，無電鍍鎳也可以稱之為自催化沉積，其反應式如下：

$$Zn + Ni^{+2} + 2H_2PO_2^- + 2H_2O + 2e = Ni + Zn^{+2} + 2H_2PO_3^- + 2H^+ + H2 + 2e \qquad (5)$$

第二種反應是磷會從次磷酸鹽中被還原出來，如以下反應式所示：

$$H_2PO_2^- + 2H^+ + 2e = P + 2H_2O \qquad (6)$$

磷會與無電鍍鎳共同沉積於基材表面，所以無電鍍鎳有時又稱為無電鍍鎳磷沉積。圖 9.9 為無電鍍鎳沉積於鋅表面之示意圖，因鎳與鋅之間產生伽凡尼反應，所以鎳晶種顆粒會沉積於基材表面，此鎳晶種區將成為無電鍍鎳之成核位置，接著因為次磷酸鹽產生還原作用，所以鎳晶粒會開始成長。

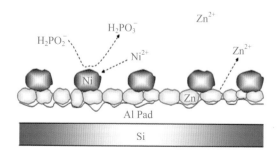

圖 9.9　為無電鍍鎳沉積於鋅表面之示意圖[4,5]

4.1　無電鍍鎳鍍液之管理

　　無電鍍鎳是利用還原劑的化學還原能力，將鎳離子還原析鍍在有活性（Active）的基材表面，而且不需電源供應器來提供電力，因此又稱為化學鍍（Chemical Plating）。但是此種還原反應，必須在具有催化能力的基材表面上才能進行，例如：鐵、鈷、鎳、鈀、鈀、銥、鉑、金等，因為這些金屬能催化還原劑之脫氫反應，一旦這些金屬表面鍍上一層鎳後，由於鎳本身具催化能力，析鍍反應就能持續進行，所以也稱之為自催化反應析鍍（Autocatalytic Plating）。

　　由於無電鍍鎳很容易發生不正常的析出反應，所以必須作好嚴格地製程管制，如此才能從中獲得益處。而且大部分無電鍍系統性能的好壞，則取決於能否達到所需要的特定沉積性質而定。其中，這些特定沉積性質，包括：抗腐蝕性、硬度和耐磨耗性等，為了達到這些特定沉積標準，無電鍍鎳系統之選擇具有決定性之影響。此外，是否正確操作此無電鍍鎳系統，亦會影響其最終沉積品質。至於鍍液化學品之操作參數、被鍍物表面處理狀態和系統設備之設計考量等因素都會影響沉積性質，例如：沉積速率（Deposition Rate）、覆蓋率（Coverage）、附著力（Adhesion）、平坦度（Smoothness）、均勻度（Uniformity）和光澤度（Brightness）等。首先，對於影響鍍液性能之化學性及物理性參數，要有通盤性之瞭解，因為這些參數是控制鍍液性能之關鍵元素，它們會直接影響最終之沉積品質。

　　本文以下內容將針對影響無電鍍鎳沉積品質之重要鍍液參數進行分析，探討內容包括：化學反應平衡、沉積速率、負載效應等，以及其彼此間相互影響之關係[4~17]。

　化學反應平衡

　　準備無電鍍鎳溶液並不難，但是要成功地完成無電鍍鎳製程，必須作好正確的鍍液管理（Bath Management）。目前市面上有許多專利製造之鍍液配方，而且皆很容易配置及維持，亦有一些標準鍍液配方，可供使用者配置及管理。在剛開始時，使用自己配置的鍍液配方，一般皆可達到預期的沉積品質，但使用自己配置的鍍液配方，要長期維持一定的製程品質，這是一大挑戰。自己配置的鍍液壽命較難維持，一般在一個鍍液成分補充週期（Solution Turn Over）或更少時間，就必須更換新的鍍液。

作好鍍液成分之正確補充（Proper Replenishment），才能維持無電鍍鎳化學反應之平衡。如果忽略鍍液成分之正確補充時程，將會導致以下缺陷產生：鍍層不均勻、鍍液提早分解老化、附著力不良、光澤度差、鍍層產生孔洞或鍍層表面粗糙化等。如果鍍液控制不良，通常在完成無電鍍鎳之後，馬上就可以發現。鍍液控制不良，很容易在基材表面產生腐蝕現象。一般無電鍍鎳反應中最常用的還原劑是次磷酸納（NaH_2PO_2），而鎳離子則由硫酸鎳、氯化鎳所提供，其典型反應機構如表 9.1 所示：

表 9.1　無電鍍鎳之反應機制

陽極反應	無電鍍鎳之反應機構
陰極反應	$H_2PO_2^- + H_2O \rightleftarrows H_2PO_3^- + 2H^+ + 2e^-,\ U_1 = -0.504\ V$
	$H_2PO_2^- + 2H^+ + e^- \rightleftarrows P + 2H_2O,\ U_2 = -0.391\ V$
	$2H + 2e^- \rightleftarrows H_2,\ U_3 = 0\ V$
	$Ni_2^+ + 2e^- \rightleftarrows Ni,\ U_4 = -0.257\ V$

由表 9.1 反應式可知，析鍍過程中鍍液 pH 值會持續下降，而亞磷酸根離子（$H_2PO_3^-$）濃度則會提高，因此需要添加錯合劑和緩衝劑；而當鍍液中錯合劑用盡時，亞磷酸根會與金屬離子產生沉澱，因而造成鍍液分解，所以要即時分析鍍液變化，以便更換舊液或補充新液，如此才能將鍍液作最佳化之管理。

表 9.2 列出典型無電鍍鎳配方之主要成分及功能，為了作好無電鍍鎳之製程控制，這些鍍液成分必須控制在一定的平衡狀態。由於在生產線上常有許多複雜情況產生，這使得鍍液之成分控制變得更加困難。無電鍍鎳鍍液含有多種成分，只要有一種成分失去平衡，將會導致整體的負面結果。使用商

用無電鍍鎳鍍液，只要依照其指示補充鍍液，即可維持其化學成分之平衡，而且有些商用無電鍍鎳鍍液，已經在補充液中作好各種成分變化之補償，所以非常容易操作。

　　以下為無電鍍鎳液中之主要成分與其個別功能。無電鍍鎳鍍液中基本成分包含：金屬離子、還原劑、錯合劑、緩衝劑、穩定劑。

(1) 金屬離子：由無機鹽類提供，如硫酸鎳、氯化鎳可以供應鎳離子。

(2) 還原劑：可提供電子，它是無電鍍反應的電源供應器，鎳金屬離子就是利用還原劑來進行還原反應，以沉積在基材表面。還原劑種類與功能如下所述：

次磷酸納（NaH_2PO_2）：析出鎳－磷鍍層。

Sodium Boronhydride（$NaBH_4$）：析出鎳－硼鍍層。

聯胺（N_2H_4）：析出鎳鍍層。

甲醛（HCHO）：一般應用於析鍍銅。

Dimethylamineborane（DMAB）：析出鎳－硼鍍層。

Diethylamineborane（DEAB）：（只適用於鹼性鍍液）析出鎳－硼鍍層。

(3) 酸鹼調整劑：無機酸、氫氧化銨、氫氧化鈉。

(4) 錯合劑：其主要作用是藉由錯化合反應，以控制鍍液中自由金屬離子的活性。

(5) 穩定劑：鎖住微細沉澱物，防止其變成還原反應的成核位置，以避免鍍液分解。

表 9.2　無電鍍鎳液中的主要化學成分與其個別功能

Typical Electroless-Ni Bath Components　（弘塑科技）2007		
Item	Component	Function
1	鎳鹽（Nickel salt）： Sulfate、Sulfamate Chloride。	鎳之來源。
2	還原劑（Reducer）： 次磷酸鹽（Hypophosphite）、 硼氫化合物（Borane）。	化學整流器，化鍍能量之來源。
3	整合劑（Chelators）/ 錯合劑 （Complex）： Citric Acid（檸檬酸）、Malic Acid （蘋果酸）、Lactic Acid（乳酸）。	控制定量之鎳來產生反應，避免發生巨大反應。
4	緩衝劑（Buffers）： 硼酸鹽（Borate）、 醋酸鹽（Acetate）、 琥珀鹽（Succinic）。	避免 pH 值產生巨大變化。
5	pH 調整劑（pH Reguator）： 氨水（Ammonium Hydroxide）、碳酸鉀。	調整與維持操作時之 pH 值。
6	穩定劑（Stabilizer）： Metallic：Pb、Sn、Mo。 Organic：S、Compoinds。	控制化鍍速率避免鎳析出於槽體。
7	潤濕劑（Wetting Agent）： 消除氣泡，減少孔洞。	控制溶液表面張力及氫氣。

穩定劑（Stabilizer）

　　無電鍍鎳系統所使用的化學品，其理想的濃度範圍非常小。其中，穩定劑（Stabilizer）和光澤劑（Brightness）就是最佳例子，因為它們每公升的使用範圍只有幾毫克。穩定劑在調整無電鍍鎳速率時非常重要，而且穩定劑可以防止鍍液產生自發性分解（Spontaneous Decomposition）。在補充鍍液時，如果一次穩定劑補充太多，鍍液將失去平衡，進而降低其無電鍍鎳沉積之性能及品質。

　　如果穩定劑和光澤劑的量高於標準值，則很容易在被鍍物外圍的角落處和邊緣地方，產生空隙（Void）和凹洞（Pits）等缺陷，甚至發生跳鍍

（Skip Plating）問題。當使用金屬材料作為穩定劑時，其在高濃度下為催化抑制劑。在極高濃度情況下，會使得無電鍍鎳反應停止。在被鍍物表面微小及零星分散的位置會吸收穩定劑，在穩定劑之微量吸收情況下，可改善無電鍍鎳的沉積反應。

因為穩定劑為擴散機構所控制（Diffusion Control），當鍍液接觸到被鍍物之表面積越多，則會有越多穩定劑被吸收於被鍍物上。最先接觸穩定劑的位置是在被鍍物的邊緣。此外，在高速振動下，於低負載和高（或正常）穩定劑濃度下，將會導致太多穩定劑被吸收於被鍍物表面，因而產生太多活性區，致使這些區域之無電鍍鎳沉積反應遭受抑制，因而造成無電鍍鎳之沉積反應發生停止。所以在進行無電鍍鎳沉積時，不可將被鍍物作高速之振動攪拌（Agitation）。

無電鍍鎳溶液操作之鎳與 pH 值的控制

當鎳濃度下降時，無電鍍鎳沉積速率也會隨之變緩。降低鎳濃度會直接影響無電鍍鎳之沉積速率，或開始啟動無電鍍鎳進行沉積反應之速率，進而影響其沉積光澤度（Brightness）和平坦度（Uniformity）。為了維持無電鍍鎳之沉積品質，鍍液必須作定期分析與補充。在進行鍍液成分補充時，一次不可添加過量，否則鍍液濃度會失去平衡，進而導致鹽類析出（通稱白化現象），特別是在鍍液老化狀態下，則很容易產生鍍層孔洞（Void）或粗糙化（Roughness）現象。使用簡單化學分析法即可量測鎳之濃度。將少量鍍液冷卻到室溫，然後使用標準 EDTA 溶液分析鎳離子濃度，其結果可以鎳活性百分比（at%）表示。大部分無電鍍鎳最佳濃度值為 6 g/L，相當於 100 at%。在一般的專利鍍液系統，可以使用鎳之分析數據去推測還原劑（Reducer）、穩定劑（Stabilizer）、錯合劑（Complex Agent）和光澤劑（Brightness）等添加劑之濃度。雖然這些添加劑之使用量可以藉由推測而得知，然而其彼此間並非一直與鎳消耗速率相同。在一些特殊情況下，還是需要將各別成分之濃度作獨立分析，以確保無電鍍鎳液之濃度能夠維持在平衡狀態。

　　無電鍍鎳溶液之操作 pH 值也是重要參數之一，因 pH 值會影響無電鍍鎳的沉積速率，以及與鎳共同沉積之磷含量。在高 pH 值操作條件下，會降低鍍層中磷含量和增加沉積速率。當 pH 值高到某個範圍，會導致金屬氫氧化物或亞磷酸鹽之沉澱物產生，這些沉澱物一般會導致鍍層多孔性，因而影響其耐腐蝕性能。在低 pH 值操作條件下，鍍層中磷含量會增加並且沉積速率會降低。因為低 pH 值操作條件所導致的低沉積速率，會降低其鍍層之多孔性發生，得到較佳之抗腐蝕性（Corrosion Resistance）。不同於一般電鍍鎳，會隨著電鍍之進行而降低其鍍液的 pH 值，無電鍍鎳必須將鍍液中的 pH 值，控制在固定的範圍。圖 9.10(a) 為無電鍍鎳溶液之鎳與 pH 值的變化趨勢，以及 (b) 經由持續分析與補充以維持良好之控制值。

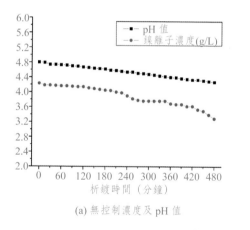

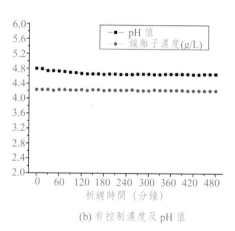

(a) 無控制濃度及 pH 值　　　　　　　(b) 有控制濃度及 pH 值

圖 9.10　無電鍍鎳溶液之鎳與 pH 值的控制

還原劑—次磷酸鈉（Hypophosphite）

　　不論是在無電鍍生產或不生產狀態，還原劑都會被消耗，還原劑會影響無電鍍鎳之效率。在進行無電鍍鎳時，次磷酸鈉（還原劑）消耗量與鎳金屬沉積消耗量成一定比例。次磷酸鈉與鎳金屬之比例，會因各化學品供應商的專利系統不同而有所變動，所以需遵守供應商之規定作好成分控制。

　　為了維持金屬與還原劑之正確比例，必須定期分析鍍液之金屬成分，並與次磷酸鈉作好比例調整。當溶液處在高溫操作溫度下，雖然並未進行沉積反應，然而還原劑也會在非生產時，因為水解（Hydrolysis）現象而被消耗掉。所以要將次磷酸鈉的使用效率作最佳化處理，鍍液在升降溫時要快速，在鍍液受熱加溫狀態時，必須維持鍍槽內一定的製程負載。無電鍍鎳反應之副產物為正亞磷酸鹽（Orthophosphite），它會在鍍液中漸漸增加其濃度，如此會增加鍍液之密度，導致鍍液中之其他成分的溶解度下降，因而降低無電鍍鎳之反應速率。

　　當正亞磷酸鹽（Orthophosphite）濃度增加時，則無電鍍鎳層的平滑度（Smoothness）、光澤度（Brightness）和附著力（Adhesion）等，都會受到影響。通常會產生粗糙（Roughness）、凹陷（Pitting）和多孔性（Porosity）之鍍層。根據正亞磷酸鹽（Orthophosphite）的含量，可以用來追蹤和預測鍍液之有效壽命（Effective Bath Life），以瞭解在正常操作情況下，鍍液在何時必須更換新液。以經濟價值來考量鍍液壽命，一般在經過 6～8 MTO（Metal Turnover）時，就必須更換新液，因為在此時鍍液中之鹽類沉積物含量最少，如果等到鍍液呈現污濁和乳狀時，則其無電鍍鎳沉積品質會變差。如果刻意去延長鍍液之使用壽命，並不具備經濟效益，因為要去控制與維持一個老舊的鍍液絕非易事。

4.2　無電鍍鎳鍍液之液位維持（E-Ni Bath Level Maintain）

　　除了作鍍液之成分分析外，維持鍍槽之固定液位也非常重要，鍍槽液位對於無電鍍鎳品質的影響，通常會被低估。尤其在鍍液被加熱時，水分會產生快速蒸發。當鍍液被加熱到高溫製程下，雖然並未進行無電鍍鎳製程反應或補充鍍液時，然而其水分蒸發速率仍會加快。如果沒有正確補充水分以維持鍍槽之固定液位，則鍍液之濃度會變濃。例如：水分蒸發會使原本為 6 g/l 之鎳濃度提高變為 6.8 g/l 或更高。當水分蒸發時也會提高其他化學品之濃度。所以保持液位穩定是非常重要的，尤其在電鍍前或作化學成分分析時，會顯得格外重要。無電鍍鎳槽採用固定溢流循環可以保持液位穩定，大大減少液位控制問題。

污染物之影響

鍍液中微量金屬和其他污染物的濃度，會影響鍍層品質及外觀。有些金屬甚至可作為穩定劑（Stabilizer）或催化抑制劑（Catalytic Poison），因而抑制無電鍍鎳反應之進行。可作穩定劑（Stabilizer）之元素，包括：硫（Sulfur, S）、鎘（Cadmium, Cd）、鉍（Bismuth, Bi）、銻（Antimony, Sb）、汞（Mercury, Hg）、鉛（Lead, Pb）、鋅（Zinc, Zn）、鐵（Iron, Fe）。有機污染物之來源，則包括：光阻劑、油、管材和軟管中的塑化劑（Plasticizer），以及空氣中傳播之有機材料和矽酸鹽（Silicate）等雜質。

清洗無電鍍鎳槽用之硝酸，如果未去除乾淨，殘餘之硝酸會降低無電鍍鎳的沉積速率，導致鍍層多孔性增加，甚至產生黑色條紋之沉積物。過多硝酸污染物也會降低鍍層與基材的附著力，因為基材表面之鈍化層或污染物，將會干擾或減緩無電鍍鎳開始沉積之反應，導致鍍層與基材之附著力下降。在配置新的無電鍍鎳液之前，亞硝酸鹽測試紙（Nitrate Test Paper）是確認有無硝酸污染物殘留的一種好工具。

在配置新的無電鍍鎳液之前，使用氨水（Ammonium Hydride）或苛性鈉（Caustic Acid）作中和，也無法保證溶液中之硝酸鹽殘留物是否完全去除。當硝酸進入無電鍍鎳溶液中時，污染物是以硝酸鹽（Nitrite）和亞硝酸鹽（Nitrate）陰離子存在。只要有 1～2 mg/liter 的亞硝酸鹽（Nitrate）存在，它會比硝酸鹽反應更強，進而在無電鍍液中形成很強的穩定劑或抑制劑。添加 1～2 g 之 Sulfamic Acid 到含有硝酸污染物之鍍液中，它會與硝酸反應產生氮氣而逸出。為了防止硝酸污染所造成的影響，在進行無電鍍鎳溶液配置前，先用 Sulfamic Acid 作最後清洗，接著使用亞硝酸鹽測試紙，確認槽體和過濾系統是否清潔，最後才能開始加入新的無電鍍鎳溶液。

鍍液操作溫度（Operation Temperature）

　　無電鍍鎳之鍍液的溫度是影響沉積速率的重要參數之一，溫度上升則增加沉積速率，尤其是在 93 ℃ 溫度，沉積速率會快速增加。圖 9.11 為穩定劑固定在 0.24 ml/L 濃度下，無電鍍鎳沉積速率與各種溶液溫度（80 ℃、85 ℃、90 ℃、95 ℃）與 pH 值之關係圖，可知無電鍍鎳沉積速率會隨著溶液 pH 值及溫度之增加而上升[17]。

　　無電鍍鎳之加熱系統必須避免產生鍍液之局部過熱（Localize Heating）現象，否則會導致鍍液分解或鍍層粗糙化。沉積速率對於鍍層之光滑度（Smoothness）、覆蓋性（Coverage）和附著力（Adhesion）等皆有影響。沉積速率太快，會導致鍍層粗糙化或產生有孔蝕（Pits）之鎳鍍層；沉積速率太慢，會導致鍍層覆蓋性和附著力不佳。

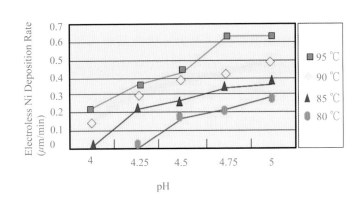

圖 9.11　穩定劑固定在 0.24 ml/L 濃度下，無電鍍鎳沉積速率與各種溶液溫度（80 ℃、85 ℃、90 ℃、95 ℃）與 pH 值之關係圖[17]。

4.3　槽體負載及攪拌（Bath Loading and Agitation）

　　無電鍍鎳的槽體不可大於生產所需要之體積，如果預測未來產量會增加時，則可以多加一個槽體，千萬不要增加個別槽體之體積，因為槽體負載及攪拌會影響化學液體之交互作用，進而影響沉積品質。槽體負載之定義：所有被鍍面積（A）與槽體體積（V）之比例，一般 A/V 比：$0.3 \sim 0.8$ ft^2/gal。如果 A/V 值太小，則穩定劑會被工件所吸收，尤其是在被鍍物之邊緣和尖銳處，容易大量吸收穩定劑，導致鍍層不連續、多孔性增加。反之，如果 A/V 值太大，在添加新鍍液時，容易造成化學成分之比例發生過度變動。

攪拌可以改善溫度梯度和濃度梯度，維持鍍液之均勻混合。增加攪拌速率會增大穩定劑之邊緣效應。如果槽體負載和穩定劑濃度皆符合規格，但是攪拌速率過高，則其鍍層品質也會有不良影響。因為當攪拌速率增加時，無電鍍鎳溶液可容許較低濃度之穩定劑；而在高濃度穩定劑時，以及極低槽體負載下，則每單位面積被鍍物上，會有許多的穩定劑可供使用，此時如果增加攪拌速率，將會使沉積品質變差。

4.4　線上監測系統

在無電鍍鎳製程中需要加入線上監測系統，以隨時偵測鍍液之鎳濃度（Ni Concentration）與 pH 值，並自行添加補充鍍液之化學成分，如此才能嚴密控制一定的製程條件，因為微量的鍍液成分變化，會對於製程參數產生極大的影響，以下圖 9.12 為無電鍍鎳製程線上監測與自動補充鍍液系統之示意圖。

鍍液自動分析補充設備，包括：(1)取樣、(2)分析、(3)補充等三大系統。取樣單元方面，包含：取樣 Pump、鍍液冷卻系統及過濾器等三個主要元件。其中取樣 Pump 每固定時間由製程槽，定量抽取鍍液，經由鍍液冷卻系統（Cooling System）將鍍液冷卻到常溫，再經過過濾器（Capsule Filter），將雜質過濾後進入鍍液分析單元。

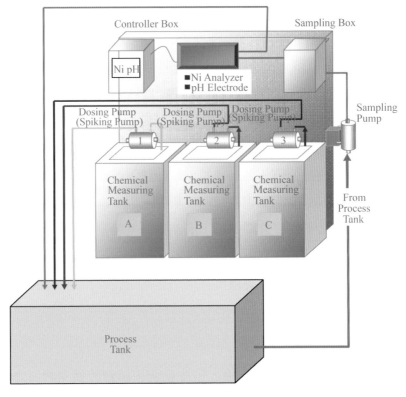

圖 9.12　無電鍍鎳製程線上監測與自動補充鍍液系統之示意圖

　　分析單元，包含：鎢絲燈泡與光電比色計、pH 分析電極等主要元件。利用光電比色計來分析鍍液中鎳金屬離子濃度；光電比色計的原理為當單色光通過厚度相同，且濃度很小的溶液時，根據比爾定律，光被溶液吸收的程度，稱為吸收度，與溶液的濃度成正比，與溶液的厚度成正比，即 A = KCL（A 為吸收度，C 為溶液的濃度，L 為溶液的厚度，K 為吸收係數）。由比爾定律得知，當一束單色光通過一溶液時，由於溶液吸收一部分光能，使光的強度減弱。若溶液厚度不變時，則溶液的濃度越大，光線強度的減弱也越明顯。公式中的 K 稱為吸收係數，吸收係數表示有色溶液在單位濃度和單位厚度時的吸光度。在入射光的波長、溶液種類和溫度一定的條件下，K 為定值。吸光係數是有色化合物的重要特性之一，K 值越大，表示該物質對光的吸收能力越強，濃度改變時引起吸光度的改變越顯著，因此比色測定時靈敏度越高。

　　圖 9.13 為使用光電比色法進行鎳濃度（Ni Concentration）與 pH 值分析之原理圖。光電比色計之系統零件包含光源、濾光片、比色皿、光電檢測器、光電倍增管等組件；而光源將選擇鎢絲燈泡作光源，此鎢絲燈泡所發出之光源將通過濾光片而變為近似的單色光，選擇特定波長能通過之濾光片。此單色光通過比色皿時，能被比色皿中的有色樣品吸收掉部分光源。最後通過比色皿之光線將進入光電檢測器與光電倍增管中，使光學訊號變為電能訊號，而能被偵測表示。在補充系統中，首先確認製程槽體之鍍液體積，以計算每次加入槽體之添加量。當控制器由分析單元偵測到有鍍液需要添加時，新鮮鍍液將由補充槽進入製程槽體中，進而完成一次鍍液之補充。

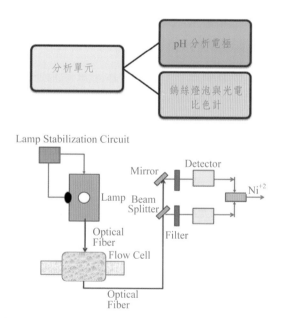

圖 9.13　使用光電比色法進行鎳濃度（Ni Concentration）與 pH 值分析之原理圖[18]

5. 無電鍍（化學鍍）金

無電鍍製程中最昂貴的鍍液就是金鍍液，所以在過去之習慣是儘可能延長鍍液使用時間，但是隨著時間增加鍍液品質則會隨之下降，金鍍液會變得活動過度，在無電鍍金製程時會攻擊無電鍍鎳層，因而導致良率下降，所以還是要依照化學品供應商規定，作鍍液定期更換。

6. 結論

使用無電鍍鎳金（E-Ni/Au）應用在凸塊製程來沉積 UBM 層，在本文中已針對製程上常發生問題作深入探討，並提出各種解決防範對策。無電鍍鎳金沉積使用一系列之濕式製程（Wet Process）設備，其比一般真空濺鍍設備之成本低。但是在生產考量上仍要注意其兩大成本因素，即設備成本（Equipment Cost）與化學鍍液成本（Chemical Cost）。

設備成本（Equipment Cost）：設備為一次性成本，自動化濕式製程設備，在使用上需注意事項為：(1)機台其「實際可生產使用時間」（Up Time）、(2)機台維護與零組件更換之時效性、(3)服務之技術品質等。

化學鍍液成本（Chemical Cost）：因為化學鍍液為持續性之二次成本，在無電鍍鎳金製程上佔關鍵性地位，而且國際間之化學供應商亦不少，在使用上需考量技術與成本兩大要素。(1)技術考量：化學鍍液本身性能、化學鍍液之製程操作範圍（不可過於狹窄）、化學供應商之技術支援能力（研發技術與量產需求是否相結合）；(2)成本考量：針對大量生產時，每一片晶圓生產所需發費成本、鍍液壽命、鍍液是否穩定不容易分解和提早老化等。

7. 參考資料

1. Andreas Osteman, "Electroless Nickel Bump", Fraunhofer Institute IZM, Germany, 2002.

2. A.J.G. Strandjord, M. Johnson, H.Lu, D. Lawhead, R. Hanson, and R. Yassir, Flipchip International, LLC. Phoenix, Arizona, 85034, 2003.

3. G. Motulla, "A Low Cost Bumping Service Based on Electroless Nickel and Solder Printing," Proc. IEMT/IMC Symp., Omiya, Japan, 1997.

4. T. Oppert, E. Zakel, T. Teutsch, "A Roadmap to Low Cost Flip-Chip and CSP using Electroless Ni/Au," Proceedings of the International Electronics Manufacturing Technology Symposium (IEMT) Symposium, Omiya, Japan, April 15-17, 1998.

5. R. Heinz, E. Klusmann, H. Meyer, R. Schulz, "PECVD of Transition Metals for the Production of High-Density Circuits," Surface and Coatings Technology, 116-119 (1999).

6. John H. Lau, Low Cost Flip Chip Technologies, McGraw-Hill, New York, 2000.

7. Deborah S.Patterson, Peter Elenius, James A.Leal, Wafer Bumping Technology - A Comparative Analysis of Solder Deposition Process and Assembly Considerations, Advance in Electronic in Packaging- 1997, Vol 1, 337-351, ASME 1997.

8. Glenn A. Rinne, Solder Bumping Methods for Flip Chip packaging, 1997 ECTC, 240-247.

9. Guowei Xiao, Philip Chan, Cai Jien, Annette Teng, Metthew Yuen, The Effect of Cu Stud Structure and Eutectic Solder Electroplating on Intermetallic Grown and Reliablity of Flip-Chip Solder Bump, 2000 ECTC, 54-59.

10. Joachim Kloeser, Andreas Ostmann, etc, Low Cost Flip Chip Based On Chemical Nickel Bumping and Solder Printing, ISHM'96 Proceeding, 93-102.

11. Li Li, Susie Wiegele, Pat Thompson and Russ Lee, Stencil Printing

Process Development for Low Cost Flip Chip Interconnect, 1998 ECTC.

12. Misaka A., Harafuji K, Simulation study of micro-loading phenomena in silicon dioxide hole etching, Electron Devices, IEEE Transactions, Volume 44 5, Page (s) 751 -760, May 1997.

13. Brad Durkin, Controlling Electroless Nickel Baths, Gardener Publication, Inc., 2003.

14. Riedal, W., "Electroless Nickel Plating" ASM International Finishing Publication LTD., 1991.

15. Kalantary, M.R., Holbrook, K. A., and Wells, P.B., "Effect of Agitation on Conventional Electroless Nickel Plating, "Plating & Surface Finishing, pp. 5562, (August 1992).

16. Joong-Do Kim, Electroless Ni/Au Bump on a Copper Patterned Wafer for the CMOS Image Sensor Package in Mobile Phones, Journal of Electronic Materials, Vol. 36, No. 7, 2007.

17. J.H. LEE, I.G. LEE T. KANG, N.S. KIM, and S.Y. OH, The Effects of Bath Composition on the Morphologies of Electroless Nickel Under-Bump Metallurgy on Al Input/Output Pad, Journal of Electronic Materials, Vol. 34, No. 1, (2005).

18. M. Data, T. Osaka and J. W. Schultze, Microelectronic Packaging, page 501, 2005.

第十章

環保性無電鍍金技術於電子產業上之發展

電子產業上所使用的金鍍層可區分為兩大類：軟金（Soft Gold）和硬金（Hard Gold）。軟金（Soft Gold）主要應用於電路金屬化（Circuit Metallization）和半導體晶片接合墊（Bonding Pad）之使用；至於在電子連接器（Connector）、繼電器（Relay）以及印刷電路版（Print Circuit Board, PCB）所使用之接點材料應用上，則採用硬金（Hard Gold）。一般傳統所使用之軟金和硬金鍍液，皆採用含有氰化物之鹽類 $[Au(CN)_2]^-$ 以作為金離子之來源，由於在進行電鍍及無電鍍反應時，都會釋放出自由氰化物離子。此種氰化物離子不僅毒性強烈不具環保考量外，而且還會攻擊用於製作電路圖案和接合墊之光阻（Photoresist），所以目前軟金（Soft Gold）之電鍍槽及無電鍍槽，都採用非氰化物（Non-cyanide）之鹽類。然而，在硬金（Hard Gold）方面，現今則只能採用電鍍法之氰化物（Cyanide）鹽類。

1.前言

鍍金技術廣泛應用在電子產品之電性接點及半導體接合墊上，主要是因為金具有高導電度（High Electrical Conductivity）、高可靠度（High Reliability）及高耐腐蝕性（High Corrosion Resistance）等優點。近年來，由於電子元件之迅速發展，高密度構裝已成為一種技術趨勢，而鍍金技術必須與此技術趨勢相容，並且在新製程條件下，能夠確保其所擁有的高可靠性。傳統應用於電鍍金和無電鍍金製程，皆普遍採用氰化物類型之鍍液（Cyanide Bath），以氰化金鉀（$KAu(CN)_2$）鹽類，作為金離子的來源。雖然氰化物鍍液有長遠之成功使用歷史，鍍液具備高穩定性，以及能夠產生良好物理性質之金鍍膜。然而，氰化物鍍液不僅具有毒性問題，並且會攻擊用於製造電路圖案之正光阻（Positive Photoresist）。

所以，後來發展出含有亞硫酸金錯合物（Au(I)-Sulfite Complex）之非氰化物鍍液（Non-cyanide Bath）。由於電路圖案密度持續增加，所以近年來對於無電鍍製程的需求也逐年跟著增加。為滿足此項需求，在過去幾年已先後開發出非氰化物之無電鍍金液（Electroless Gold Plating Bath），例如：NaAuCl$_4$ 或 Na$_3$Au(SO$_3$)$_2$ 等。其中，圖 10.1 為使用無電鍍金技術以製作 LED 電子元件電極的顯微鏡（OM）照片，而圖 10.2 為 LED 之結構示意圖。

　　本章以下內容將針對各種無電鍍金製程所使用之非氰化物鍍液的發展演進[1~12]，進行一系列探討，以瞭解目前無電鍍金的技術趨勢與應用狀況。

圖 10.1　無電鍍金之 OM 照片

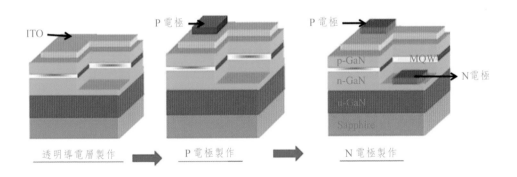

圖 10.2　LED 之結構示意圖。

2. 非氰化物鍍液（Non-cyanide Bath）的發展狀況

2.1 亞硫酸金鍍液（Au(I)-sulfite Complex）

　　本鍍槽之金的來源為亞硫酸金鹽（Gold Sulfite Complex），最常使用之還原劑，則有：次磷酸鹽（Hypophosphite）、甲醛（Formaldehyde）、聯氨（Hydrazine）、氫氧化硼（Borohydride）、DMAB。較不常使用之還原劑，則有：硫尿（Thiourea）、甲基硫尿（Methyl Thiourea），以及乙醯硫尿（Acetyl Thiourea）等。穩定劑（Stabilizer），則有：2-Diamioetane 及 KBr、乙烯二胺（Ethylenediamine）、Ethylenediamine Tetraacetic Acid （EDTA）、Triethanolamine、Nitrilotracetic Acid、硫代硫酸鈉（Sodium Thiosulfate）等。Kato 等人使用抗壞血酸（Ascorbic Acid）為還原劑，可以使亞硫酸金鹽作自催化反應（Autocatalytic Reaction）以還原成金，但是沉積速率太慢。後來發現使用硫代硫酸（Thiosulfate）作第二種錯合劑，則可以大大提高沉積速率。

2.2 硫代硫酸金鍍液（Au(I)-thiosulfate Complex）

　　使用硫代硫酸金錯合劑（Thiosulfate Complex）作為無電鍍金之金離子來源，為近來發展的技術。Patel 及 Kohl 對於 $[Au(S_2O_3)_2]^{-3}$ 陰極還原及各種還原劑之氧化研究，作了深入廣泛地電化學實驗後，顯示採用抗壞血酸（Ascorbic Acid）為還原劑，可以使沉積速率提高，如表 10.1 所示為其無電鍍金成分，pH 值操作範圍 6.4～9.2，操作溫度約為室溫。

表 10.1　硫代硫酸金鍍液成分[9]

成分	濃度／操作條件
$Na_2Au(S_2O_3)_2$	0.03 M
Na L-ascorbic	0.05 M

成分	濃度／操作條件
Critic Acid	0.4 M
pH (KOH)	6.4 M
Temperature	30 ℃
Deposition Rate	0.76 μm/hour

然而，在還原 $[Au(S_2O_3)_2]^{-3}$ 時，會累積硫代硫酸根離子（$S_2O_3^{-2}$），導致沉積速率下跌。後來 Sullivan 和 Kohl 等人發現雙氧水（Hydrogen Peroxide）會與 $S_2O_3^{-2}$ 離子產生反應，最後生成 $S_3O_6^{-2}$ 和 SO_4^{-2} 離子，以防止硫代硫酸根離子（$S_2O_3^{-2}$）累積。經由定期補充雙氧水（Hydrogen Peroxide; H_2O_2）成分，可以維持固定沉積速率在 0.76 μm/hour。唯一美中不足之處，就是此種鍍液只有 2 小時之壽命，所以仍不符合實際量產需求。

2.3　硫代硫酸與亞硫酸混合鍍液（Bath Containing Both Sulfite and Thiosulfate）

以上所述非氰化物鹽類之鍍液，其使用單一種錯合劑，例如：硫代硫酸鹽或亞硫酸鹽時，其鍍液都不夠穩定。如果同時含硫代硫酸鹽和亞硫酸鹽時，則可以提升鍍液之穩定度。目前使用硫代硫酸—亞硫酸混合鍍液，其相對應可選用之還原劑種類，則有以下四種：硫尿（Thiourea）、抗壞血酸（Ascorbic Acid）、次磷酸鹽（Hypophosphite）或聯氨（Hydrazine）等。以下將針對各種還原劑的發展緣由與使用狀況，進行詳細探討，以瞭解影響沉積速率與鍍液穩定度之因素。

2.3.1　還原劑——硫尿（Thiourea）鍍液

使用還原劑——硫尿（Thiosulfate）之無電鍍金液，最早是由 Hitachi 公司的研究團隊所研究及發展出來。硫尿（Thiourea）經由複雜的化學反應，會形成一種自由基中間物 (NH)(NH_2)CS，最後形成尿素（Urea）主產物及 Dicyandiamide。此種自由基中間物會與鍍液中之氧產生反應，形成 Formamidine Sulfinic Acid（$(NH_2)CSO_2$），因而導致鍍液的不穩定性。表 10.2 中採用 Hydroquinone 會與自由基中間物起反應，以防止不必要之化合物形成。並且 Hydroquinone 會與自由基中間物反應，再生成硫尿（Thiosulfate），所以 Hydroquinon 可作為穩定劑（Stabilizing Agent）及硫尿之回收劑（Recycling Agent），目前此種鍍液已可商業化使用。

表 10.2　還原劑為硫尿（Thiourea）之無電鍍金液[10]

成分	濃度／操作條件
$NaAuCl_4$	0.005～0.025 M
Na_2SO_3	0.04～0.2 M
$Na_2S_2O_3$	0.2～0.6 M
$Na_2B_4O_7$	0.066～0.13 M
Thiourea	0.0013～0.013 M
Hydroquinone	0.0018～0.018 M
pH	7.5～8.5
Temperature	60～90 ℃

2.3.2　還原劑──抗壞血酸（Ascorbic Acid）鍍液

日本 Kanto 化學公司發展出使用抗壞血酸（Ascorbic Acid），以作為無電鍍金之還原劑。在鍍液中添加少量之穩定劑 -2-Mercaptobenzothiazole（MBT），可將鍍液壽命由 3 小時提高到 35 小時，而且不會影響無電鍍金之沉積速率，仍然可維持在 1 μm/Hour。表 10.3 為還原劑使用抗壞血酸（Ascorbic Acid）之無電鍍金液。

當添加 0.005 M 的乙烯二胺（Ethylenediamine），可以提高沉積速率到 3 倍。Tl^+ 離子也是一種有效的沉積加速劑，添加 1 ppm 的 Tl^+ 可提高沉積速率到 2 倍。Tl^+ 離子的沉積加速效果，主要是它在半陰極反應（Partial Cathodic Reaction）的去極化效應（Depolarization Effect），使得 Tl 在未達沉積電位下即可沉積（Under Potential Deposition）於金表面。此種效應與傳統的氰化物鍍液非常相似，此種鍍液目前已經商業化。

表 10.3　還原劑為抗壞血酸（Ascorbic Acid）之無電鍍金液[11]

成分	濃度／操作條件
$NaAuCl_4$	0.01 M
Na_2SO_3	0.08～0.32 M
$Na_2S_2O_3$	0.08～0.32 M
Na_2HPO_4	0.05～0.20 M
Na L-ascorbate	0.05～0.20 M
2-Mercaptobenzonthiazol (MBT)	Trace
pH	7.5
Temperature	60 ℃
Deposition Rate	1 μm/hour

Honma 等人針對抗壞血酸（Ascorbic Acid）進行大量研究，發現添加 Nitrilotriacetic acid 可以改善金之硫化鹽類的穩定性，經由形成錯合物，可以防止金離子（Au^+）的不均衡反應。為了更進一步增加鍍液之穩定度，可以添加 0.1～100 ppm 的其他化合物，例如：$K_4Fe(CN)_6$、$K_2Ni(CN)4$、2-2'-Dipyridl 和 Cupferron 等。

根據研究報導發現，在鍍液中含有 $K_2Ni(CN)_4$ 或 Cupferron 之沉積物與金線的接合強度，會大於鍍液中含有 2-2'-Dipyridl 之沉積物與金線的接合強度。此種接合強度的差距，主要是因為結晶方向不同所造成，而非雜質與表面形態之影響。其中在（220）與（311）結晶方向的沉積物，具有較佳之接合強度。這些作者還發現使用聯氨（Hydrazine）作為還原劑，可以增加無電鍍金之沉積速率達 2 倍，在溫度 60 ℃，pH 值為 6 之操作條件下，可達 1.7 μm/hour 之沉積速率。

2.3.3　還原劑──次磷酸鹽（Hypophosphite）鍍液

Paunovic 和 Sambucetti 等人針對非氰化物（Non-cyanide）之無電鍍金系統，做了一次廣泛性地極化曲線研究。在其研究範圍中。使用以下化學品：單獨亞硫酸鹽、單獨硫代硫酸鹽、亞硫酸鹽與硫代硫酸鹽之混合物、磷酸鹽、熱磷酸鹽等為錯合劑（Complex Agent）；以及使用下列化學藥品：次磷酸鹽、甲醛、DMAB 和 TMAB 等為還原劑（Reducing Agent）。其中使用亞硫酸鹽與硫代硫酸鹽之混合物，並搭配使用次磷酸鹽為還原劑，在鍍液穩定度與沉積速率上，得到最令人滿意之結果。鍍液成分如表 10.4 所示，加入等量之 A 與 B 溶液，然後添加還原劑。其中，溶液 A 含有：0.005 M Na_2SO_3、0.16 M Boric Acid，及 NaOH 調整 pH 值。溶液 B 含有：0.1 M Na_2SO_3、0.1 M $Na_2S_2O_3$、0.16 M Boric Acid，及 NaOH 調整 pH 值。鍍液中含有濃度為 0.075 M 之 Na_2HPO_2。以上作者發現添加 0.5M 檸檬酸（Citrate），可以提高沉積速率。他們認為檸檬酸（Citrate）是一種額外的還原劑，在 pH 值為 7.5，溫度為 70 ℃ 之操作條件下，可達 0.9 μm/hour 之沉積速率。鍍液可維持 10 小時之穩定度，如果添加穩定劑例如 SCN^-，則可延長鍍液穩定度之時間。使用 RBS 及歐傑（Auger）光譜儀分析金沉積物，發現硫並未進入沉積物內，使用微探針（Microprobe）分析硫含量小於 200 ppm，其與金線間之接合能力（Bondability）已獲得正面肯定。

表 10.4　還原劑為次磷酸鹽（Hypophosphite）之無電鍍金液[12]

成分	濃度／操作條件
A 溶液	
Na_2SO_3	0.005 M
Boric Acid	0.16 M
NaOH	Adjust pH
B 溶液	
Na_2SO_3	0.1 M
$Na_2S_2O_3$	0.16 M

成分	濃度／操作條件
Boric Acid	0.16 M
NaOH	Adjust pH
還原劑	
Na_2HPO_2	0.075 M
Citrate	0.5 M
pH	7.5
Temperature	70 ℃
Deposition Rate	0.9 μm/hour

2.3.4 還原劑——聯氨（Hydrazine）鍍液

Shiokawa 等人採用聯氨（Hydrazine）作為無電鍍金之還原劑，以亞硫酸金作為金離子之來源。他們發現為了鍍液之穩定性考量，鍍液中必須同時具有亞硫酸與硫代硫酸兩種溶液。此鍍液會因不同場合，有許多不同添加劑。使用強錯合劑 EDTA 可遮蔽金屬雜質，例如：Cu^{+2} 和 Ni^{+2}。胺類，如：三乙醇胺（Triethanolamine）或乙烯二胺（Ethylenediamine），可抑制氣孔的形成。奎林（Quinoline）衍生物，如：2-Chloroquinoline 可防止金沉積於光阻上。使用檸檬酸（Citrate）或酒石酸鹽（Tatrate），可以穩定鍍液。使用 As^{+3}、Tl^{+3}、或 Pb^{+2} 等，則可增加沉積平坦度。當此種鍍液在 pH 值 6.5，溫度 60 ℃下，沉積速率為每小時 0.93 μm。

3. 結論

無電鍍金的發展歷史幾乎達 30 餘年，經過不斷地發展與演變，已可滿足現今微電子領域之需求，尤其目前在 IC 構裝之導線連接、LED 及 Solar Cell 電極製作應用上，漸漸有許多廠商採用無電鍍金技術。基於電子元件之快速發展，高密度構裝已成為一種技術趨勢，而鍍金技術必須與此技術趨勢相容，並且在新製程條件下，能夠確保產品之高可靠性與符合環保需求。相信在不久的將來，非氰化物之無電鍍金技術，將漸漸成為微電子導線製作之重要製程。

4. 參考文獻

1. Z. Mathe, Met. Finish., 90(1), 33 (1992).

2. G. M. Ganu and S. Mahapatra, J. Sci. Ind. Res., 46(4), 154 (1987).

3. K. Shioka, T. Kudo, and N. Asaoka, Kokai Tokkyo koho (Japanese patent Disclosure), 3-215677 (1991).

4. K. Shioka, T. Kudo, and N. Asaoka, ibid., 4-314871 (1992).

5. J. Ushio, O. Miyazawa, A. Matsuura, and H. Yokono, Kokai Tokkyo Koho (Japanese Patent Diaclosure), 87-247081 (1987).

6. F. Richer, R. Gesemann, L. Gierth, and E. Hoyer, ibid., 268484 (1986).

7. Y. Sato, T. Osawa, et all, Plating Surf. Finish., 81 (9), 74 (1994).

8. Mordechay Schlesinger, Milan Paunovic, Modern Electroplating, 4th edition, page 717~721, (2000).

9. A. Sullivan, A. Patel, and P. A. Kohl, Proc. 81st AESF Technical Conference, American Electroplaters and Surface Finishers Society, 595, (1994).

10. T. Inoue, S. Ando, H. Okudaira, J. Ushio, A. Tomizawa, H. Takehara, T. Shimazaki, H. Yamamoto, and H. Yokono, proc. 45th IEEE Electronic Components Technology Conf., 1059 (1995).

11. M. Kato, Y. Yazawa, and Y. Okinaka, Proc. AESF Technical Conf., SUR/FIN'95, American Electroplaters and Surface Finishers Society, pp. 805~813 (1995).

12. M. Paunovic and C. Sambucetti, Proc. Symp. on Electrochemistry Deposited Thin Film, vol. 31, Electrochemical Society, Pennington, NJ, 1994, p. 34.

第十一章

無電鍍鈀（Electroless Plating Palladium）技術

　　伴隨電子工業技術之快速成長，目前已有許多研究致力於無電鍍鈀（Electroless Palladium）的發展。尤其是電子通訊工業需要無電鍍鈀技術，因為無電鍍鈀可在錯綜複雜設計之小元件表面形成均勻的鍍層，以及提供導體在高溫操作環境下有穩定的接觸表面。無電鍍鈀可當成是金鍍層之替代物，以及在電子工業應用上，無電鍍鈀可作為金（Gold）與銅（Copper）或銀（Silver）基板（Substrate）之間的擴散障礙層（Diffusion Barrier Layer），因它具有良好的耐腐蝕性質（Good Corrosion Resistance）、低接觸電阻（Low Contact Resistance）和低成本（Low Price）等優點。Brenner[1]認可無電鍍鈀的可行性，但是在要求鈀鍍層之均勻性發展的同時，常常導致無電鍍鈀溶液之高度不穩定性；所幸，經由適當選擇添加劑，無電鍍鈀溶液的不穩定性可獲得良好控制。

1. 聯氨鍍液（Hydrazine-Based Baths）

　　Rhoda 以聯氨（Hydrazine）為還原劑（Reducer），進而發展了許多種無電鍍鈀（Electroless Plating Palladium, ELP-Pd）之溶液，如表 11.1 所示[2~4]。鍍液的調配方式如下：首先將氫氧化銨（Ammonium Hydroxide）小心添加入氯化鈀（Palladium Chloride）溶液中，以形成 $[Pd(NH_3)_4]^{2+}$ 錯合物（Palladium Tetrammine Complex），然後將溶液加熱以溶解可能的沉澱物。加入乙烯二胺四醋酸（Ethylene Diamine Tetra-Acetic Acid, EDTA），作為有效之穩定劑（Stabilizer），以防止鍍液產生自發性分解（Spontaneous Decomposition）。

　　表 11.1 中第一種鍍液適用於滾鍍（Barrel Plating）應用，其所產出鍍層硬度為 Knoop 150～350（荷重 25 kg），在較高沉積速率下，鍍層硬度會下降，其鈀含量為 99.4 %，密度值為 11.96 g/cm^3。聯氨（Hydrazine）鍍液的一大缺點就是在沉積幾個小時之後，在鍍液成分尚未消耗時，其沉積速率會突然下降。針對此種現象，目前已有許多配方修改的研究發表於文獻上

[5～7] 。

Paunovic 和 Ting[5]使用電化學方法（Electrochemical Method），針對表 11.1 中第三種無電鍍鈀液及第五種無電鍍鈀液，進行基本研究。其研究顯示聯氨鍍液的氧化交換電流密度為 7.8×10^{-5} A/cm^2，高於次磷酸鹽的氧化交換電流密度 2.6×10^{-5} A/cm^2。Shu 與他的同事[8]，針對無電鍍鈀液在鹼性溶液中，在含有 $[Pd(NH_3)_4]^{2+}$ 錯合物、EDTA 和聯氨條件下，以電化學極化方法量測化學反應行為。發現「四價鈀（Tetravalent Palladium）」會與位於鈀—錫活性基材上的「共存氧化錫（Coexist Tin Oxide）」產生反應，進而達到穩定四價鈀之目的。

2. 次磷酸鹽鍍液（Hypophosphite Based Baths）

目前大部分的無電鍍鈀溶液，使用 $[Pd(NH_3)_4]^{2+}$ 為錯合劑，氯化銨為穩定劑（Stabilizer），次磷酸鹽（Hypophosphite）為還原劑。表 11.1 中第四種無電鍍鈀液的配置方法，詳述如下：

➤ 將含有 2 g/L 的 $PdCl_2$ 及 40 ml/L 的 HCl（38 ％）的溶液，加入於定量的氫氧化銨溶液中，並進行攪拌。

➤ 在使用此鍍液之前，必須先將此混合溶液保持常溫下達 20 小時，並且進行循環過濾。

➤ 加入所需要體積之次磷酸鹽溶液並進行攪拌。每沉積 1 g 的鈀，大約消耗 3 g 的次磷酸鈉（$NaH_2PO_2 \cdot 2H_2O$）[13]。

3. 使用其他還原劑之鍍液

Stremsdoefer 等人[15]提出一種新鍍液，可將鈀、鈀—金合金鍍於 N-GaAs 表面。鍍液成分包括還原劑 NH$_2$OH.HCl（Hydroxylamine Hydro-chloride）和低濃度的金屬物，在 20 ℃ 酸性條件下，其沉積速率高達 0.5 μm/hr。鍍液含有 A 和 B 兩種溶液，在 A 溶液中之鹽酸（HCl）及 B 溶液中之氯化鉀（KCl），為個別溶液中之穩定劑。加少量 A 溶液於 40 ml 之 B 溶液中，可作為沉積鈀於 N-GaAs 基板表面之鍍液。

900 ml A 溶液成分：

(1) 0.3 g PdCl$_2$ 溶於 9 ml HCl。

(2) 5 ml DI 水。

(3) 864 ml 冰醋酸。

(4) 22 ml HF (40%)。

100 ml B 溶液成分：

(1) NH$_2$OH.HCl, 0.416 (0.06 M)。

(2) KHF2, 0.937 g (0.12 M)。

(3) KCl, 14.912 g (2.0 M)。

(4) Citric Acid (C$_6$H$_8$O$_7$.H$_2$O), 2.101 g (0. 1 M)。

(5) DI 水。

此鍍液所得個別鍍層，具有良好結構及附著性。此外，Stremsdoerfer 等人認為此鍍層經過後續高達 550 ℃ 退火步驟，可得到良好的金屬－半導體接合（Pd/N-GaAs Junction）。

表 11.1　各種化學鍍鈀液的配方

Bath Consituents (g／L)	Hydrazine Type			Hypophosphite	
	1	2	3	4	5
[Pd(NH$_3$)$_4$]$^{2+}$	5.4	7.5	—	—	—
PdCl$_2$	—	—	0.023 M	2	0.023 M
HCl (38 %)	—	—	2～8 ml/L	4 ml/L	2～8 ml/L
NH$_4$OH (28 % NH$_3$)	359	280	300 ml/L	160 ml/L	160 ml/L
Na$_2$EDTA	33.6	8	0.1 M	—	—
NH$_4$Cl	—	—	—	27	0.486 M
Hydrazine, N$_2$H$_4$.H$_2$O	0.3	—	0.005	—	—
Hydrazine (1 M Solution: ml/hr)	—	8	—	—	—

Bath Consituents (g / L)	Hydrazine Type			Hypophosphite	
	1	2	3	4	5
NaH$_2$PO$_2$.2H$_2$O	—	—	—	10	0.094 M
Temperature (°C)	80	35	60	55	40
Deposition-rate (μm/hr)	2.5	0.9	2.5	2.5	0.9
Reference	[2]	[2,3]	[5]	[9]	[5]

Newafune 等人使用鈀—乙烯二胺（Pd-Ethylene Diamine）錯合劑鍍液，進行純鈀之無電鍍反應，其中以甲酸（Formic Acid）為還原劑。無電鍍純鈀，使用以下基本鍍液組成：0.01 M 氯化鈀（Palladium Chloride）、0.08 M 乙烯二胺（Ethylene Diamine）和 0.2 M 甲酸（Formic Acid），pH 為 6，溫度為 60 ℃。此外，他們也使用乙烯二胺（Ethylene Diamine）錯合劑鍍液，進行無電鍍鈀，使用亞磷酸（Phosphite）和 Trim ethylamine borane 為還原劑[18]，其中使用亞磷酸（Phosphite）為還原劑時，會有微量的磷（Phosphorus）共同沉積出來。

4. 無電鍍鈀合金

無電鍍鈀三元合金之鍍液的形成，是將硫酸鹽合金元素添加於無電鍍鈀溶液中[9]。使用表 11.1 第四種鍍液為次磷酸鹽鍍液，其鈀沉積物含有 1.5 % 的磷。如果在表 11.1 第四種鍍液加入不同的金屬鹽類，則可產生鈀的三元合金。例如，在次磷酸鹽鍍液中添加 29.6 g/L 硫酸鎳六水合物（Sulfate Hexahydrate），則可產生硬度超過 Knoop 600 的鈀—鎳—磷三元合金鍍層，其鎳含量為 6 %。如果以相同量之硫酸鈷來取代硫酸鎳六水合物，則由小於 10 % 鈷與鈀共同沉積出來。如果添加 36 g/L 硫酸鋅於表 11.1 第四種鍍液中，則由 36 % 鋅與鈀共同沉積出來[9]。此外，還有無電鍍鈀銀[6]及無電鍍鈀金[15,19]等合金之相關研究發表出來。

5. 結論

由於金價格上升，使用無電鍍鈀當作金鍍層之替代物，目前已有增加之趨勢，然而無電鍍鈀之鍍液的研究與改進，仍然需要持續進行，以滿足未來電子工業之量產需求。

6. 參考文獻

1. A. Brenner, Met. Finish, 52 (11), 68; 52 (12) 61 (1954).

2. R. N. Rhoda, Trans. Inst. Mct. Finish., 36, 82 (1959).

3. R. N. Rhoda, J. Electrochemical Society, 108, 707 (1961).

4. R. N. Rhoda, Plating, 50, 307 (1963).

5. M. Paunovic and I. Ohno, eds., Electrochemical Society, Pennington, NJ, 1988, p. 170.

6. J. Shu, B. P. A. Grandjean, E. Ghali, and S. Kaliaguine, J. Membr. Sci., 77, 181 (1993).

7. C. Hsu, B. P. A. Grandjean, E. Ghali, and S. Kaliaguine, J. Electrochemical Society, 140, 3175 (1993).

8. J. Shu, B. P. A. Grandjean, E. Ghali, and S. Kaliaguine, J. Electrochemical Society, 140, 3175 (1993).

第十二章

3D-IC 晶圓接合技術

1. 前言

　　1990 年代初期微機電系統（MEMS）接合市場的應用，開啟了工業上最早晶圓接合技術發展之里程碑。當初只侷限於直徑 100 mm、150 mm 和 200 mm 等晶圓，而且大部分晶圓接合之製程需求是由元件結構特性而定。近年來由於晶圓之光學構裝（例如：CMOS 影像感測器）應用與 3D-IC 技術的迅速發展，快速帶動晶圓接合技術的應用領域，朝向 300 mm 晶圓及各種先進 TSV 技術整合上發展。從 MEMS 構裝、晶圓級構裝以及 3D 整合構裝，由於應用領域的不同，其個別需求亦不同，所幸目前已發展出多樣化的晶圓接合製程，以提供不同應用需求之最佳解決方案。如圖 12.1 所列出各種晶圓接合製程，這些製程皆有其特定的物理與化學機制，當兩片基板進行接合時，可藉由分子鍵結或原子鍵結接合、合金化接合、氧化物接合或黏著材料等方式進行接合。

　　一般晶圓接合製程的使用限制，主要是受到退火溫度所影響。退火溫度的高低取決於接合原理與材料特性，熱退火對晶圓接合的主要影響是材料的熱膨脹行為。當溫度升高時，不同熱膨脹係數之兩材料間會產生熱應力，進而影響接合可靠度。有鑑於此，過去數十年來，有許多的研究都致力於發展低溫接合製程，以擴大晶圓接合的應用領域。傳統低溫接合溫度範圍在 RT～400 ℃，近年來已發展出溫度低於 400 ℃之新晶圓接合製程，以充分符合晶圓級 3D 整合之新領域需求。目前能夠應用於 3D-IC 整合的晶圓接合製程，則包括：(1) 熔融接合（Fusion Bonding）、(2) 金屬熱壓接合（Metal Thermal Compression Bonding）、(3) 聚合物黏著接合（Polymer Adhesive Bonding）、(4) 特殊共晶接合（固液擴散接合）等。本文將參考最新文獻[1～16]，介紹 3D-IC 構裝應用相關之晶圓對位與接合技術，以深入瞭解目前技術的發展趨勢。

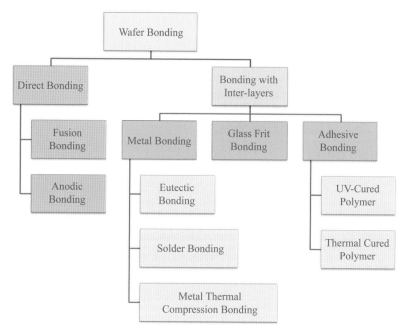

圖 12-1　依接合原理分類之各種晶圓接合方法[1,2]

2. 晶圓對位製程（Wafer Alignment Process）

　　晶圓對位（Wafer Alignment）技術，有機械對位（Mechanical Alignment）及光學對位（Optical Alignment）兩種。

　　機械對位（Mechanical Alignment）：使用晶圓的凹槽（Notch）或平邊（Flat）作為對位的基準，採用特殊定位插銷（Special Pins）作晶圓對位。針對 12 吋晶圓，SEMI 規範（SEMI Standard）所要求的對位精準度為 ± 50 μm。

　　光學對位（Optical Alignment）：使用光學儀器將兩晶圓進行精確對位，對位精準度範圍為 1～10 μm。由於光學對位精準度需求較高，所以定位記號都製作於圖案化晶圓上，定位記號的尺寸及位置，則依精準度需求而定。

光學對位可分為直接對位（Direct Alignment）及間接對位（Indirect Alignment）兩種。其中，直接對位（Direct Alignment）最少需要有一片晶圓能讓可見光（Visible Light）或紅外線（Infrared Light, IR）通過，兩片晶圓的對位點可以同時觀察到。間接對位（Indirect Alignment）是指兩片晶圓無法讓可見光或紅外線通過，它採用第二片晶圓在參考點的預存數位影像（Digitized Image of the Second Wafer），作為第一片晶圓對準依據，間接方式達到對位目的。常用的光學對位方法有：背面對位（Backside Alignment）（圖 12.2(a)）、透明晶圓對位（Alignment with Transparent Wafer）（圖 12.2(b)）、紅外線對位（IR Alignment）（圖 12.2(c)）、面對面對位（Face to Face Alignment）等（圖 12.3）。其詳細製程分別敘述如下：

(1) 背面對位（Backside Alignment）

第一片晶圓正面有對位記號，第二片晶圓背面有對位記號，先儲存第一片晶圓之數位影像，然後將第二片晶圓對準第一片晶圓之數位影像，使用高精密度的 X-Y 機械移動工具，將第二片晶圓的對位記號對準第一片晶圓數位影像中的對位記號，使兩晶圓的對位記號重疊，進而達到晶圓對位目的（如圖 12.2(a)）。

(2) 透明晶圓對位（Alignment with Transparent Wafer）

對位方式與背面對位相似，由於底部第一片晶圓為透明晶圓，所以不需要第一片晶圓之數位影像，第一片透明晶圓可讓可見光通過（例如圖 12.2(b) 玻璃晶圓），對位方式就是將兩片晶圓的對位記號重疊，使用高精密度的 X-Y 機械裝置移動晶圓，將底部晶圓的對位記號重疊到上部晶圓，可同時觀察兩片晶圓對位記號的動態影像。

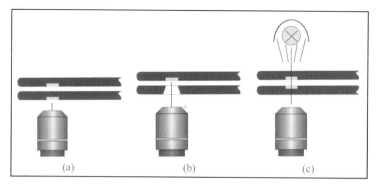

圖 12.2　常用的光學對位方法：(a) 背面對位（Backside Alignment）、(b) 透明晶圓對位（Alignment with Transparent Wafer）、(c) 紅外線對位（IR Alignment）等[2]

(3) 紅外線對位（IR Alignment）

晶圓可讓紅外線通過（例如圖 12.2(c) 低摻雜之矽晶圓）。對位方式就是將兩片晶圓的對位記號重疊，使用高精密度的 X-Y 機械裝置移動晶圓，將底部晶圓的對位記號重疊到上部晶圓，可同時觀察兩片晶圓對位記號的動態影像。

(4) 面對面對位（Face to Face Alignment）

採用 Smart View® 晶圓面對面（Face to Face）高精密對位機原理（圖12.3），使用兩個顯微鏡來觀察兩片對位晶圓之對位點，由於面對面對位的兩片晶圓的對準記號，都在晶圓的正面，當晶圓接合後，兩片晶圓的對準記號將被接合面覆蓋。首先使用下方顯微鏡對準上部晶圓的對準記號，而上方顯微鏡則對準底部晶圓的對準記號，將兩片晶圓的對準記號與外部參考點的相對位置儲存起來，接者將兩片晶圓移動來對準參考點所儲存的位置，此種晶圓對位的精度可達到小於 1 μm。由於 Smart View® 高精密對位機原理是處理晶圓的正面，所以適用於任何種類之基板，一般紅外線 IR 光遇到金屬會產生光散射，而矽基材如果有摻雜時，則會降低紅外線 IR 光，進而影響到對位影像之對比，使用 Smart View 對位機原理可彌補以上缺點。

圖 12.4 為 Smart View® 重複對位 400 次之記錄，其左側與右側的對位精度（Alignment Accuracy）可以達到小於 120 nm[3]。

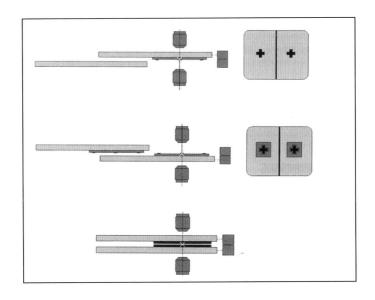

圖 12.3　Smart View® 晶圓面對面（Face to Face）對位原理[2]

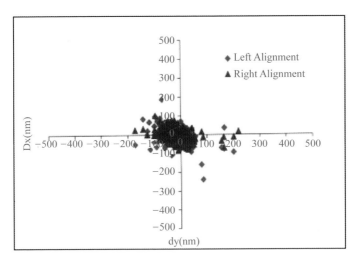

圖 12.4　Smart View® 重複對位 400 次 之記錄[2]

因為晶圓對位（Wafer Alignment）與晶圓接合（Wafer Bonding）之特性不同，所以無法同時進行兩種製程。晶圓接合設備需要有迅速與均勻的加熱系統，能夠提供高而均勻的壓力，以及後續製程氣體導入與快速抽真空等靈活性需求，所以很難與晶圓對位設備合併於同一設備中使用。一台晶圓對位設備可支援多台晶圓接合設備，晶圓接合座（Bond Chuck）必須要有良好設計，因為它會影響到最終晶圓對位精準度。從晶圓對位設備將晶圓傳送到晶圓接合設備，以及進行晶圓加熱時，必須要有設計可靠的晶圓接合座（Bond Chuck）為基礎，以確保大量生產時晶圓對位精度不致發生偏移。以下將介紹晶圓對位（Wafer Alignment）與晶圓接合（Wafer Bonding）之製程流程（圖 12.5）：

(1) 首先將晶圓放入晶圓對位設備中。

(2) 進行晶圓對位（有手動對位及自動對位兩種），將對位好之晶圓使用機械方式固定於晶圓接合座（Bond Chuck）上，如果需要在接合界面（元件內部）進行環境氣氛控制時，可在接合界面區放入間隔物（Spacer），並以機械方式夾緊（Mechanical Clamp）固定。

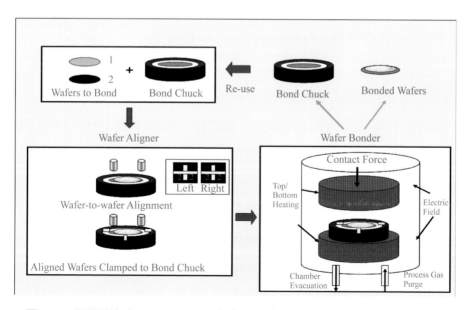

圖 12.5　晶圓對位（Wafer Alignment）與晶圓接合（Wafer Bonding）之製程流程

(3) 將晶圓接合座（Bond Chuck）放入晶圓接合設備之腔體中，接者抽真空到所需要的腔體真空度，取出接合界面區之間隔物，進行加熱及施加壓力於晶圓兩側，以完成晶圓接合製程。

　　為了確保晶圓對位合乎製程需求，必須考慮一些重要因素。首先在晶圓設計時，必須先定義對位方式（Alignment Method），然後將晶圓接合之對位點設計於晶圓 Layout 展開圖上。可由基板種類（Substrate Type）、特殊性質（Specific Features）、對位精度（Alignment Accuracy）等重要因素，進而決定所要採用的對位方式及對位點設計。針對某一特定的對位方式，其所能達到的定位精度及可靠度，這主要取決於對位點形狀與尺寸之設計，以及晶圓上對位點的位置。整個晶圓接合製程是否嚴格控制每一個細節，將影響接合後之對位精度（Post Bonding Alignment Accuracy）[2]。

　　晶圓接合製程中的許多因素都會影響最終的對位精度，其中以中間接合層的壓縮應力最容易導致晶圓對位偏移，而中間接合層是指：共晶接合層、黏著接合層、玻璃粉接合層等。此外，兩接合層之熱膨脹係數如果不匹配，亦會影響對位精度。一般針對接合製程會定義兩項規格：第一為對位後精準度（Post Alignment Accuracy）；第二為兩接合晶圓之界面經硬化後，所量測出來的接合後精準度（Post Bonding Accuracy）。

3. 晶圓接合製程（Wafer Bonding Process）

　　目前能夠應用於 3D-IC 整合的晶圓接合製程，則包括：(1) 熔融接合（Fusion Bonding）、(2) 金屬熱壓接合（Metal Thermal Compression Bonding）、(3) 聚合物黏著接合（Polymer Adhesive Bonding）、(4) 特殊共晶接合等。以下針對熔融接合、金屬熱壓接合、聚合物黏著接合、特殊共晶接合（固液擴散接合）等製程，進行個別介紹：

3.1 熔融接合（Fusion Bonding）[2, 3,4]

熔融接合為工業上最早使用的晶圓接合技術，兩晶圓表面因化學鍵結（Chemical Bond）的建立，進而形成晶圓接合，熔融接合製程包含兩個步驟：

(1) 在常溫下將兩晶圓對準接觸，先形成較弱的接合，此步驟又稱為預接合（Pre-bonding）。

(2) 在高溫 600～1200 ℃（溫度則與晶圓之表面材料有關）下，進行熱退火（Thermal Annealing）幾個小時，將弱鍵結（Weak Bond）變成共價鍵（Covalent Bond），進而形成強而堅固之接合。熔融接合對於晶圓表面之潔淨度及平坦度的要求較高，必須防範化學污染物，以免影響接合機制。

熔融接合所需的退火溫度非常高，並不適於 3D-IC 整合應用上。近年來為了擴大其應用領域，目前已修改一些製程，來降低退火溫度（Anneal Temperature）到小於 400 ℃。例如在預接合（Pre-bonding）製程前，先採用電漿活化（Plasma Activation）晶圓表面，即可降低退火溫度。如圖 12.6 所示，使用電漿活化改變晶圓表面之化學構造，以形成高能量鍵結，如此便可降低退火溫度及縮短退火時間。

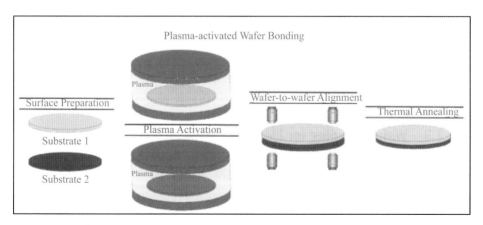

圖 12.6　使用電漿活化改變晶圓表面之化學構造，以形成高能量鍵結，可降低退火溫度及退火時間

　　標準的親水性熔融接合（Hydrophilic Fusion Bonding），必須在溫度大於 1,000 ℃下，進行 8～10 小時的退火，才能達到最大鍵結強度。然而，如果預先採用電漿活化（Plasma Activation）處理，則在 200～400 ℃溫度下，進行 0.5～3 小時的退火處理，亦可達到相同的鍵結強度。圖 12.7 為不同退火溫度（100、200、300、400 ℃）下，晶圓接合強度（表面能）與退火時間之變化圖。為了要使此熔融接合製程能應用於 3D-IC 整合上，在晶圓接合前必須先進行晶圓平坦化處理，使晶圓表面粗糙度達到 1 nm。一般採用 CVD 沉積氧化物，然後進行 CMP 平坦化製程，重複多次氧化物沉積與 CMP 平坦化製程，使晶圓表面平坦度合乎規格需求。此低溫熔融接合製程使用剛性接合面，可在常溫下進行預接合步驟，所以對位精度高，可以批次方式進行熱退火，產能可高達 14～25 Bonds/hour。

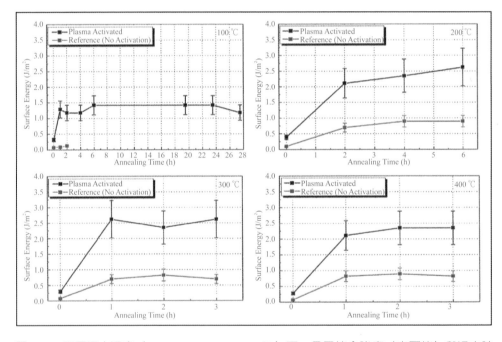

圖 12.7　不同退火溫度（100、200、300、400 ℃）下，晶圓接合強度（表面能）與退火時間之變化圖

3.2　金屬熱壓接合（Metal Thermal Compression Bonding）[5]

　　將兩相同金屬材料施以加熱及加壓，它是一種固態擴散反應（Solid State Reaction），會在接合界面產生原子交互擴散（Inter-diffusion of Atoms）與晶粒成長（Grain Growth）來進行接合。此接合技術是將堆疊晶圓在高溫下，施以高壓力一段時間，進而形成晶圓接合。升高溫度可軟化材料硬度，同時降低接合所需壓力。然而如果金屬表面有氧化物存在時，則會抑制接合面之晶粒成長，所以金屬表面不能有氧化物存在。

　　目前 3D-IC 最常應用之金屬熱壓接合為銅對銅（Cu-Cu）晶圓接合，銅對銅晶圓接合技術必須注意兩大重要參數：溫度均勻性與壓力均勻性。至於最大接合溫度之高低，則由元件的熱預算（Thermal Budget）所決定。在溫度均勻性參數方面，如果能夠增加溫度均勻度，則可提高加熱速度，進而提升產能。然而，如果晶圓表面溫度分布不均，則會在局部區域產生扭曲，以及在接合層產生內應力，進而嚴重影響接合品質。在壓力均勻性參數方面，有良好均勻的壓力分布，可以補償晶圓的不平整性，以及晶圓厚度變化等缺失。

　　銅對銅的熱壓接合製程有兩種：第一種使用銅與原生氧化物（Native Oxide）；第二種使用銅與有機鈍化層（如 BTA），此鈍化層是在銅雙鑲嵌製程（Copper Dual Damascene Process）的 Post-CMP 清洗時沉積於金屬表面。為了接合成功，這些位於金屬表面之原生氧化物（Native Oxide）及有機鈍化層（Organic Passivation Layer）必須於接合前清除，它們的去除可在原來接合腔體（Bond Chamber）中進行，或者結合原位（In-situ）與異地（Ex-situ）製程中進行。原位（In-situ）製程是將兩晶圓加熱到大於 300 ℃維持幾分鐘，以蒸鍍法鍍上 BTA 層，它是在鈍態或反應性氣氛下進行（N_2，蟻酸，或形成氣體（5 % H_2+95 % N_2 或 Ar））。將晶圓在蟻酸（Formic Acid）內或形成氣體環境下 （Forming Gas Ambient），維持在 300 ℃額外數分鐘（時間與 Oxide 厚度有關），如此可大大降低原生氧化物的形成。為了增加產能，有些製程是在接合腔中使用短時間之熱壓接合，僅施以接觸力來啟動原子擴散，後續於爐子內則不施以接觸力，只進行熱退火來完成原子擴散。

最新發展出一種常溫銅對銅熔融接合製程，它與 Oxide-oxide 接合相似。此製程必須將銅表面拋光到粗糙度小於 1nm，然後將銅表面做化學處理，使銅表面達到親水性。先將晶圓於常溫下做預接合（Pre-bonding），然後在 400 ℃下做熱退火（Thermal Annealing）來進行銅的擴散，此技術除了具備高產能的優勢外，使用常溫預接合製程可提高對準性精度，也是它的一項強項優勢。

3.3　聚合物黏著接合（Polymer Adhesive Bonding）

聚合物黏著接合採用聚合物材料作為接合層。聚合物不僅具有低溫加工之優勢（200–300°C），還能利用聚合物的平坦化能力。黏著劑接合的主要優點包括：低接合溫度、對地形或晶圓表面狀況的容忍度（即使是小顆粒污染也可以接受，前提是顆粒直徑要小於聚合物層厚度）、與標準CMOS晶圓具備相容性，以及可接合任何晶圓材料之能力。苯環丁烯（BCB）是3D整合中聚合物接合最常使用的黏著劑材料。過去幾年來，文獻中已報導使用於3D整合的黏著劑晶圓接合之製程。其中一項製程是專為TSV後導孔（Via-Last）流程開發，並使用BCB層進行低溫接合。在此流程中，將多個晶圓堆疊：兩片晶圓以面對面（Face to Face）方式經由黏著劑接合。第一次接合後，一片晶圓進行研磨薄化；接著進行通孔蝕刻（TSV Etch）與金屬填充，然後添加新的晶圓，並以面對背（Face to Back）的方式依循進行相同步驟。如圖12.8顯示經由BCB層接合製作的3D結構橫截面圖。

在接合過程中，材料的迴焊（Reflow）對於保持對位精度將是一項挑戰。根據預接合交聯（Cross-Linking）程度，材料在加熱時會經歷液態或溶膠-橡膠（Sol/Gel-rubber）型態的相變化。在兩片晶圓之間的液態層會產生接合對位問題，因為施加在其中一片晶圓上的剪切力會立即導致晶圓偏移，即平移錯位。然而，研究發現經由調整預接合的交聯（Cross Linking）狀態，可以在接合過程中保持對位精度。接合過程的結果非常依賴於熱剖面的精確度（設定點、加熱/冷卻斜率）。對位精度對於聚合物厚度及製程中施加在晶圓上的力非常敏感。

圖12.8　經由BCB層接合製作的3D結構橫截面圖。

3.4. 特殊共晶接合 ── 固液擴散接合（Solid Liquid Inter-diffusion, SLID）

自從 1990 年開始就已將固液擴散（Solid Liquid Inter-diffusion, SLID）接合視為一種有用的冶金接合技術，在歷經數十年後，漸漸獲得半導體接合應用上之重視。由於固液擴散接合具備擴散不可逆性，非常適合於 3D 晶片垂直堆疊整合技術上。固液擴散接合的概念是一種等溫固化（Isothermal Solidification）及瞬間液相（Transient Liquid Phase, TLP）接合行為，固液擴散接合又稱瞬間液相（TLP）接合，其中銅錫（Cu-Sn）系統的有利性質最受業界歡迎。

固液擴散接合介於軟焊與硬焊之間，它使用類似軟焊之低熔點的填充合金（Filler Alloy），然而其最終完成接合之合金，則為高熔點不具延展性合金，此特性又類似硬焊接合性質。固液擴散接合之所以受業界歡迎的特點，在於接合製程溫度低，不影響晶片內部元件，例如：銅錫接合製程溫度為250～300 ℃，最終完成接合之接點則為高熔點合金，可以固定相互接合之晶片，例如 Cu_3Sn 熔點高達 676 ℃，其接合製程溫度（250～300 ℃）與最終合金之熔點（676 ℃），兩者存在極大的溫度差異，所以非常適合於 3D-IC 多晶片堆疊應用上。

3.4.1　焊錫薄膜接合特性

要使用 SLID 接合方式來進行晶片堆疊，必須熟悉以下兩個關鍵點：

(1) 固態焊接材料之液化（Liquefaction）、潤濕（Wetting）及液態行為。

(2) 銅錫界面（Cu/Sn Interface）之相成長動力學（Phase Growth Kinetics）及冶金（Metallurgy）性質。

當兩個晶片表面進行接觸時，焊錫之流動是否均勻分布於接合面，將決定接合之成敗。圖 12.9 為兩個矽晶片接合的失敗例子，焊錫原本厚度為 3 μm，晶片接合面積為 1 cm^2，施加 3N 的力量將兩晶片壓合在一起。由於銲錫產生嚴重的側向流動，在圖中較底部區域有錫被擠壓出來，這使得相反的另一邊接合區域缺乏焊錫材料。

圖 12.10 為兩個矽晶片承受外力進行接合時，液態焊錫之流動分布：(a) 無圖案化之接合墊；(b) 有圖案化之接合墊。當銲錫液化時，液態錫會以每秒 1 cm 的速度往前流動，如果液態錫分布不均勻時，將導致施加晶片之外力，由圖 12.10(a) 的 S 中心點往旁邊偏移，由於扭力作用驅使液態錫往側向流動，最終形成楔形接合點。如圖 12.10(b) 所示，當施加外力 F 時，因接合墊分布圖案不均勻，促使施加力量由 S 點往側向偏移至 A 點。此外，

因為相成長與鍵合時間只有 0.1 秒的範圍，所以強烈的液態錫流動會干擾相成長（Phase Growth）及建立結晶鍵合（Cross-Linking）之能力。

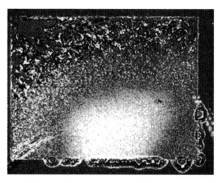

圖 12.9　兩個矽晶片接合的失敗例子，底部區域之銲錫產生嚴重的側向流動[11]

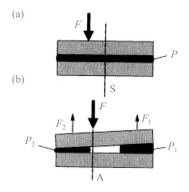

圖 12.10　兩矽晶片承受外力進行接合時，液態焊錫之流動分布：(a)無圖案化接合墊；(b)有圖案化接合墊[11]。

3.4.2　銲墊的流體靜力學（Hydrostatics of the Solder Pad）

由於液態焊錫的相成長速率非常快，在短暫時間內會對焊接點品質產生極大影響，所以必須瞭解銲墊的流體靜力學，以利銲接結構的設計。為了簡化說明條件，如圖 12.11 所示，我們假設有兩個銲墊為圓形，其中間分布柱

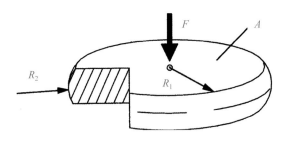

圖 12.11　評估液態錫單一接點之流體靜壓力的簡單模型

形體積的液態焊錫，由位於銲錫上方的第二銲墊來定義邊界條件（Boundary condition），它不同於一般迴焊（Refolw）之焊錫，此種液態錫的自由表面是允許收縮而進入銲球內部。在熔化（Melting）之前，圓柱形焊錫會接觸另一端焊墊，在液態內之流體靜壓力（Hydrostatic Pressure） P 值，可由以下公式表示：

$$P = r\,(1/R_1 + 1/R_2) \tag{1}$$

其中

r ：表面張力（Surface Tension）；

R_1 及 R_2：任何兩個平面上之曲率半徑（Radii of Curvature），其彼此相互
　　　　垂直。

　　為了方便解釋，假設 R_1 為銲墊之固定半徑，它與銲墊圖案有關。R_2 為自由表面之曲率半徑，它是變數，如圖 12.3 之垂直切面所示。在無外力施加時，流體靜壓力與作用於銲墊周圍之液體表面張力相互平衡。晶片與銲錫重量，則可忽略。當焊墊中心被施加一個額外的正交力（Orthogonal Force） F 時，此 F 值可由方程式 2 表示。

$$F = p\,A + F_{circ} = \pi R_1{}^2\,r\,(1/R_1 + 1/R_2) - 2\,\pi\,R_1\,r\,\cos(\beta) \tag{2}$$

其中

Fcirc：圓周方向的切向力（Circumferential Force）；

β：銲錫與銲墊界面的表面角（Surface Angle）。

當焊墊間隙變小時，焊錫被施加壓力往外擠壓，R_2 呈正值，流體靜壓力增加。外力 F 會因圓周力 Fcirc 而減小，隨著偏離原先向下位置之距離的增加而減小。如果將銲墊彼此拉開，表面輪廓會向內彎，使得 R_2 成為負值。當 $R_2 = d/2$ 時，F 值最大，其中 d 為焊墊之間充填焊錫的間隙距離，它是一個變數。如果進一步施加壓縮力時，則 R_2 值會增大，而液體內壓力（Internal Pressure）會降低，在無法平衡外力 F 時，則接觸焊接點會塌陷，進而擠出焊錫。錫的表面張力 $r_{sn} = 0.56$ N/m，所以流體靜壓力 P 及銲墊間距 d，可由公式計算求得。

如圖 12.12 所示，焊墊原先厚度 $d_0 = 3$ μm，焊墊半徑（Pad Radius）從 10 μm 到 1000 μm，在圖中有畫出其個別接合的 P(d) 曲線。在高壓力下，因銲錫被擠出而產生塌陷，為曲線端點結束。大的銲墊在產生 △d 位移時，呈現剛性（Stiff）行為，也就是 △P 值會較大。然而小銲墊則呈現軟性行為，以銲接半徑 10 μm 為例，在壓縮位移達 150 μm 時，其所增加的流體靜力壓力（Hydrostatic Pressure）竟高達 2 bar。至於在銲接半徑為 100 μm 的大焊墊下，在產生相同的流體靜壓力時，其壓縮位移只有 10 nm。所以如何設計適當大的輔助銲墊（Large Dummy Pad）來圍繞直正有電性接點的小銲墊，以平衡穩定其接點區域之力量分布，則是非常重要之考量設計點。焊接點內的高壓力值可促進潤濕（Wetting），減低所需的施加外力。在 3D-IC 晶片接合時必須有良好的接點設計，如此可準確控制晶片定位精度在 1μm 之內，同時使用大的輔助銲墊，可大大強化接合界面，進而防止小銲墊之電性接點因受到剪應力所產生的不良影響。

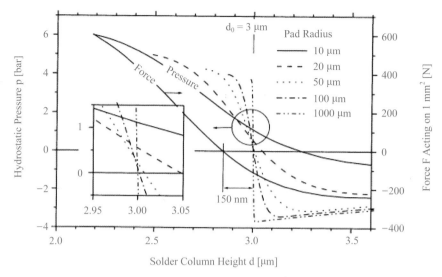

圖 12.12　焊墊原先厚度 $d_0 = 3$ μm，焊墊半徑（Pad Radius）從 10 μm 到 1000 μm，圖中顯示
其個別接合的 P(d) 曲線[11]

3.4.3　兩晶片之間的電性與機械接合（Electrical and Mechanical Connection of Two Chips）之擴散現象[11~16]

　　如圖 12.13 所示，兩晶片接合時，薄化晶片是位於上方，另一晶片位於下方。此種晶片接合必須完成電性與機械接合兩大功能，也就是元件電性相連之同時，此接點需具備相當的機械接合應力以黏住兩個晶片。晶片之電性與機械接合可以使用多種方式來完成，其中使用 Ball Grid Array（BGA）接合的最小接點之直徑為 25 μm；而使用導電膠接合的最小接點直徑為 20 μm；也可使用金屬對金屬之高溫及加壓接合，或銅／錫系統（Cu-Sn System）固液擴散作晶片面對面接合。除了電性與機械接合之外，當進行多層晶片堆疊時，必須進一步考量位於下方晶片層的機械性質是否穩定，如此才能保證上下層晶片具備可靠性接合。SLID 接合可以使用面積小於 10×10 μm² 的接點，其接合是在低溫下進行，經由固態金屬擴散進入液態金屬中，進而形成高溫下仍然穩定的金屬間化合物（Inter-metallic Compound, IMC）。

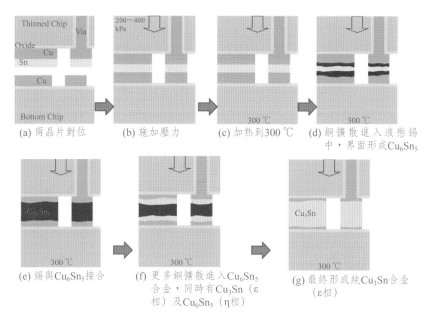

圖 12.13　兩晶片接合流程圖

　　兩晶片接合示意圖（圖 12.13），上下兩個晶片在焊接前，先進行金屬化沉積。底部晶片的金屬接合層為 3 μm 電鍍銅。上部晶片的接合金屬層，是由 3 μm 電鍍銅和 2 μm 電鍍錫所構成。在加熱前，先將上下兩個晶片的金屬層對齊，並施以 200～400 KPa 的壓力（見圖 12.13(a) 及 12.13(b)）。當加熱溫度高於 232 ℃ 以上時，錫會熔化形成液態錫金屬，而銅則開始擴散進入液態錫金屬中，進而形成合金（如圖 12.13c 所示）。接合的第一步，會在銅／錫介面的液體錫中生長 Cu_6Sn_5 合金。因為在溫度低於 415 ℃下 Cu_6Sn_5 為固體狀態，而銲接的製程溫度只有 300 ℃，所以固相 Cu_6Sn_5 合金會繼續增長，直到所有錫進入固相 Cu_6Sn_5 合金中，最後銲接點會完全凝固（見圖 12.13(d) 和 12.13(e)）。

　　在圖 12.14 銅／錫合金系統（Cu-Sn System Alloy System）相圖顯示，銅會擴散進入純錫中，從右邊純錫開始，沿著虛線向左側移動，在 d 點含有液態錫與 Cu_6Sn_5 合金；而在 e 點，只有 η-相 Cu_6Sn_5 合金存在。在 f 點，當更多銅擴散進入 Cu_6Sn_5 合金時，在界面將形成更穩定的 ε-相 Cu_3Sn 合金，沿圖 12.14 相圖紅線由 e 向左移動，在 f 點將同時含有 η-相 Cu_6Sn_5 合金及 ε-相 Cu_3Sn 合金。

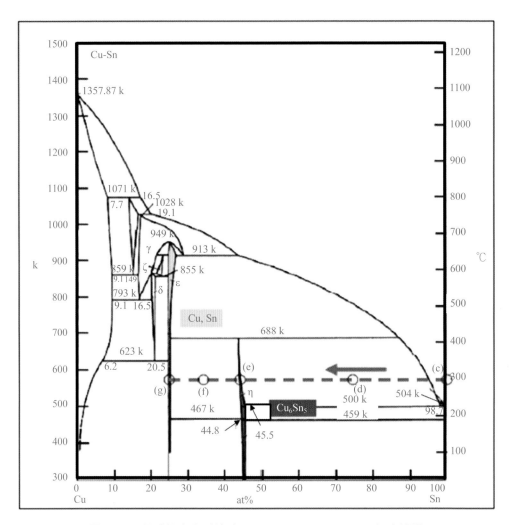

圖 12.14　銅／錫合金系統（Cu-Sn System Alloy System）之相圖

　　圖 12.15 顯示銅錫固液擴散接合測試的橫截面照片，可以觀察到三種不同的金屬層（Cu、Cu_6Sn_5 合金、Cu_3Sn 合金）。靠近上下兩個晶片端為銅（Cu），中間為 η-相 Cu_6Sn_5 合金，在銅與 Cu_6Sn_5 合金之界面會開始生長

具備熱穩定之 ε-相 Cu_3Sn 合金，此 ε-相 Cu_3Sn 合金會漸漸往接合之中央區移動。當擴散進入 Cu_6Sn_5 合金中的銅（Cu）足夠時，最終接合點為純 ε-相 Cu_3Sn 合金（如銅/錫合金系統相圖 12.14 的 g 點所示）。完成擴散接合的 ε-相 Cu_3Sn 合金之熔點高達 676 ℃，它在高溫下非常穩定。與其他接合技術（例如銦或錫凸塊）相比，銅錫固液擴散接合所形成高溫穩定的 ε-相 Cu_3Sn 合金，可謂是銅錫固液擴散接合的最主要優勢，所以在進行更高階之多層晶片堆疊時，則不會有發生接點再熔解問題（Re-melting Issue）[12]。3D-IC 晶片和構裝整合涵蓋許多不同的方法，然而為了縮短導線長度與增加構裝導線之互連密度，必須排除一些不適用之技術，尤其在未來 3D-IC 的應用上將面臨更高度線路整合密度之挑戰。

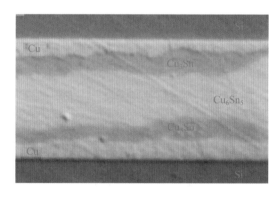

圖 12.15　銅錫固液擴散接合測試的橫截面照片

4. 結論

　　目前晶圓接合（Wafer Bonding）已公認為 3D-IC 整合的關鍵步驟之一，此製程是將個別獨立之晶圓進行對準（Alignment）及接合（Bonding），以實現層對層導線連接之目的。本文已針對晶圓對位及接合技術之基本性質，以及接合的關鍵技術等，進行詳細探討。晶圓接合操作步驟，包括：晶圓表面準備及清洗、晶圓對位、晶圓接合和接合後之量測等。

近年來由於 3D-IC 技術的迅速發展，進而帶動晶圓接合技術朝向 12 吋晶圓及各種先進 TSV 技術整合上發展。

5. 參考文獻

1. V. Dragoi, "From Magic to Technology: Materials Integration by Wafer Bonding," SPIE Proceedings, vol.6123, 2006, PP 612314-1-15.

2. Banqiu Wu, Ajay Kumar, Sesh Ramaswami, "3D IC Stacking Technology", ISBN 978-0-07-174195-8, 2011, pp 409～435.

3. L. Di Cioccio, "New Heterostructures & 3-Dimensional Device Obtained at CEA/Leti by the Bonding & Thinning Method," ECS Trans., vol. 3, no. 6, 2006, pp 19.

4. V. Dragoi, P. Lindner, "Plasma Activated Wafer Bonding of Silicon: In Situ & Ex Situ Processes; " ECS Tyrans., vol. 3, no. 6, 2006, pp 147.

5. P. P. Morrow, C. W. Park et. all, 3-D Wafer Stacking via Cu-Cu Bonding Integrated with 65nm strained-Si/Low-K CMOS Technology, IEEE Electron Dev. Lett., no. 5, 2006, pp 335～337.

6. Through Silicon Technologies, "Through-silicon-vias" available on the website: http://www.trusi.com/frames.asp?5 (Access date: Dec. 4, 2007).

7. J.-Q. Liu, A. Jindal, et all, "Wafer-level assembly of heterogeneous technologies, "The International Conference on Compound Semiconductor Manufacturing Technology, 2003, available on http://www.gaasmantech.org/Digests/2003/index.htm (Access date: Dec. 4, 2007).

8. C. Christensen, P. Kersten, S.Henke, and S. Bouwstra, "Wafer through-hole interconnects with high vertical wiring densities," IEEE Trans.

Components, Packaging and Manufacturing Technology, A, vol. 19, 1996, p.516.

9. J. Gobet et all, "IC compatible fabrication of through wafer conductive vias," Proc. SPIE-The International Society for Optical Engineering, vol. 3323, 1997, pp. 17-25.

10. M. Despont, U. Drechsler, R. Yu, H. B. Pogge, and P. Vettiger, Journal of Microelectro-mechanical System, vol. 13, no.6, 2004, pp. 895-901.

11. P. Benkart et al., "3D chip stack technology using through-chip interconnections," IEEE Design & Test of Computers, vol. 22, no. 6, 2005, pp. 512-518.

12. K. Takahashi et al., Process integration of 3D chip stack with vertical interconnection, Proc. 54th Electronic Components and Technology Conference Components and Technology Conference, 2004, vol. 1, pt.1, pp. 601-609.

13. Doktor-Ingenieurs et. all, 3-D Chip Integration: Technology and Critical Issues, 2008, pp.19-22.

14. Chuan Seng Tan et. all, Wafer Level 3-D ICs Process Technology, 2008, pp. 131-167.

15. A. Munding, "Interconnect Technology for Three Dimensional Chip Integration", PHD thesis, University of Ulm, 2007.

16. Banqiu Wu, et. all, "3D IC Stacking Technology", ISBN 978-0-07-174195-8, Mc Graw-Hill, 2011, pp. 409-433.

扇出型晶圓級構裝（Fan-out WLP）之基本製程與發展方向

1. 前言

對半導體構裝而言，扇出（Fan-out）並不是最新的概念，早期半導體工業上已經採用 Fan-out 技術，將晶片上較窄的引線間距（Lead Pitch），於構裝體上形成較寬的引線間距。如圖 13.1 所示：（圖 13.1(a)）Fan-out 導線架（Lead Frame）構裝，晶片到引腳（Lead Frame）使用接合線（Bonding Wire）來拉寬引線間距；至於（圖 13.1b）Fan-out 覆晶構裝，其晶片到球狀柵列構裝（Ball Grid Array, BGA），則使用基板上的內部金屬層（Inner Metal Layer）來拉寬引線間距。

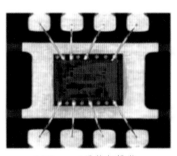 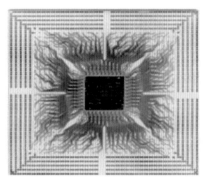

(a) Fan-out 導線架構裝　　　　　(b) Fan-out 覆晶構裝

圖 13.1　(a)晶片上的引線間距 70 μm，導線架的引線間距為 0.4 mm；(b)覆晶引線間距為 0.18 mm，BGA 引線間距為 0.8 mm[1]

目前發展的 Fan-out 之所以優於其他技術，主要是它完全採用晶圓凸塊製程（Wafer Bumping Process），以及獨特晶圓灌膠鑄模製程（Wafer Molding Process），將所有製程皆在我們熟悉的晶圓（直徑 200 mm 或 300 mm）形狀上進行。Fan-out 晶圓級構裝（Fan-out Wafer Level Package, Fan-out WLP）之終極目的就是充分應用半導體廠之晶圓製造技術，來完成高良率凸塊製造與強化微細導線之製程能力。由於行動電子產品（例如：手機與平板電腦）之出現，以及半導體微細化與降低成本等需求，進而延伸出 Fan-out 的構裝概念。與具備基板之銲線 BGA 構裝及覆晶 BGA 構裝相比較，原先發展 Fan-out 種類主要是無基板嵌入式晶片構裝，目的在提供更小的形狀因素（Form Factor），以降低成本及提高性能。

面臨消費性電子產品對於可攜式（Portability）及多功能（Multi-function）訴求，微電子構裝技術發展必須朝小尺寸、高性能及降低成本方向努力。晶圓級構裝（Wafer Level Package, WLP）具備縮小構裝尺寸之優勢，剛好迎合行動電子產品之市場趨勢。當今前段 IC 晶片製造（Front-end IC Manufacturing）技術之快速進步，傳統 Fan-In WLP 構裝已面臨極大挑戰。由於半導體微縮（Scaling）技術的進展，晶片尺寸持續縮小，後段 WLP 之大尺寸錫球，再也無法容納於縮小尺寸的晶片面積內。晶片功能變強，I/O 點數增加，Fan-in WLP 構裝將面臨更多困難。如果將 I/O 接點或錫球尺寸縮小，雖然可使 I/O 點與錫球製作於晶片的面積內，但受限於終端 PCB 的組裝基礎與設計，目前 PCB 技術仍未達到前段 IC 晶片製造之技術規格，而且如果將 I/O 接點或錫球尺寸縮小，則將帶來更多組裝成本。

所幸近幾年前業界已發展出散出型晶圓級構裝（Fan-out WLP），以解決上述傳統 WLP 構裝之挑戰，英飛凌（Infineon）於 2006 年 SEMICON Europe 提出的 Fan-out WLP 技術（圖 2）[2, 5, 6]。此技術是先將晶片作切割分離（Die Singulation），然後將晶片鑲埋在面板（Panel）內部。其步驟是先將晶片正面朝下黏於載具（Carrier）上，並且晶片間距要符合電路設計之節距（Pitch）規格，接者進行灌膠（Molding）以形成面板。後續將封膠面板與載具作分離，因為封膠面板為晶圓形狀，又稱重新建構晶圓（Reconstituted Wafer），Fan-out WLP 可大量應用標準晶圓製程，在重新建構晶圓上形成所需要的電路圖案。其中重新建構晶圓製程之晶圓灌膠鑄模是一個多步驟製程，包括：晶圓暫時性黏著接合（Wafer Temporary Bonding）於載具上、晶圓灌膠、載具與黏著劑清除、清洗、檢查和記錄晶片的位置與角度。圖 13.3 為 Fan-out WLP 重新建構晶圓（Reconstituted Wafer）之簡要流程圖，其製程內容描述如下：(1)首先準備具有膠帶的載具（Carrier）；

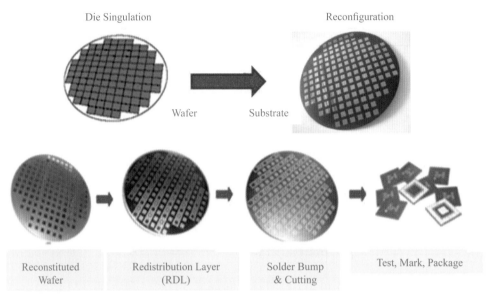

圖 13.2　英飛凌於 2006 年 SEMICON Europe 提出的 Fan-out WLP 構裝技術

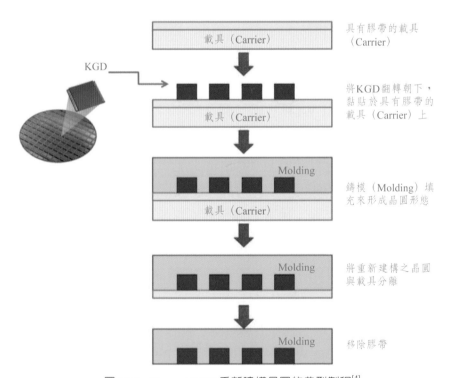

圖 13.3　Fan-out WLP 重新建構晶圓的典型製程[4]

(2)將測試良好的晶片（Know Good Die, KGD）翻轉朝下，黏貼於載具（Carrier）上，在載具上晶片與晶片的距離，定義了 Fan-out 的面積，並且可自由選擇晶片距離。載具上具有黏性膠帶（Tape），用來固定晶片位置和保護晶片在灌膠鑄模（Molding）時不受到影響；(3)使用鑄膜技術將放置在載具上的晶片，經由鑄模化合物（Molding Compound）填充，來形成晶圓形態；(4)將重新建構之晶圓與載具分離，此載具可重複使用；(5)移除膠帶。由於重新建構晶圓的面積比晶片大，不僅可將 I/O 接點以散入（Fan-in）方式製作於晶圓面積內；也可以散出（Fan-out）方式製作於塑膠模上，如此便可容納更多的 I/O 接點數目。圖 13.4 為 Fan-in WLP 與 Fan-out WLP 之結構比較。

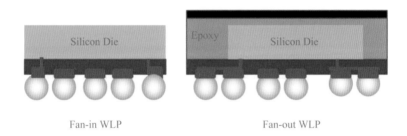

圖 13.4　Fan-in WLP 與 Fan-out WLP 的結構比較圖

　　當半導體元件之導線連接密度（Interconnect Density）超越傳統 Fan-in WLP 構裝製程能力時，Fan-out WLP 也變成一種可行的技術。隨構裝尺寸微小化及 IC 元件之 I/O 數量急速增加，Fan-out WLP 逐漸受到重視。然而要大量應用 Fan-out WLP 技術，首先必須克服製造、良率（Yield）、可靠度（Reliability）及成本效益（Cost Effectiveness）等問題。本文將參考近來所發表之相關文獻[1~8]，首先介紹 Fan-out WLP 之基本製造流程，然後提出其所面對的各種挑戰，以及探討 Fan-out WLP 的未來發展方向，以期對此技術有進一步之了解。

2. Fan-out WLP 基本製造流程

要對 Fan-out WLP 製程有較清楚之瞭解，可以比較單層 Fan-out WLP 構裝與典型重新分布層晶圓構裝（RDL WLP）兩種製程，因為兩者都使用二層聚合物之鈍化層（Polymer Passivation Layer）、銅重新分布技術（Copper Redistribution Technology）、助熔劑塗布（Flux Print）、植焊接錫球（Solder Ball Drop）、迴焊（Reflow）、雷射刻碼（Laser Mark）、晶片分離（Die Singulation）及捲帶包裝（Tape and Reel）等步驟。表 13.1 為散出型晶圓級構裝（Fan-out WLP）與重新分布晶圓級構裝（RDL WLP）兩種製程之詳細比較，其中不同製程部分使用黑色圓圈作標示，其他相同製程步驟都在一樣的生產平台上進行。

表 13.1　Fan-out WLP 與 RDL WLP 兩種製程之比較[1]

	RDL WLP		Fan-out WLP
1	Polymer 1 Coat（聚合物 1 塗布）	1	●Wafer Probe（晶圓探針）
2	Polymer 1 Image/Develop/Cure（聚合物 1 顯影固化）	2	Wafer Back Grind（晶圓背面研磨）
3	RDL Seed Layer Sputter（重新分布晶種層濺鍍）	3	Wafer saw（晶圓切割）
4	Resist Coat（光阻塗布）	4	●KGD Pick and Place（已知良好晶片之持取與放入）
5	Resist Image/Develop（光阻顯影）	5	●Wafer Molding（晶圓灌膠）
6	RDL Copper Pattern Plate（銅重新分布層電鍍）	6	Polymer 1 Coat（聚合物 1 塗布）
7	Resist Strip（去光阻）	7	Polymer 1 Image/Develop/Cure（聚合物 1 顯影固化）
8	Seed Layer Etch（晶種層蝕刻）	8	RDL Seed Layer Sputter（重新分布晶種層濺鍍）
9	Polymer 2 Coat（聚合物 2 塗布）	9	Resist Coat（光阻塗布）
10	Polymer 2 Image/Develop/Cure（聚合物 2 顯影固化）	10	Resist Image/Develop（光阻顯影）
11	UBM Seed Layer Sputter（UBM 晶種層濺鍍）	11	RDL Copper Pattern Plate（銅重新分布層電鍍）

RDL WLP		Fan-out WLP	
12	Resist Coat（光阻塗布）	12	Resist Strip（去光阻）
13	Resist Image/Develop（光阻顯影）	13	Seed Layer Etch（晶種層蝕刻）
14	UBM Pattern Plate（UBM 圖案化電鍍）	14	Polymer 2 Coat（聚合物 2 塗布）
15	Resist Strip（去光阻）	15	Polymer 2 Image/Develop/Cure（聚合物 2 顯影固化）
16	Seed Layer Etch（晶種層蝕刻）	16	UBM Seed Layer Sputter（UBM 晶種層濺鍍）
17	Flux Print（助焊劑塗布）	17	Resist Coat（光阻塗布）
18	Solder Ball Drop（植焊接錫球）	18	Resist Image/Develop（光阻影像顯影）
19	Solder Reflow（焊接錫球迴焊）	19	UBM Pattern Plate（UBM 圖案化電鍍）
20	Wafer Probe（晶圓探針）	20	Resist Strip（去光阻）
21	Wafer Back Grind（晶圓背面研磨）	21	Seed Layer Etch（晶種層蝕刻）
22	Backside Laminate（晶圓背面貼膜）	22	Flux Print（助焊劑塗布）
23	Laser Mark（雷射標記）	23	Solder Ball Drop（植焊接錫球）
24	Wafer Saw（晶圓切割）	24	Solder Reflow（焊接錫球迴焊）
25	Tape and Reel（捲帶包裝）	25	Wafer Probe（晶圓探針）
		26	Laser Mark（雷射標記）
		27	Wafer Saw（晶圓切割）
		28	Tape and Reel（捲帶包裝）

　　圖 13.5 為典型 Fan-out WLP 的製程流程圖。Fan-out WLP 多出步驟，包括：(1)晶圓探針（Wafer Probe）測試；(2)將測試良好晶片（Know Good Die, KGD）拿取，並黏放於載具上（KGD Pick and Place），一般載具為玻璃；(3)使用鑄膜灌膠（Molding）技術將放置在載具上的晶片，經由鑄模化合物（Molding Compound）填充，來形成重新建構晶圓（Reconstruction Wafer）等三大製程。圖 13.6 為重新建構晶圓之照片。Fan-out WLP 的額外步驟與製程挑戰，大大地增加成本，所以只有當 Fan-out WLP 被驗證過；經由重新設計成一個更小的矽晶片尺寸，來取代適合於傳統 WLP 的較大晶

(1) Wafer Probe

(2) Wafer Backgrind

(3) Wafer Saw

(4) KGD Pick and Place (Onto Carrier Wafer with Adhesives)

(5a) Wafer Mold

(5b) Carrier and Temporary Adhesive Removal
(5c) Fan-out Wafer Clean

(6) Polymer 1 Coat
(7) Polymer 1 Image/Develop/Cure

(8) RDL Seed Layer Sputter (11) RDL Copper Pattern Plate
(9) Resist Coat (12) Resist Strip
(10) Resist Image/Develop (13) Seed Layer Etch

(14) Polymer 2 Coat
(15) Polymer 2 Image/Develop/Cure

(16) UBM Seed Layer Sputter (19) UBM Pattern Plate
(17) Resist Coat (20) Resist Strip
(18) Resist Image/Develop (21) Seed Layer Etch

(22) Flux Print (25) Fan-out Wafer Probe
(23) Solder Ball Drop (26) Laser Mark
(24) Solder Reflow

(27) Wafer Saw
(28) Tape and Reel

圖 13.5 典型 Fan-out WLP 的製程流程圖[1]

圖 13.6 重新建構晶圓（Reconstituted Wafer）照片[6]

片，進而達到節省晶圓成本之目的，而且其最後構裝產品必須具備成本競爭力，如此 Fan-out WLP 才能完全取代目前產線上之 WLP。

3. Fan-out WLP 之 RCP 與 eWLP 技術

目前業界已發展出多種 Fan-out WLP 構裝技術，例如：2006 年最早公布重新分布式晶片構裝（Redistributed Chip Package, RCP），以及 2007 年開發出嵌入式晶圓級球狀陣列構裝（Embedded Wafer Level Package, eWLP），圖 13.7 為重新分布式晶片構裝（RCP），以及嵌入式晶圓級球狀陣列構裝（eWLP）之橫截面圖。從圖面觀察，此兩種技術之設計概念非常類似，其基本製程也大部分是參考 Fan-out WLP 技術。當 RCP 與典型的 eWLP 截面比較時，會發現 RCP 之嵌入式銅接地面（Embedded Copper Ground Plane）並不見於 eWLB 中。RCP 嵌入式銅接地面的特點，就是可以使半導體元件或 IC 元件，在晶圓進行灌膠（Molding）時限制其晶片之移動，以及提供元件之電磁屏障（Electromagnetic Shield）。雖然 RCP 的嵌入式銅面會增加構裝材料與製程成本，但是它的重點是可防止晶片在灌膠時產生移動，進而大大提高製造良率。所以整體利益之考量，必須將材料和製程之選擇、晶片和構裝之設計、產品性能要求，以及其他製造上之成本等列入考量因素。

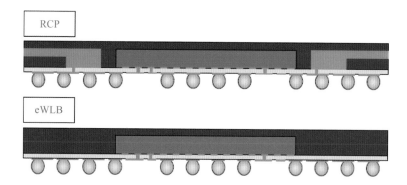

圖 13.7　重新分布式晶片構裝技術（Redistributed Chip Package, RCP），以及嵌入式晶圓級球狀陣列（eWLP）技術之橫截面圖[1]。

4. Fan-out WLP 所面臨的挑戰

雖然 Fan-out WLP 可滿足更多 I/O 數量之需求。然而，如果要大量應用 Fan-out WLP 技術，首先必須克服以下各種挑戰問題：

(1) 焊接點的熱機械行為

因 Fan-out WLP 的結構與 BGA 構裝相似，所以 Fan-out WLP 焊接點的熱機械行為與 BGA 構裝相同，Fan-out WLP 中焊球的關鍵位置在矽晶片面積的下方，其最大熱膨脹係數不匹配點會發生在矽晶片與 PCB 之間。

(2) 晶片位置之精確度

在重新建構晶圓時，必須要維持晶片在持取及放置（Pick and Place）於載具上的位置不發生偏移，甚至在鑄模作業時，也不可發生晶片偏移（Die Shift）。因為介電層（Dielectric Film）開口，導線重新分布層（Redistribution Layer, RDL）與焊錫開口（Solder Opening）製作，皆使用黃光微影技術，光罩對準（Mask Alignment）晶圓及曝光（Exposure）都是一次性，所以對於晶片位置之精確度要求非常高。

對半導體元件或構裝體而言，採用 Fan-out WLP 最有利的因素，包括：節省成本、減少構裝體積以及縮小節距（Pitch）。然而當節距縮小時，Fan-out WLP 想取得合理良率及成本目標，將會在製程上面臨到一些挑戰。其中兩大挑戰分別為：(1)灌膠時晶片所產生之位移（Die Shift）；(2)樹脂化合物在所規定之低溫度製程下，將限制銅導線重布層（Re-distribution Layer, RDL），所能選用聚合物再鈍化（Repassivation）材料的自由度。

Fan-out WLP 壓合灌膠（Molding）時，可使用液態或乾粉（粒狀）樹脂，以降低樹脂在高溫之側向流動（Lateral Flow）。乾粉樹脂化合物具備較長的存放壽命，液態樹脂的優點是具備低黏稠性與良好細縫填充性。不管使用何種樹脂，在灌膠與固化（Molding and Curing）時，都會因交鏈作用（Cross-linking）產生體積收縮。從灌膠溫度冷卻到常溫，膠體會產生固化之體積收縮與熱收縮，由於膠體（CTE > 8 ppm/℃）與矽（CTE 2～3 ppm/℃）的熱膨脹係數不同，所以會影響到矽晶片在重新建構晶圓中的位置。灌膠時晶片的位移（Die Shift）或轉向（Die Rotation），將直接影響後續 Fan-out WLP 之凸塊製程（Bumping Process）。

典型晶圓凸塊製程之標準曝光成像工具（Exposure Image Tool），大多是使用步進機（Stepper）或對準機（Aligner），以精密定義每個凸塊層，例如：聚合物再鈍化層、導線重新分布層和凸塊底下金屬層（Under Bump Metallurgy, UBM）等。曝光工具通常指一次只針對個別晶片曝光的步進機，或一次整片晶圓曝光的對準機。曝光工具最好可調整輕微晶片位移和晶片轉向，或設計曝光工具可以補償晶片位移和轉向。此外，助焊劑印刷和焊錫植球，需要依靠模具與晶圓進行精確對位。如果 Fan-out WLP 之晶片位移無法控制在一定的誤差限度內，就很難達到精密細節距導線連接、助焊劑印刷和焊錫凸塊對準度等目標。最糟情況下，就無法達到具備可靠度之導線連接，最終造成晶片的嚴重對位錯誤。因此嚴格控管個別晶片之位移和轉向，是達到高良率 Fan-out WLP 凸塊製程之重要因素。晶片位移之容忍度取決於原先所設計之節距和特徵尺寸的大小，如果所設計之節距和特徵尺寸較大，則可容忍較大的晶片位移，也較不會影響凸塊製程之良率。圖 13.8 為一個晶片無偏移與一個晶片在某方向產生 30 μm 偏移的比較圖，很明顯地，30 μm 直徑導孔之接觸中心銅線與隔壁銅線之節距為 75 μm，在第二個情況下兩條銅線都偏移到接觸墊（Bond Pad）邊緣，進而產生短路。Fan-out WLP 要大量實施一定要克服晶片位移和晶片轉向等問題。

晶圓灌膠（Wafer Molding）與膠體固化（Mold Curing）所引起的晶片位移和轉向，目前已有大量研究來瞭解發生原因與防止對策，2011 年 Sharma 等人使用含有十字記號的測試晶圓，將其與相同尺寸的待測晶圓進行重疊，當上方銅層與下方十字記號鋁層重疊時，就可清楚判斷此晶片是否產生偏移，如圖 13.9 所示。

有關晶片位移之進一步研究，可區分為以下三種情況：(1)晶片在一般

無晶片偏移   晶片偏移30 μm

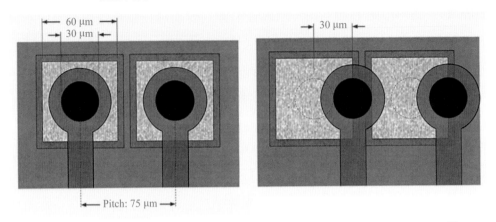

圖 13.8　一個晶片無偏移與一個晶片在某方向產生 30 μm 偏移之晶片的比較圖[1]

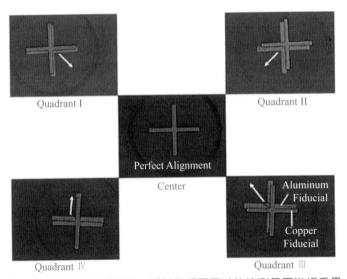

圖 13.9　使用含有十字記號的測試晶圓，將其與相同尺寸的待測晶圓進行重疊，當上方的銅層與下方十字記號的鋁層重疊時，就可清楚判斷此晶片是否產生偏移[1]

膠帶上產生位移；(2)晶片在具有矽載具（Silicon Carrier）之膠帶上產生位移；(3)晶片在矽載具（Silicon Carrier），低熱膨脹係數與低收縮的膠體化合物（Molding Compound）上產生位移。

由圖 13.10（(a)～(c)）可以發現晶片之位移現象與矽載具（Silicon Carrier），以及膠體化合物（Mold Compound）性質存有極大之關係。（圖 13.10(a)）將已知良好之晶片（KGD）放置於不具備矽載具之單邊附著性膠帶上時，在灌膠溫度大於 150 ℃ 情況下，由於膠帶之熱膨脹係數（CTE > 20 ppm/℃）大於膠體化合物之熱膨脹係數（CTE > 8 ppm/℃），所以膠帶所產生的膨脹是無法完全由膠體化合物之熱收縮所抵銷，最終晶片會遠離中心位置。（圖 13.10(b)）當使用雙邊具附著性膠帶，將晶片（KGD）黏於矽載具（3 ppm/℃）上時，由於矽載具與附著黏上之晶片的熱收縮小於膠體化合物的熱收縮，當膠體化合物固化以及去除矽載具之後，晶片會往晶圓中心偏移。（圖 13.10(c)）膠體化合物之低收縮及低熱膨脹係數，只會使晶片偏移程度較不明顯，但偏移方向仍然與矽載具之情況一樣，晶片會往晶圓中心偏移。

(3) 晶圓的翹曲行為

人工重新建構晶圓的翹曲（Warpage）行為，也是一項重大挑戰，因為重新建構晶圓含有塑膠、矽及金屬材料，其中矽與膠體之比例在 X、Y、Z

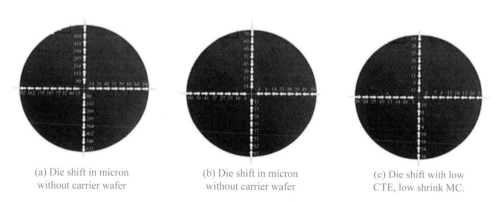

(a) Die shift in micron without carrier wafer

(b) Die shift in micron without carrier wafer

(c) Die shift with low CTE, low shrink MC.

圖 13.10　晶片位移可區分為三種情況：(a)晶片在一般膠帶上產生位移（晶片遠離中心）；(b)晶片在具有矽載具之膠帶上產生位移（晶片往中心偏移）；(c)晶片在矽載具，低熱膨脹係數與低收縮的膠體化合物上產生較不明顯之位移（晶片往中心偏移）[1]

三個方向不同，所以在重新建構晶圓之加熱與冷卻時的熱漲冷縮，將會導致晶圓產生翹曲行為。

(4) 膠體的剝落現象

在常壓時被膠體及其他聚合物所吸收的水分，在經過 220～260 ℃迴焊（Reflow）時，水分會瞬間產生汽化，進而提高其內部的蒸氣壓，此時如果膠體組成不良，則容易發生膠體剝落之現象。

5. 完全鑄模（Fully Molded）Fan-out WLP 技術

由於傳統 Fan-out WLP 是在含有晶片（Chip）及鑄模（Molding）的表面進行布線（Routing），如圖 13.11 所示，在晶片朝下作灌膠鑄模時，可能會有膠液滲透（Mold Flash）到晶片邊角，當膠液覆蓋到晶片的接合墊（Bonding Pad）時，將會造成良率上之損失。如果矽晶片與鑄模的交接過渡區（Transition Zone）不平順，以及矽晶片與鑄模的熱膨脹係數不同，會對重新布線（Redistribution Layer, RDL）結構產生應力引發之可靠度問題（Stress Induced Reliability Issue）。

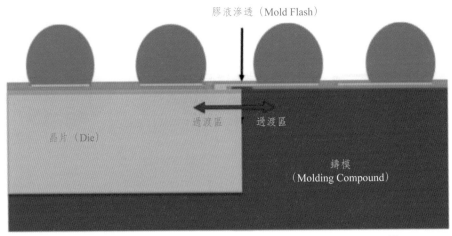

圖 13.11　傳統 Fan-out WLP 在含有晶片及鑄模的表面進行布線[2]

針對以上傳統 Fan-out WLP 所面臨之挑戰點，B. Rogers 等人[2]提出一種新型的完全鑄模（Fully Molded）Fan-out WLP 技術，可以解決以上所述之問題，如圖 13.12 所示為 Fully Molded Fan-out WLP 構裝結構與橫截面照片[1]。Fully Molded Fan-out WLP 製造包含四大製程（如圖 13），各製程簡單描述如下：

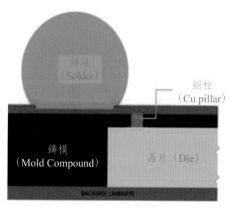
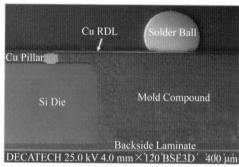

圖 13.12　完全鑄模 Fan-out WLP 構裝結構與橫截面照片（資料來源：Deca Technology）[2]

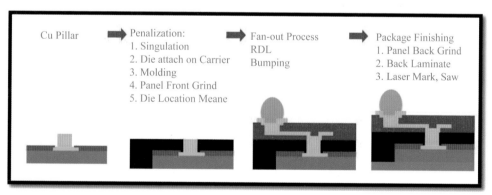

圖 13.13　完全鑄模（Fully Molding）Fan-out WLP 技術製造流程[2]

項次	項　目	內　容
1	銅柱製造（Copper Pillar）	先將銅柱（Copper Pillar）製造於原來半導體晶圓的 I/O 點上。
2	面板製造（Penalization）	進行鑄模（Molding）之鑲板製程（Penalization Process）。鑲板製程會將晶片正面及側邊使用鑄模灌膠作完全覆蓋，鑲板正面進行研磨（Front Grind）以露出銅柱，只讓銅柱由晶圓正面穿越鑄模作電流傳輸路徑。
3	散出製程（Fan-out Process）	製作導線重新分布層（RDL）及凸塊（Bump），將銅柱與凸塊陣列（Bump Array）作連接。
4	完成構裝（Package Finishing）	鑲板背面研磨（Back Grind），最後用環氧樹酯（Epoxy）將晶圓背面封住，進而完成 Fan-out WLP 構裝結構。

此完全鑄模結構的優點：(1)可消除晶片表面邊緣與鑄模的不連續性；(2)由於鑄模將晶片與印刷電路板（PCB）分開，所以可增加構裝板級的可靠度（Board Level Reliability），以形成堅固的構裝結構。完全鑄模 Fan-out WLP 構裝在作鑲板製程時，他會利用電路圖案最佳化技術，來消除晶片因貼合、鑄模及加熱等製程所引起的晶片位移（Die Shift）。經電路圖案最佳化之動態布線調整，可將每個鑲板上之晶片構裝位置，做客製化設計。如此可加速晶片取放速度、增加電性設計的準確性，提高良率及降低製造成本。使用完全鑄模 Fan-out WLP 與圖案最佳化工具，可解決傳統 Fan-out WLP 之缺點，促使 Fan-out 技術能廣泛運用於微電子構裝。

6. Fan-out WLP 的未來發展方向

Fan-out WLP 構裝工程，目前是一項活躍的發展領域，初期著重於製程之探索、尋找工程上之解決方案，以及改善製造良率等。後續將擴大其未來之應用領域，多層之系統級（System in Package, SIP）Fan-out 構裝便是其中一項例子，它可以是一個或多個晶片進行構裝，或將被動元件（Passive

Devices）以嵌入式或表面黏著方式整合於構裝體之背面。Fan-out 系統級構裝（SIP）會增加更多的導線布線層（Routing Layers），此種複雜的多層布線可充分利用整個構裝面積，作為更多凸塊分布之位置，進而達到增進系統級導線連接之目的。與單層布線 Fan-out 構裝相比，多層布線 Fan-out 構裝方式的優點：就是凸塊可以分布在整個晶片面積內及晶片面積外之 Fan-out 區域（圖 13.14(b)）。多層布線 Fan-out 構裝方式，其實就是整合傳統 Fan-in 與先進 Fan-out 兩種構裝技術於一個構裝體上。然而，單層布線 Fan-out 構裝（圖 13.14(a)）在晶片內與外之間，有一些區域無法作為凸塊分布位置。

多層布線 Fan-out 構裝具備許多有利因素，目前最多已發展出四層導線之 Fan-out 構裝技術。當工業朝向更高層級之系統與次系統整合時，多層布線與多晶片 Fan-out 構裝技術，將找到其利基點，在成本、性能及構裝尺寸考量下，未來將發展出最佳化之 Fan-out 構裝。圖 13.15 為具備一層金屬布線、二層金屬布線及四層金屬布線之 Fan-out 構裝截面圖，此種多層布線 Fan-out 構裝含有嵌入式接地面（Embedded Ground Plane）及被動（Passive）元件，可見其已掌握到系統級整合之構裝優勢。

圖 13.16 為弘塑科技（Grand Plastic Technology Corporation, GPTC）所設計製作之自動化量產型設備，專注於光阻去除（PR Stripper）、UBM 蝕刻（Under Bump Metallurgy Etching）與晶圓清洗（Cleaning）等濕式製程，目前在國內先進 12 吋晶圓構裝廠佔 90%以上之市場佔有率，未來持續瞄準 Fan-out WLP 及 3D-IC 構裝技術之應用，不斷研發創新，以滿足各種

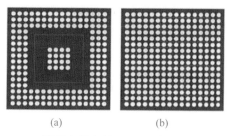

(a)   (b)

圖 13.14 (a)單層金屬布線 Fan-out 構裝之底部觀察；
(b)多層金屬布線 Fan-out 構裝之底部觀察

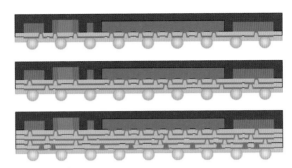

圖 13.15　具備一層金屬布線、二層金屬布線及四層金屬布線之 Fan-out 構裝截面圖

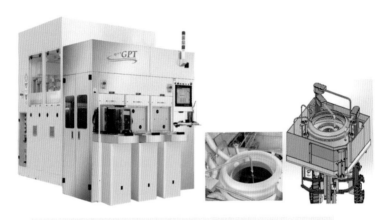

UFO-300(12" Single Wafer Processor)弘塑科技

VAN-300(12" Wet Bench)弘塑科技

圖 13.16　弘塑科技（GPTC）所設計製作之 12 吋 Wafer 量產型 UFO-300 與 VAN-300 設備
（資料來源：弘塑科技）

新製程需求。

7. 結論

　　隨者構裝微小化及 IC 元件之 I/O 數量急速增加，Fan-out WLP 逐漸受到業界注意。然而要大量應用 Fan-out WLP 技術，首先必須先克服製造、良率（Yield）、可靠度（Reliability）及成本效益（Cost Effectiveness）等問題。此外，當考慮到提高產能與降低成本時，大尺寸面板散出型構裝（Panel Fan-out Packaging）將是另一種思考模式。本章已針對目前 Fan-out WLP 基本製造流程與挑戰點進行概要性介紹，並探討其未來的發展方向，以期對此技術有進一步之了解。

8. 參考資料

1. Shichun Qu, Young Liu, Wafer Level Chip Scale Packaging, ISBN 978-1-4939-1555-2. Springer New York Heidelberg Dordrecht London, 2015, page 39-62.

2. B. Rogers, C. Scanlan, and T. Olson, Deca Technologies, Inc. "Implementation of a fully molded Fan-out packaging", 2015.

3. Brunnbauer, M. et. al., "Embedded Wafer Level Ball Grid Array (eWLB)," Electronics Packaging Technology Conference 8th Proceedings, Dec. 2006.

4. Keser, B. et. al., "The Redistributed Chip Package: A Breakthrough for Advanced Packaging," 2007 Electronic Components and Technology Conference, pp. 286-291,

5. Meyer, T., Ofner, G., Bradl, S., Brunnbauer, M., Hagen, R., Embedded wafer level ball grid array (eWLB), 2008. EPTC, p.994.

6. Keser, B., Amrine, C., Duong, T., Hayes, S., Leal, G.,Lytle, M.,

Mitchell, D., and Wenzel, R., Advanced packaging: the redistributed chip package, IEEE Transactions on Advanced Packaging, v.31, No.1, 2008.

7. Meyer, T. et. al., "eWLB System in Package - Possbilities and Requirements," IWLPC Proceedings, Oct. 2010, pp. 160-166.

8. Xuejun Fan, Wafer Level Packaging (WLP): Fan-in, Fan-out and Three-Dimensional Integration, Department of Mechanical Engineering Lamar University, 2014.

本章將參考相關文獻[1~25]探討嵌入式扇出型晶圓級或面版級構裝（Embedded Fan-out Wafer/Panel Level Packaging，FOW/PLP，或簡稱為FOWLP）之製程。尤其針對各種 FOWLP 的製作方法將有詳細之介紹，例如：晶片優先正面朝上（Chip-first with Face-up），晶片優先正面朝下（Chip-first with Face-down）和晶片最後正面朝下（Chip-last with Face-down），也稱為 RDL First 等。重新分布層（Re-distribution Layer, RDL）是 FOWLP 製作不可或缺的重要技術，而且 RDL 具有各種不同的製作方式，例如：銅鑲嵌法（Cu Damascene Method）、聚合物法（Polymer Method）和印刷電路板法（PCB Method）等。本文亦將提供有關晶圓級或面版級構裝之選擇、介電材料性質、灌膠成型材料的一些注意事項和建議。首先簡要介紹嵌入式晶片之分類與優劣點。

1. 嵌入式晶片（Embedded Chips）

基本上，嵌入式晶片構裝有兩種，分別為：晶片嵌入於疊層基板（Laminate Substrate）內，以及晶片嵌入於環氧樹脂膠體化合物（Epoxy Molding Compound, EMC）內。

1.1 晶片嵌入於剛性疊層基板內（Embedded Chip in Laminate Substrate）

AT & S 所製造 TI 的 MicroSiP[2]就是晶片嵌入於剛性疊層基板內的一個典型例子。它是將一個 DC/DC 轉換器與一個 IC 晶片（PicoStar™）朝下嵌入於剛性疊層基板內，使用焊球與 PCB 作連接。目前可達到縮小外形、重量輕及較佳電性等功能。Fujikura 之晶圓級和面版級嵌入式構裝技術，可將特殊應用 IC（ASIC）嵌入於撓性疊層基板內，構裝尺寸可減少 50 %[3]。他們還指出使用多層撓性基板，可以嵌入兩個堆疊配置之晶片[4]。晶片嵌入在剛性和撓性疊層基板內的優點是：(1)輪廓小、(2)成本低、(3)低電感之良好電性、(4)容易擴展到 3D 晶片堆疊之構造上[5]。而其缺點為：(1)不能重工、(2)基礎設施尚未成熟、(3)供應鏈亦未趨完整。在剛性和撓性疊層基板內使用嵌入式晶片，具備方便攜帶，可移動性和穿戴性等應用上之潛力。

1.2 晶片嵌入於環氧樹脂膠體化合物內（Embedded Chip in EMC）

自從英飛凌（Infineon）於 2001 年提出嵌入式晶片扇出之專利[6]，後續於 2006 年發表技術文件[7, 8]後，此種 EMC 嵌入式晶片，亦稱為扇出型晶圓級構裝（FOWLP），先後快速應用於各種產品上，例如：基頻（Baseband）、射頻（RF）收發器和電源管理 IC（PMIC），其中著名公司包括：英飛凌、英特爾（Intel）、Marvell、展訊（Spreadtrum）、三星（Samsung）、LG、華為（Huawei）、摩托羅拉（Motorola）和諾基亞（Nokia）等。許多半導體外包構裝測試服務（OSATS）和代工廠（Foundry），亦開發自己的嵌入式 FOWLP，預測在未來幾年 FOWLP 市場將有爆炸性成長。

2. FOWLP 的形成（Formation of FOWLP）

基本上，形成 FOWLP 的方法有兩種：第一種是晶片優先（Chip First），第二種是晶片最後（Chip-last）。晶片優先有兩種選擇：晶片正面朝下（Chip Face-down）和晶片正面朝上（Chip Face-up）。另外晶片最後且正面朝下（Chip-last with Face-down），也稱為 RDL 優先（RDL First）。

2.1 晶片優先且晶片正面朝下（Chip-first With Face Down）

這是目前 FOWLP 最普遍的方法，也是大部分 FOWLP 產品的製作技術[1, 7, 9, 10]。圖 14.1 為此技術之製作流程圖，詳細流程如下：

(1)先作晶圓測試，以利選取良好晶片（Known Good Dies, KGDs），後續作晶圓切割。

(2)將 KGD 晶片之正面朝下（Chip Face-down）黏著於暫時性載具上，此載具上具有雙面熱感應分離之膠帶（Two Side Thermal Release Tape）。

(3)後續以壓模灌膠（Compressive Molding）技術，將此重新建構載具及晶片作鑲埋，以完成膠體壓模。

(4)去除載具及膠帶（Remove Carrier and Tape）。

(5)在鋁或銅墊上（Al or Cu Pad）製作導線重新分布層（RDL），使其具備傳輸訊號，電力輸送及接地等功能，最後製作銲接錫球（Solder Ball）。

(6)將完成構裝之晶片進行切割分離，以成為獨立構裝體。

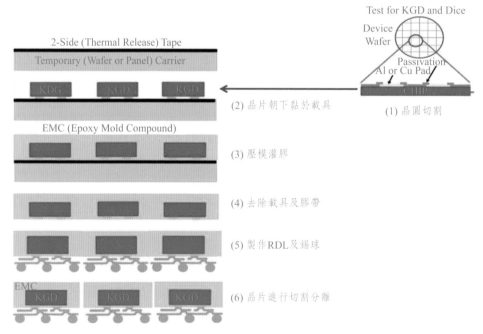

圖 14.1　晶片優先且正面朝下技術之製作流程圖[1]

2.2　晶片優先且晶片正面朝上（Chip-first With Face Up）

圖 14.2 為此技術之製程流程圖，台積（TSMC）有名的 Info-WLP[8, 11]
就是一個重要例子，製作流程如下：

(1)先在 KGD 晶片上製作凸塊底下金屬層（Under Bump Metallurgy,
UBM），使用物理氣相沉積法（PVD）於鋁或銅墊（Al or Cu Pad）
上，濺鍍（Sputtering）鈦及銅（Ti/Cu）UBM 層，接著於 UBM 層
上電鍍銅之接觸墊（Contact Pad）。

(2)然後塗布聚合物層（Polymer Layer），例如：PI、BCB 或 PCB 在整
片晶圓上。

(3)切割晶圓，取出 KGD 晶片使其正面朝上黏於暫時性載具上，此載具
上具有雙面散熱之膠帶（Two Side Thermal Release Tape）。

(4)後續應用壓模灌膠技術，將此重新建構之（晶圓或面板）載具進行

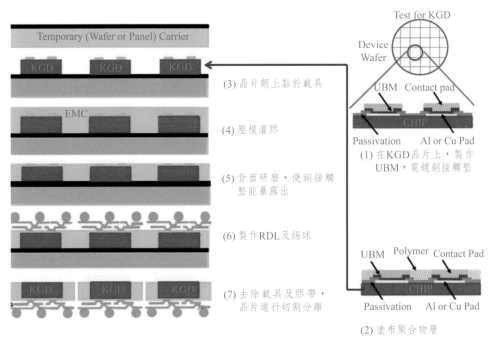

圖 14.2　晶片優先且正面朝上技術之製作流程圖[1]

EMC 灌膠。

(5)進行背面研磨，使銅接觸墊能暴露出來。

(6)在銅接觸墊上製作導線重新分布層（RDL），後續製作銲接錫球（Solder Ball）。

(7)去除載具及膠帶（Remove Carrier & Tape），將完成構裝之晶片進行切割分離，以成為獨立構裝體。

2.3 晶片最後且晶片正面朝下或稱 RDL 優先（Chip-last with Face-down or RDL-first）

自 2006 年 NEC 電子公司（現為 Renesas 電子公司）開發一種新型的智能晶片，採用穿通線中介層連接（SMAart Chip Connection with Feed-through Interposer, SMAFTI）構裝技術，應用於晶片間寬頻數據傳輸[12-13]、3D 堆疊記憶體在邏輯元件上[14-18]、系統晶片級構裝（SiWLP）[19]，和 RDL 優先之扇出晶圓級封裝[20]等。SMAFTI 所使用的穿通線中介層（Feed-through Interposer, FTI）是一種超細線寬和間距的 RDL 薄膜。FTI 的介電材料為二氧化矽（SiO_2）或聚合物（Polymer），導體則採用金屬銅。FTI 不僅能支撐晶片下方內的 RDL，它也用於支撐超出晶片邊緣的區域。在 FTI 底部製作區域陣列錫球（Area Array Solder Ball），以連接印刷電路板（PCB）。EMC 用於晶片嵌入以及支撐 RDL 及錫球。圖 14.3 為 Amkor 於 2015 年公布的 SWIFT™（Silicon Wafer Integrated Fan-out Technology）[20]其實與 SMAFTI 技術非常類似。

圖 14.3　Amkor 於 2015 年公布的 SWIFT™ [20]

圖 14.4 為晶片最後且正面朝下（RDL 優先）之製程流程圖，它與晶片優先 FOWLP 技術不同。首先必須在晶圓載具上作導線，而且需要以下製作步驟[1]：

(1)在空白晶圓載具上製作導線重新分布層（RDL）。

(2)在元件晶圓上製作凸塊後，接者進行晶圓測試，以瞭解哪些晶片是已知良好的晶片（Known Good Dies, KGDs），後續作 KGD 晶圓切割。

(3)先塗布助溶劑（Flux），將 KGD 晶片正面朝下（Chip Face-down）黏著於晶圓載具之 RDL 上的接觸墊，作晶片與晶圓接合。然後清洗助熔劑殘留物。

(4)底部填充與固化。

(5)後續應用壓模灌膠技術，將此重新建構之晶圓載具進行 EMC 灌膠。

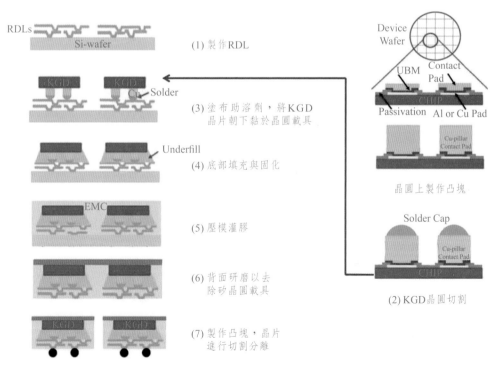

圖 14.4　晶片最後且正面朝下（RDL 優先）技術之製程流程圖[1]

(6)接著進行背面研磨以去除矽晶圓載具；另外一種方式就是先研磨
　　EMC 膠體，使 KGD 的背面能暴露出來，然後黏上一片補強用之金
　　屬晶圓，後續進行背面研磨以去除矽晶圓載具（如圖 14.3 所示）。

(7)在 RDL 下方製作凸塊，將完成灌膠構裝之晶片進行切割分離，以成
　　為各自獨立的構裝體。

以上製作步驟多需要額外材料、製程、設備、製造空間與各項努力。所
以與晶片優先 FOWLP 相比，使用晶片最後且正面朝下（RDL 優先）之製
程需要較高之成本，而且其擔負之良率損失率也較高。他的主要優勢就是可
應用在非常高密度與高性能之產品上，例如高端處理器和電腦等。

3. RDL 製作方法（RDL Process）

基本上，製作 RDL 的方法至少有三種，分別為(1)聚合物
（Polymer）、(2)銅鑲嵌（Cu Damascene）及(3)PCB 等方法。使用何種方
法，取決於 RDL 之導體線寬度與間距。例如在高階性能應用上，導線寬度
／間距與厚度分別為＜5 μm 與 2 μm 時（未來將下降至≦2 μm 與 1 μm），
其微影製程需採用步進機（Stepper），並使用銅鑲嵌（Cu Damascene）方
法來製作 RDL。如果介電層為厚度大約 1 μm 之二氧化矽（SiO_2）層，則必
須採用電漿輔助化學氣相法（Plasma-enhanced Chemical Vapor Deposition,
PE-CVD）沉積二氧化矽（SiO_2）。在中階性能應用上，如果銅線寬度／
間距與厚度，分別為 5～10 μm 與 3 μm 時，且微影使用光罩對準機，則使
用電鍍方式沉積銅。然而，如果使用光罩對準機（Mask Aligner）時，在
灌膠（Molding）時其晶粒產生偏移（Die Drift）或翹曲（Warpage），導
致良率下降，有時建議使用步進機（Stepper）來取代光罩對準機（Mask
Aligner）。當介電層包含聚合物（例如：PI、BCB 和 PBO），其厚度大約
為 4～8 μm，都是採用自旋塗布和固化方式沉積。針對低階性能應用上，
RDL 銅線之寬度／間距＞10～20 μm，厚度為 5 μm，則使用 PCB 樹脂鍍銅

（RCC）和雷射直接成像（LDI）技術製作 RDL[22]。

3.1 使用聚合物（Polymer）製作 RDL 的方法[1]

圖 14.5 為使用聚合物，例如：PI、BCB 或 PBO 製作 RDL 的流程圖：

(1)首先旋轉塗布聚合物於整片晶圓上；

(2)然後塗布光阻；

(3)以光罩對準機（Mask Aligner）或步進機（Stepper）進行曝光及顯影；

(4)接著蝕刻聚合物，及去除光阻；

(5)後續 PVD 濺鍍（Sputtering）Ti/Cu；

(6)然後塗布光阻；

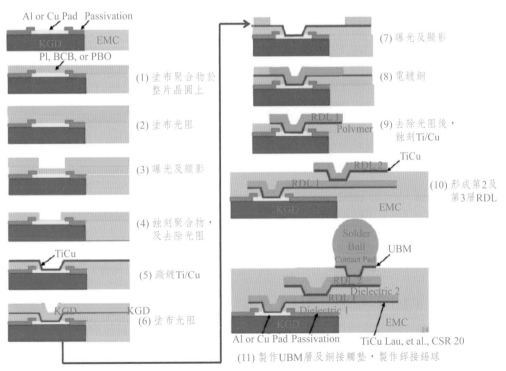

圖 14.5　使用聚合物（例如：PI、BCB 或 PBO）製作 RDL 的流程圖[1]

(7)進行曝光及顯影；

(8)電鍍銅；

(9)去除光阻後，蝕刻 Ti/Cu，形成第一層 RDL 層。

(10)重複以上步驟，可以形成第二層及第三層 RDL[23-24]。

(11)最後在 RDL 上方製作 UBM 層及銅接觸墊，以利製作銲接錫球
（Solder Ball）。如果線寬與極線距不是很小時（例如≧5 μm
時），此技術適合應用在晶片最後且正面朝下或稱 RDL 優先之製
程。

3.2 使用銅雙鑲嵌（Copper Damascene）製作 RDL 的方法

圖 14.6 為針對晶片最後且正面朝下或稱為 RDL 優先（Chip-last with
Face-down or RDL-first）FOWLP，製造非常細小線寬和間距（< 5 μm）
RDL 之流程圖[1]。

(1)首先使用 PECVD 法在空白矽晶圓上長一層二氧化矽（SiO_2）；

(2)然後使用旋轉塗布機（Spin Coater）上一層光阻（PR）；

(3)以步進機（Stepper）曝光來定義光阻之開口圖案；

(4)以反應性離子蝕刻（Reactive Ion Etching, RIE）去除二氧化矽；

(5)後續以步進機將光阻開口加大；

(6)接者以反應性離子蝕刻（RIE）去除更多的二氧化矽；

(7)去除光阻（PR Stripping）；

(8)後續濺鍍（Sputtering）鈦銅金屬（Ti/Cu），接著電鍍銅
（Electroplating Cu）；

(9)以 CMP 移除多出來的電鍍銅與鈦銅金屬。如此就形成 RDL1 與
V01（連接矽與 RDL1 之導孔），此法就是使用銅雙鑲嵌（Dual Cu
Damascene）製作 RDL[25,26]方法；

(10)重複以上步驟可製作 RDL2、RDL3，其中 V12 是連接 RDL1 與

銅雙鑲嵌製程來製作 RDL 步驟 1-11

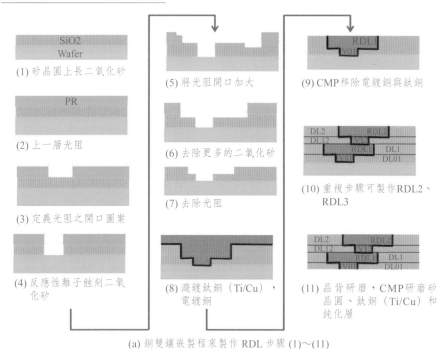

(1) 矽晶圓上長二氧化矽

(2) 上一層光阻

(3) 定義光阻之開口圖案

(4) 反應性離子蝕刻二氧化矽

(5) 將光阻開口加大

(6) 去除更多的二氧化矽

(7) 去除光阻

(8) 濺鍍鈦銅（Ti/Cu），電鍍銅

(9) CMP移除電鍍銅與鈦銅

(10) 重複步驟可製作RDL2、RDL3

(11) 晶背研磨，CMP研磨矽晶圓、鈦銅（Ti/Cu）和鈍化層

(a) 銅雙鑲嵌製程來製作 RDL 步驟 (1)～(11)

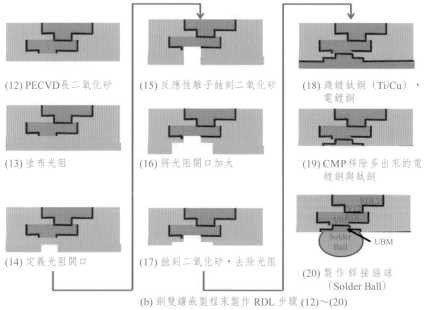

(12) PECVD長二氧化矽

(13) 塗布光阻

(14) 定義光阻開口

(15) 反應性離子蝕刻二氧化矽

(16) 將光阻開口加大

(17) 蝕刻二氧化矽，去除光阻

(18) 濺鍍鈦銅（Ti/Cu），電鍍銅

(19) CMP移除多出來的電鍍銅與鈦銅

(20) 製作銲接錫球（Solder Ball）

(b) 銅雙鑲嵌製程來製作 RDL 步驟 (12)～(20)

圖 14.6 　使用銅雙鑲嵌製程來製作 RDL 的流程圖

RDL2 之電性導通孔。

圖 14.7 為使用銅雙鑲嵌製作 RDL 的 SEM 照片，可以發現它具備三層 RDL，在 RDL3 頂端有 UBM 和銅接觸墊，接觸墊在晶片對晶圓接合時，可用來連接微凸塊（Micro-bump）。如果線寬與線距不是很小時（例如≧5 μm 時），可以使用聚合物取代銅雙鑲嵌製作 RDL，以應用在晶片最後且正面朝下或稱 RDL 優先之製程。另一方面，如果線寬與線距很小時（例如＜5 μm 時），還是建議使用銅雙鑲嵌製作 RDL。經過助熔劑迴焊、晶片對晶圓接合、清洗、填充與固化，以及灌膠（Molding）等製程後。就可以移除矽晶圓和接上銲接錫球（Solder Ball）。圖 14.6 剩餘製程如下：

(11) 從矽晶圓之導孔（V01）作晶背研磨；然後以 CMP 研磨矽晶圓；研磨鈦銅金屬（Ti/Cu）和鈍化層，以暴露出 V01 之銅金屬；

(12) PECVD 長二氧化矽；

(13) 塗布光阻；

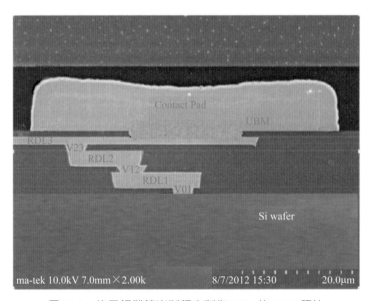

圖 14.7　使用銅雙鑲嵌製程來製作 RDL 的 SEM 照片

(14) 以步進機定義光阻開口；

(15) 以反應性離子蝕刻去除二氧化矽；

(16) 後續以步進機將光阻開口加大；，

(17) 接著以反應性離子蝕刻去除更多的二氧化矽，去除光阻；

(18) 後續濺鍍（Sputtering）鈦銅金屬（Ti/Cu），接著電鍍銅；

(19) 以 CMP 移除多出來的電鍍銅與鈦銅金屬，以得到 UBM 和銅接觸墊；

(20) 最後在 UBM 和銅接觸墊上製作銲接錫球（Solder Ball）。此時 UBM 和銅接觸墊之介電層，可使用聚合物方法，不必考慮 RDL 導線之線寬與線距。

3.3 使用 PCB 製作 RDL 的方法

圖 14.8 為製作大尺寸 RDL 之線寬與線距（>10 μm），此 RDL 應用於晶片優先正面朝下（Chip-first with Die-down）之扇出面版級構裝（Fan-out Panel Level Package, FOPLP）。首先將樹酯銅層（RCC）覆蓋於重新建構面板上，然後使用機械或雷射在 RCC 上鑽出孔洞，以電鍍銅填充孔洞，進而連接導線到鋁或銅墊上。貼上一層乾膜光阻，使用雷射直接成像（Laser Direct Imaging, LDI）作光阻圖案化，接著進行銅蝕刻與光阻去除，如此就可形成 RDL1，重複以上步驟可製作其他 RDL 層。最終 RDL 可以作為接觸墊，接著上光阻、銲錫與光罩固化，然後鑲上銲接錫球。這些製程在 PCB 廠就可以進行，不必使用半導體廠之材料和設備。如果 RDL 是標記晶片優先，而且晶片正面朝上之 FOPLP 元件時，則必須事先在元件晶圓上製作 UBM 層和接觸墊（Contact Pad）[1]。

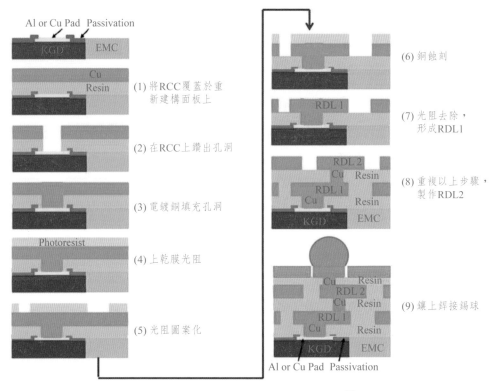

圖 14.8　使用 PCB 製作 RDL 的流程圖[1]

4. 圓形或方形重新配置之載具的選擇

　　如研究文獻[8, 22]所示，使用標準 PCB 大面版（610 mm×457 mm）當作重新配置之載具，並以表面黏著技術（Surface Mount Technology, SMT）設備來持取與放下 KGD 與被動元件，以 PCB 設備及雷射直接圖案化設備製作 RDL 線路，扇出面版級構裝（FOPLP）主要使用在非常低成本、低腳數、小尺寸晶片以及大量生產之應用上。使用晶圓或面板級重新配置之載具的選擇，取決於線寬／線距之大小，通常線寬／線距大於 > 10 μm 時，會選擇使用面版級重新配置之載具，否則建議使用晶圓級重新配置之載具。

5. 介電材料

　　晶片優先 FOWLP 結構之 RDL 的線寬／線距比較小，介電材料為低溫 PECVD（溫度 < 200 ℃）或半氣壓 SACVD（溫度為 170 ℃）所製作之二氧化矽（SiO_2）。兩者的製程溫度都低於 EMC 壓縮鑄模的關鍵溫度（230 ℃）。然而聚合物介電材料方面，必須使用低固化溫度之 BCB 和 PBO，例如 DOW 所提供之 BCB 的固化溫度為 200 ℃，Sumitomo 所提供之 PBO 的固化溫度為 220 ℃。不管是晶片優先之 FOWLP 或晶片最後之 FOWLP，為了降低翹曲與提高可靠度，其介電材料的楊氏膜數（Young's Modulus）要低，而延伸率（Elongation）則必須要高。例如 DOW 所提供之 BCB 的楊氏膜數為 2 GPa，而其延伸率為 28；Sumitomo 所提供之 PBO 的楊氏膜數為 2.7 GPa，而其延伸率為 55。

6. 膠體材料

　　FOWLP 使用之膠體為環氧樹酯化合物（Epoxy Molding Compound, EMC），以壓縮鑄模方式完成灌膠，晶片優先（Chip-first）FOWLP 之環氧樹酯（EMC）的固化溫度（Cure Temperature），必須小於雙面膠的剝離溫度（Release Temperature）。晶片最後（Chip-last）FOWLP 之環氧樹酯（EMC）的固化溫度必須小於介電材料的關鍵溫度（Critical Temperature）。晶片優先或晶片最後 FOWLP，可使用液態和固態兩種環氧樹酯膠體。其中液態環氧樹酯膠體的優點包括：比較容易持取、良好流動性、少孔隙、較佳填充性與較少流動痕跡；而固體環氧樹酯膠體的優點為：固化收縮率較小和較少的晶片漂移。

　　晶片優先（Chip-first）與晶片最後（Chip-last）FOWLP，當環氧樹酯（EMC）填料含量高時（>85 ％）[7]，則可縮短壓模灌膠之時間、降低膠體的收縮率，並減少膠體翹曲。如果環氧樹酯（EMC）膠體填料之分布和尺寸的均勻性好，則可減少流動痕跡，並提高膠體流動性。例如由住友

（Sumitomo）所提供之固態環氧樹酯，其填料含量為 90 wt%，填料的最大尺寸為 55 μm，膠體條件為 7 m/125 ℃，後續固化為 1 h/150 ℃，Tg 為 170 ℃，抗彎強度為 30 GPa；由長瀨（Nagase）所提供之液態環氧樹酯，其填料含量為 89 wt %，填料最大尺寸為 75 μm，灌膠條件為 10 m/125 ℃，後續固化為 1 h/150 ℃，Tg 為 165 ℃，抗彎剛度為 22 GPa。

7. 結論

本章已詳述 FOWLP 技術之種類、製程及相關材料，以下歸納一些重點與建議：

(1)在 FOWLP 三種結構設計中，Chip-first with Face-down 是最簡易與低成本之選擇。而 RDL-first 則是最複雜與最高成本之選擇。Chip-first with Face-up 需要較多製程步驟，其成本則高於 Chip-first 與 Face-down。

(2)在應用範圍上，Chip-first FOWLP 比 Fan-in WLP 更廣，然而在一些情況下，塑膠球狀柵列構裝（Plastic Ball Grid Array, PBGA）可做到的，Chip-first FOWLP 卻無法執行，例如大尺寸晶片（≧12 mm ×12 mm）及大尺寸構裝（≧25 mm×25 mm），這主要是因為 Chip-first FOWLP 有熱膨脹及翹曲（Warpage）之先天限制。此時如果採用 Chip-last（RDL-first），則可延伸應用範圍到晶片尺寸 ≦ 15 mm×15 mm，其 Fan-out 構裝尺寸為 ≦32 mm×32 mm。如果在晶片散熱上具備選擇性時，甚至可延伸到晶片尺寸< 42 mm× 42 mm，Fan-out 構裝尺寸為 ≦42 mm×42 mm。

(3)Chip-first FOWLP 是半導體構裝的好選項，適用於基頻（Baseband）、射頻（RF）／類比（Analog）、電源管理 IC（PMIC）、低階 ASIC，以及應用於行動裝置之 CPU。

(4)Chip-last（RDL-first）FOWLP，則適合於高階元件之構裝，例如高

階 CPU、GPU、ASIC 及 PFGA 等，以應用於伺服器、網路及電訊系統上。

(5)Chip-first FOWLP 要選擇晶圓級或面版級構裝，這取決於 RDL 的線寬與線距，如果大於 10 μm，則選擇面版級構裝（610 mm×457 mm），並搭配 PCB、LDI 及 SMT 方法，以增加產能及節省成本。

8. 參考資料

1. J. Lau, Nelson Fan, Li ming, et al, :Design, material, process, and equipment of embedded fan-out wafer/panel-level packaging, Chip Scale Review, May-June, 2016, PP. 38-44.

2. Texas Instruments, *Design Summary for MicroSiP™-enabled TPS8267xSiP*, 2011.

3. K. Itoi, M. Okamoto, Y. Sano, N. Ueta, S. Okude, O. Nakao, et al., "Laminate based fan-out embedded die packaging using polyimide multilayer wiring boards," Proc. of IWLPC, 2011, pp. 7.8-7.14.

4. K. Munakata, N. Ueta, M. Okamoto, K. Onodera, K. Itoi, S. Okude, et al., "Polyimide PCB embedded with two dies in stacked configuration," Proc. Of IWLPC, 2013, pp. 5.1-5.6.

5. J. Lau, 3D IC Integration and Packaging, McGraw-Hill, New York, 2015.

6. H. Hedler, T. Meyer, B. Vasquez, "Transfer wafer-level packaging," US Patent 6,727,576, filed on Oct. 31, 2001; patented on April 27, 2004.

7. M. Brunnbauer, E. Fürgut, G. Beer, T. Meyer, H. Hedler, J. Belonio, et al., "An embedded device technology based on a molded reconfigured wafer," Proc. of ECTC, 2006, pp. 547-551.

8. J. Lau, "Patents issues for fan-out wafer/panel packaging," *Chip Scale*

Review, Nov/Dec 2015, pp. 42-46.

9. B. Keser, C. Amrine, T. Duong, O. Fay, S. Hayes, G. Leal, el al., "The redistributed chip package: a breakthrough for advanced packaging," Proc. of ECTC, 2007, pp. 286-291.

10. V. Kripesh, V. Rao, A. Kumar, G. Sharma, K. Houe, J. Lau, et al., "Design and development of a multidie embedded micro wafer-level package," Proc. of ECTC, 2008, pp. 1544-1549.

11. J. Lin, J. Hung, N. Liu, Y. Mao, W. Shih, T. Tung, "Packaged semiconductor device with a molding compound and a method of forming the same," US Patent 9,000,584, filed on Dec. 28, 2011; patented on April 7, 2015.

12. Y. Kurita, K. Soejima, K. Kikuchi, M. Takahashi, M. Tago, M. Koike, et al., "A novel "SMAFTI" package for interchip wide-band data transfer," Proc. of ECTC, 2006, pp. 289-297.

13. M. Kawano, S. Uchiyama, Y. Egawa, N. Takahashi, Y. Kurita, K. Soejima, et al., "A 3D packaging technology for 4 Gbit stacked DRAM with 3 Gbps data transfer," Proc. of IEMT, 2006, pp. 581-584.

14. Y. Kurita, S. Matsui, N. Takahashi, K. Soejima, M. Komuro, M. Itou, et al., "A 3D stacked memory integrated on a logic device using SMAFTI technology," Proc. of ECTC, 2007, pp.821-829.

15. 1M. Kawano, N. Takahashi, Y. Kurita, K. Soejima, M. Komuro, S. Matsui, "A 3-D packaging technology for stacked DRAM with 3 Gb/s data transfer," IEEE Trans. on Electron Devices, 2008, pp.1614-1620.

16. N. Motohashi, Y. Kurita, K. Soejima, Y. Tsuchiya, M. Kawano, "SMAFTI package with planarized multilayer interconnects," Proc. of ECTC, 2009, pp. 599-606.

17. M. Kurita, S. Matsui, N. Takahashi, K. Soejima, M. Komuro, M. Itou,

et al., "Vertical integration of stacked DRAM and high-speed logic device using SMAFTI technology," IEEE Trans. On Adv. Pkging., 2009, pp. 657-665.

18. Y. Kurita, N. Motohashi, S. Matsui, K. Soejima, S. Amakawa, K. Masu, et al., "SMAFTI packaging technology for new interconnect hierarchy," Proc. of IITC, 2009, pp. 220-222.

19. Y. Kurita, T. Kimura, K. Shibuya, H. Kobayashi, F. Kawashiro, N. Motohashi, et al., "Fan-out wafer level packaging with highly flexible design capabilities," Proc. of ECTC, 2010, pp. 1-6.

20. N. Motohashi, T. Kimura, K. Mineo, Y. Yamada, T. Nishiyama, K. Shibuya, et al., "System in wafer-level package technology with RDL-first process," Proc. of ECTC, 2011, pp. 59-64.

21. R. Huemoeller, C. Zwenger, "Silicon wafer integrated fan-out technology," Chip Scale Review, Mar/Apr 2015, pp. 34-37.

22. T. Braun, S. Raatz, S. Voges, R. Kahle, V. Bader, J. Bauer, et al., "Large area compression molding for fan-out panel-level packing," Proc. of ECTC, 2015, pp. 1077-1083.

23. J. Lau, P. Tzeng, C. Lee, C. Zhan, M. Li, J. Cline, et al., "Redistribution layers (RDLs) for 2.5D/3D IC integration," Proc. of IMAPS Symp., 2013, pp. 434-441.

24. J. Lau, P. Tzeng, C. Lee, C. Zhan, M. Li, J. Cline, et al., "Redistribution layers (RDLs) for 2.5D/3D IC integration", IMAPS Trans., Jour. of Microelectronic Packaging., 2014, pp. 16-24.

25. http://www.asmpacific.com/asmpt/ images/2015-12-21%20WLP.pdf.

第十五章

3D-IC 構裝導線連接技術

1. 前言

由於 3D-IC 構裝技術符合電子產品追求小體積、低功耗及更佳性能表現之需求，近年來，業界陸續發表 3D-IC 導線連接技術所組裝之各種新產品，例如圖 15.1 為台積電（TSMC）的整合扇出型構裝（InFO）-封裝體堆疊（Package on Package；PoP），在 2016 年開始大量生產 A10 應用處理器（Application Processor；AP）使用於 Apple i-Phone 7 及 i-Phone 7+手機，其具有高密度的導線重新分佈層（RDL）和通過 InFO 的通孔（TIV），用於整合應用處理器（AP）邏輯晶片與 DRAM 記憶體之封裝體堆疊[1]。InFO_PoP 與覆晶構裝相比，InFO_PoP 具有更薄外觀和更好的電氣和熱性能。

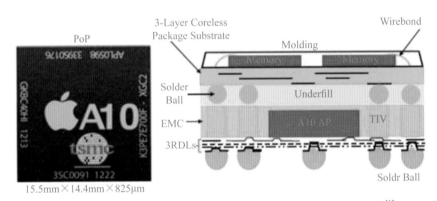

圖 15.1　台積電（TSMC）的 InFO- PoP 在 2016 年達到大量生產[1]

超微（AMD）在 2015 年 7 月推出 Radeon™ Fury 顯示卡，這是首次以 TSV 和微凸塊技術來整合 HBM（High Bandwidth Memory）與圖形處理單元（Graphic Processing Unit, GPU）[2]，圖 15.2 顯示此 3D 構裝堆疊結構與橫截面示意圖。大型 GPU 晶片經由微凸塊和 TSV 整合到矽中介層（Silicon Interposer）上方，並在矽中介層上與四個 HBM 堆疊記憶體進行水平整合，以確保晶片間達到更快與更短之電性連接。其中圖形處理器單元（GPU）為台積電（TSMC）使用 28 奈米製程技術製作，並與 Hynix 所製作之 HBM 作整合構裝。每個 HBM 含有 4 個 DRAM（具備 C2 Bump），以及一個邏輯晶片，以 TSV 直接貫穿連接。每個 DRAM 晶片含有大於 1,000 個 TSV，GPU 與 HBM 為聯電（UMC）使用 65 奈米製程技術將其整合在矽中介層（28mm x 35mm）上方。最後由日月光（ASE）將矽中介層與有機基板（4-2-4）進行組裝。此種將晶片在矽中介層上進行異質整合（Heterogeneous Integration on Silicon Interposer）技術為台積電（TSMC）所開發之 CoWoS 構裝技術。

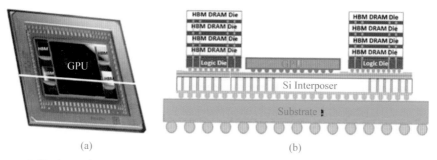

圖 15.2　超微（AMD）Radeon™ Fury 顯示卡之 CoWoS 構裝，(a) 高階 3D 構裝堆疊結構與 (b) 橫截面示意圖[2]。

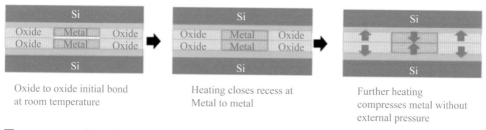

圖 15.3　Xperi 的混合鍵合（Hybrid Bonding）技術，也稱為直接鍵合互連（DBI），將介電材質與嵌入式金屬相結合，形成混合鍵合[3]。

　　圖 15.3 為 Xperi 的混合鍵合技術（Hybrid Bonding），也稱為直接鍵合互連（Direct Bonding Interconnect：DBI），將介電材質與嵌入式金屬相結合形成混合鍵合之導線連接。低溫混合鍵合解決方案使得晶圓或晶片能夠以非常細小的間距進行鍵合，實現凸塊間距縮放，並且 Sony 已將其應用於用於 2016 年三星 Galaxy S7 Edge 中的 3D 堆疊背照式圖像感測器（IMX260）[3]。

以上產品發表證明 3DIC 構裝技術，已從理論達到實際產品化，並廣泛應用於高階微電子構裝領域。本文以下將參考最新文獻[1~25]，探討 3D-IC 導線互連技術之發展狀況，以及針對彼此相同與相異點、優點與潛在缺點進行說明，以及簡述 3D 構裝之薄化晶圓持取與製程上所使用之暫時性鍵合與解鍵合技術（Temporary Bonding and De-bonding for Thin-Wafer Handling and Processing）。

2. 3D-IC 構裝堆疊技術比較：C2C、C2W 和 W2W

3D-IC 導線互連技術一般可分為：(1) 晶片對晶片（C2C）連接、(2) 晶片對晶圓（C2W）連接，以及 (3) 晶圓對晶圓（W2W）連接等三種技術。每種導線連接技術在互連結構、連接與填充材料、製程流程等，都有其特殊設計。3D-IC 整合構裝與系統單晶片（SOC）方法相比較，3D-IC 整合構裝的關鍵優勢在可降低設計和製造之複雜性。元件的單一特殊功能可以來自不同晶圓、不同廠房甚至不同公司製造。可以利用模組化方法實現整合構裝，其中特殊應用元件可與標準元件整合。其中晶片對晶圓（C2W）整合比晶圓對晶圓（W2W）整合更具靈活性。首先，使用 C2W 可以整合不同尺寸之晶片，而 W2W 整合，晶片必須具有相同尺寸。化合物半導體晶圓通常不提供 300mm 直徑，因此，射頻、光學或高頻應用的 3D-IC 異質整合需要使用晶片對晶圓（C2W）整合方案。

對準精度是一個重要標準。國際半導體技術路線圖（ITRS）[13]定義 2010-12 年高密度 TSV 應用的鍵合精度為 $1.0\mu m$（3σ），2013 年為 $0.5\mu m$（3σ）。W2W 對準製程足夠快，可以支持多晶片鍵合腔體。然而，對於 C2W 對準，必須在對準精度和產能之間取得平衡。對於每小時只有幾百個晶片的低產能系統，可以實現次微米對準精度。對於每小時高達 10,000 個晶片的高產量生產系統，由於自身引發振動問題，其可以實現的對準精度則有限。高產能製造 C2W 整合的典型對準規格 $3\text{-}10\mu m$（3σ）。產能是 3D-IC

整合構裝方案中最重要的考慮因素之一。

　　從技術上講，C2W 整合允許真正的 KGD 製造。C2W 以切割好的晶片作為堆疊的單位，所以可在堆疊前先篩除不合格的晶片（KBD），再進行堆疊接合，以提高良率，而且不同製程/尺寸/形狀/基板的晶片也可以進行接合。W2W 主要優勢是高產能（High Throughput），可以實現較薄晶圓與較短導通孔之結構；其缺點則是每個晶圓的面積要相同，且欲堆疊晶圓之間的熱膨脹係數不能相差太多，因為無法先行篩選好的晶片（KGD），即使可以在鍵合之前測試晶圓並匹配鍵合對，仍然存在第一個晶圓上一個好晶片被鍵合到第二個晶圓上一個壞晶片的風險，故良率較低（Low Yield）。W2W 鍵合的產能與晶圓大小無關，因為所有晶圓都是平行同步處理，所以具備高產能（High Throughput）。反觀 C2W 鍵合需要串行晶片放置，這意味著每個晶圓的處理時間與晶片大小具備高度關聯性，如圖 15.4 所示。晶圓鍵合與晶圓製造是相容製程，晶圓鍵合堆疊可以在標準晶圓加工設備上進行處理。堆疊晶圓所需厚度是一個重要考慮因素。將晶圓暫時鍵合到晶圓載具上，可以處理和加工超薄化晶圓。對於 W2W 整合，這些薄化晶圓可以在剝離前與另一個元件晶圓進行鍵合[27]。

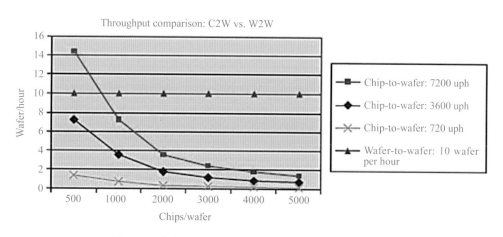

圖 15.4　產能比較：W2W 對準與 C2W 持取與放置。

在 W2W 情況下，晶圓載具可重複使用。對於 C2W 整合，厚度小於 25μm 的晶片必須與晶圓載具一起進行切割，然後再進行堆疊和去除晶圓載具[4]。由於晶圓載具無法重複使用，所以這將增加每片晶圓的成本。TSV 晶片的 3D 堆疊需要在鍵合界面內進行電性連接，可以在鍵合前或鍵合後製作 TSV。在鍵合前製作 TSV 的優點之一就是機械鍵合和電性連接可在鍵合製程同時完成。由於考慮到可靠度，不可使用傳統錫球迴銲方案來處理小孔徑或小間距之鍵合。相反地，需要使用金屬鍵合方案，例如 Cu-Sn 共晶鍵合或 Cu-Cu 熱壓鍵合方案，這些鍵合製程是利用金屬擴散來達成。擴散過程之反應動力學與溫度、壓力和時間成正比。為了達到製程時間的合理性，需要在鍵合界面上同時進行高壓與高溫（200-400℃）鍵合過程。即使在這些優化條件下，鍵合過程也需要 5-30 分鐘。以串行方式進行 C2W 鍵合則不具備經濟可行性，因為處理一片晶圓需要花費許多小時甚至幾天的時間。

晶片對晶圓（C2W）鍵合，第一步先將晶片放置在晶圓上以形成暫時性鍵合，這與後續晶片對晶圓（C2W）之永久性鍵合過程要分開處理。首先使用揮發性黏著劑將每個晶片暫時鍵合到晶圓上，然後將具備晶片暫時鍵合的晶圓傳送到鍵合腔體（Bond Chamber），在惰性或還原環境施加壓力和溫度建立永久性鍵合（Permanent Bond），如圖 15.5 所示。鍵合腔體（Bonding Chamber）需設計成封閉式惰性環境，以避免鍵合墊（Bonding Pad）發生氧化。C2W 鍵合後之對準精度取決於：(1) 系統在揀取和放置（Pick and Place）晶片的對準能力；(2) 鍵合前對準精度；(3) 鍵合系統在鍵合過程維持對準精度的能力；(4) 製程參數設定等。晶片厚度變化對於鍵合對準精度有重大影響。由於各個晶片來自不同晶圓，也有可能因為晶圓薄化不精確而導致晶片具有不同厚度。鍵合設備必須使用順應層（Compliant Layer）來補償這些晶片之厚度變化。其順應能力的合格標準為：在 1mm 橫向距離上，只能有 3μm 的厚度變化[5] [25]。

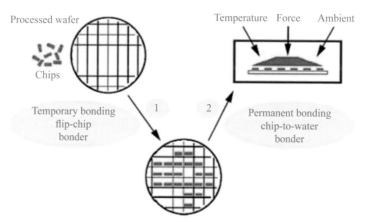

圖 15.5　使用揮發性黏著劑將各個晶片暫時性鍵合（Temporary Bond）到晶圓上，然後將具備晶片暫時鍵合的晶圓轉移到鍵合室（Bond Chamber）建立永久性鍵合（Permanent Bond）。

　　為了保持對準精度需要在鍵合期間保證施加的壓力僅垂直於每個晶片的鍵合界面。由於產能優化之製程需求，不可將已知壞的晶片（Known Bad Die; KBD）放置在基材晶圓上，進而形成僅有部分晶片（Partial die population）鍵合於基材晶圓（Base Wafer），在鍵合系統可施加調整力（Adjustable Force），以確保施加壓力垂直於每個晶片的鍵合界面。"Partial die population" 的中文意思是僅有部分晶片鍵合於基材晶圓。在製造晶片的過程中，有時會在基材晶圓（Base Wafer）上放置較少的晶片，使其只鍵合部分晶片於基材晶圓上，而不是鍵合填滿整個晶圓。因此，在進行鍵合時，需要對每個晶片施加調節力以確保力量僅垂直於每個晶片的鍵合界面。這種情況下的晶片鍵合需要特別注意，因為晶片位置的不確定性可能會影響鍵合品質。圖 15.6 顯示施加調整力的應用概念，用於晶片對晶圓鍵合的鍵合方法與晶圓對晶圓鍵合方法相同。然而，與晶圓對晶圓（W2W）鍵合相比，C2W 的熔融鍵合（Fusion Bonding）稍具挑戰性，因為 C2W 較難達到熔融鍵合所需的高節潔度（Cleanliness）[25]。

圖 15.6　顯示可施加調整力的應用（Adjustable-force Application）概念。

3. 晶片對晶片（C2C）與晶片對晶圓（C2W）堆疊技術

　　晶片對晶片（Chip to Chip; C2C）堆疊技術，必須先將晶圓切割成晶片，才進行堆疊。所以可確保「已知良好的晶片」（Know Good Die; KGD）才進行組裝，如此可提升良率。C2C 最具彈性，可將不同尺寸之晶片整合在一個構裝體。至於晶片對晶圓（Chip to Wafer; C2W）接合技術也具備此優勢，差別是 C2W 技術是先做接合組裝，甚至完成迴焊（Reflow）後才進行切割。C2C 與 C2W 堆疊技術，在近年來已發展出高階凸塊結構，例如使用細節距微凸塊（Fine Pitch Micro-Bump）或銅柱凸塊（Copper Pillar Bump）作接合，以及使用先進填充技術（Advanced Under-Fill Technology）等。

3.1　凸塊結構（Bump Structure）

　　3D 導線互連朝微小化、細節距及高互連密度前進，目前已有凸塊細節距（Bump Pitch）只有 10μm 之研究。新凸塊結構，例如鎳微插凸塊（Nickel Micro-insert Bump）、銅錫互鎖凸塊（CuSn Interlock Bump）已應用於 3D-IC 導線互連上。圖 15.7 (a) 為 Jang 等人製作互鎖凸塊（Interlock Bump）之橫截面照片，其中一個晶片具有直徑 25μm，高度 15μm 的錫凸塊，另一個晶片具有銅互鎖凸塊（Cu Interlock Bump），以覆晶技術將銅互鎖凸塊插入較大的錫凸塊內[3]。圖 15.7 (b) 為一種直接製作於 TSV 上方的平面凸塊（Planer Bump），其直徑 70μm，高度 10μm。圖 15.8 為 Souriau 等人以微插互連技術應用在 C2W 之研究，將鎳微插凸塊（Nickel Micro-Insert Bump）與另一晶片上軟的鎳錫材料作連接[6]。

這些新型凸塊結構具備以下優點：(1) 符合構裝小型化趨勢；(2) 高構裝密度；(3) 凸塊尺寸小，可提供更多空間供 TSV 使用；(4) 可與傳統凸塊共同使用於 C2C 及 C2W 應用；(5) 經實驗測試，符合電子構裝之機械強度與電性需求。新型凸塊有一項缺點需要克服，就是使用微插技術對於平坦度較為敏感，容易造成電阻升高之問題。傳統凸塊在迴焊時會有塌陷產生，容易有凸塊間之架橋現象；由於銅柱較具剛性，所以適合於微小節距之凸塊應用上，目前 2.5D-IC 及 3D-IC 已廣泛使用銅柱凸塊。

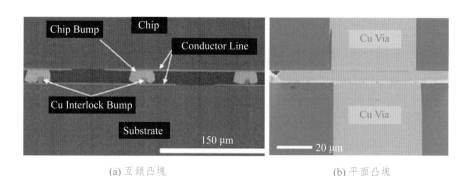

(a) 互鎖凸塊　　　　　　　　　　　　　　(b) 平面凸塊

圖 15.7　互鎖凸塊（Interlock Bump）與平面凸塊（Planer Bump）之橫截面照片[7]。

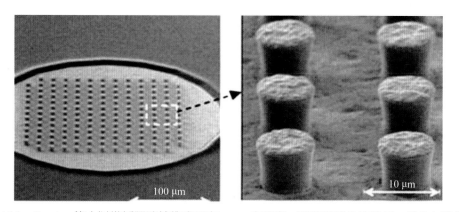

圖 15.8　Souriau 等人以微插互連技術應用在 C2W 之研究，將鎳微插凸塊與另一晶片上軟的鎳錫材料作連接[6]。

3.2　凸塊與組裝製程（Bumping and Assembly Process）

形成凸塊（Bump）或接合墊（Pad）是電子元件構裝製程上很重要的階段，目前各種凸塊製程研究，都在追求更高效率與可靠度。最早 C4 技術是由 IBM 於 1961 年所研發出來，形成 C4（Control Collapse Chip Connection; C4）凸塊的方法，有光罩蒸鍍（Mask Evaporation）、網版印刷（Screen Printing）、黃光電鍍等（Lithography Plating）。C4NP 使用具有凹洞之玻璃模型，將錫球轉移於至晶圓上，目前已應用在 3D-IC 晶片堆疊上。如圖 15.9 為 C4NP 之製程示意圖，首先將融熔的錫注入玻璃模型的凹洞中，然後將模型對準晶圓，開始加熱到溫度超過錫球熔點時，由於是在密封環境下，所以錫球會潤濕（Wetting）晶圓上之凸塊底下金屬層（Under Bump Metallurgy; UBM），進而附著於晶圓上。與其他凸塊技術相比，C4NP 具備許多優勢：(1) 可大量生產細節距之凸塊；(2) 凸塊材料容易更換；(3) 生產環境不必使用電鍍化學品，具環保性；(4) 可降低生產成本。

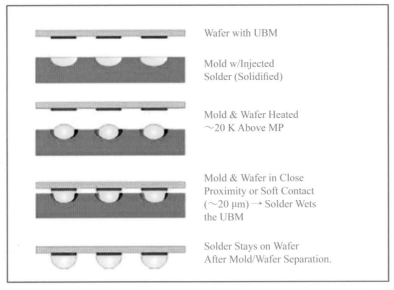

圖 15.9　C4NP 錫球由玻璃凹洞轉移於至晶圓 UBM 表面之製程示意圖[5]。

使用電鍍方式也可以製作微小凸塊（Tiny Bump）及 UBM，目前亦深受業界歡迎。例如使用電鍍方式製作銅柱，可形成不同的錫覆蓋層（Solder Caps）。電鍍後使用迴焊及電漿清洗去除污染物及氧化物。金屬沉積方式有許多種，Sourian 等人發展微插技術（Micro-Insert Approach），以電化學方式沉積鎳（Ni）與鎳錫（NiSn）層於鈦銅（Ti/Cu）晶種層上，而鈦銅晶種層則以 PVD 方式沉積。一般 TSV 電鍍銅填充導孔後，會使用 CMP 磨去凸出多餘的銅，然而近來有人直接在 TSV 上端直接電鍍銅凸塊，如此可省下 CMP 磨除凸出多餘銅之製程。

圖 15.10 為目前有一種不需使用光罩之焊錫凸塊製作（Solder Bump Maker；簡稱 SBM）之流程圖，SBM 是由樹酯、添加劑、Sn58Bi 粉末等構成，使用導塊（Guide）控制 SBM 厚度，以刮刀去除多餘 SBM 材料。後續拿掉導塊（Guide），經過迴焊後就可以形成凸塊。如圖 15.11 所示，因 SBM 凸塊體積小，故可以直接在 TSV 上端形成 SBM 凸塊。

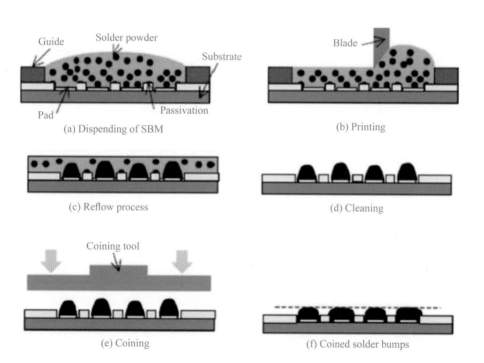

圖 15.10 一種不需使用光罩之焊錫凸塊製作（Solder Bump Maker；簡稱 SBM）流程圖[6]。

圖 15.11　在 TSV 上端直接形成 SBM 凸塊[7]。

3.2.1　覆晶迴銲接合（Flip Chip Reflow Bonding）技術

覆晶技術具備低成本、高產能、及可重工（Rework）等優勢，目前廣泛應用於微電子構裝。在覆晶製程中，銲接凸塊（Solder Bump）製作於晶片上，在晶片與基板對位後，後續進行迴銲（Reflow）來完成導線連接製程。由於 3D IC 構裝是將上下晶片堆疊，需要各種接合技術，其中迴銲（Reflow）是關鍵製程。迴銲（Reflow）方式有兩種：(1) 連續式多次迴銲（Sequential Reflow）；(2) 平行式一次迴銲（Parallel Reflow）。

➤ 連續式多次迴銲（Sequential Reflow）：首先將最底部晶片與基板接合迴焊，其他晶片後續堆疊於此晶片上方，每一次接合都必須再進行一次迴焊。使用連續式多次迴銲，比較容易控制晶片間的對位精準度。

➤ 平行式一次迴銲（Parallel Reflow）：則是先將許多晶片接合鑲在一起之後，才同步進行一次性迴焊。雖然平行式一次迴銲產能大，但晶片堆疊對位必須作非常良好之控制，以確保迴焊後晶片間接合對位之精準度及牢固性。

隨著凸塊尺寸微小化，助熔劑的清洗（Flux Clean）變得更加困難，尤其在大尺寸晶片間的接合處，助熔劑最難清洗。目前改善助熔劑清洗的對策有兩種：(1) 強化助熔劑清洗工具及製程，例如結合力流系統（Force Flow System）與加壓噴洗系統（In Line Pressurized Spray System），來清洗間隙為 30μm 的助熔劑。(2) 採用不需使用助熔劑之凸塊製程。

3.2.2　熱壓接合（Thermo-compression Bonding）技術

將兩相同金屬材料施以加熱及加壓，它是一種固態擴散反應（Solid State Diffusion），會在接合界面產生原子交互擴散（Inter-Diffusion of Atoms）與晶粒成長（Grain Growth）來進行接合。此接合技術是將堆疊晶圓在高溫下，施以高壓力一段時間，進而形成晶圓接合。升高溫度可軟化材料硬度，同時降低接合所需壓力。然而如果金屬表面有氧化物存在時，則會抑制接合面之晶粒成長，所以金屬表面不能有氧化物存在。

目前 3D IC 最常應用之金屬熱壓接合為銅對銅（Cu-Cu）晶圓接合，銅對銅晶圓接合技術必須注意兩大重要參數：溫度均勻性與壓力均勻性。至於最大接合溫度之高低，則由元件的熱預算（Thermal Budget）所決定。在溫度均勻性參數方面，如果能夠增加溫度均勻度，則可提高加熱速度，進而提昇產能。然而，如果晶圓表面溫度分佈不均，則會在局部區域產生扭曲，以及在接合層產生內應力，進而嚴重影響接合品質。在壓力均勻性參數方面，有良好均勻的壓力分佈，可以補償晶圓的不平整性，以及晶圓厚度變化等缺失。銅對銅的熱壓接合製程有兩種：第一種使用銅與原生氧化物（Native Oxide）；第二種使用銅與有機鈍化層（如 BTA），此鈍化層是在銅雙鑲嵌製程（Copper Dual Damascene Process）的 Post-CMP 清洗時沉積於金屬表面。最新發展出一種常溫銅對銅熔融接合製程，此製程必須將銅表面拋光到粗糙度小於 1nm，然後將銅表面做化學處理，使銅表面達到親水性。先將晶圓於常溫下做預接合（Pre-Bonding），然後在 400℃ 下做熱退火（Thermal Annealing）來進行銅的擴散，此技術除了具備高產能的優勢外，使用常溫預接合製程可提高對準性精度，也是它的一項強項優勢。

3.2.3　固液擴散接合（SLID Bonding）技術

自從 1990 年開始就已將固液擴散（Solid Liquid Inter-diffusion; SLID）接合視為一種有用的冶金接合技術，在歷經數十年後，漸漸獲得半導體接合應用上之重視。由於固液擴散接合具備擴散不可逆性，非常適合於 3D 晶片垂直堆疊整合技術。固液擴散接合的概念是一種等溫固化（Isothermal Solidification）及瞬間液相（Transient Liquid Phase; TLP）接合行為，固液擴散接合又稱瞬間液相（TLP）接合，其中銅錫（Cu-Sn）系統的有利性質最受業界歡迎。固液擴散接合介於軟焊與硬焊之間，它使用類似軟焊之低熔點的填充合金（Filler Alloy），然而其最終完成接合之合金，則為高熔點不具延展性合金，此特性又類似硬焊接合性質。固液擴散接合所以受業界歡迎的特點，在於接合製程溫度低，不影響晶片內部元件，銅錫接合製程溫度為 $250\sim300℃$，最終完成接合之接點，則為高熔點（676℃）的 Cu3Sn 合金，可以固定相互接合之晶片。由於接合製程溫度（$250\sim300℃$）與最終合金之熔點（676℃），兩者存在極大的溫度差異，所以非常適合於 3D-IC 多晶片堆疊應用上。

4. 晶圓對晶圓（W2W）堆疊技術

晶圓對晶圓（W2W）堆疊是以整片晶圓為單位來作接合，W2W 主要優勢是高產能（High Throughput），可以實現較薄晶圓與較短導通孔之結構；其缺點則是每個晶圓的面積要相同，且欲堆疊晶圓之間的熱膨脹係數不能相差太多，因為無法先行篩選好的晶片（KGD），故良率較低（Low Yield）。C2W 以切割好的晶片作為堆疊的單位，所以可在堆疊前先篩除不合格的晶片（KBD），再進行堆疊接合，以提高良率，而且不同製程/尺寸/形狀/基板的晶片也可以進行接合。然而在高晶片密度與大晶圓尺寸情況下，W2W 堆疊的對位精確性會比 C2W 佳。由於晶圓的尺寸因素，在狹窄的晶圓間之縫隙進行點膠充填（Filling Under-fill）是相當困難的。甚至在晶圓切割後，在晶片堆疊的窄間隙處進行點膠充填，仍然具有挑戰性。因此，最近晶圓與晶圓互連的研究，特別注重在討論 (1) 同步點膠充填（Simultaneous Under-fill）；或 (2) 不需點膠充填（Without Under-fill）兩種技術。

4.1　同步點膠充填（Simultaneous Under-fill）技術

同步點膠充填是一新技術，目前已吸引許多研究者。他是在完成晶圓接合時，於晶圓與晶圓的間隙處使用填充材料，一次步驟完成點膠充填製程，填充材料可作為應力重新分佈層（Stress Re-distribution Layer），進而提高電性接點之可靠度。根據互連結構與 TSV 的形成順序，晶圓對晶圓接合之同步點膠充填技術，可分為兩大類：(1) 混合接合（Hybrid Bonding）：使用金屬凸塊互連與粘著劑（高分子）同步點膠充填；(2) 無凸塊式接合（Bumpless Bonding）：先使用粘著劑接合，然後才製作 TSV 結構，又稱WOW 技術。

4.1.1　金屬凸塊與粘著劑之混合接合（Hybrid Bonding）

混合接合（Hybrid Bonding）是將晶圓間之金屬凸塊與粘著劑（高分子）同步點膠充填作結合，粘著劑具備接合與充填材料兩種角色。混合接合的優點就是可以將舊有的金屬接合技術及經驗應用於新技術上。圖 15.12 為Ko 與 Chang 等人研究混合接合（Hybrid Bonding）之製程，上方晶圓具有銅凸塊（Cu Bump），底下晶圓具有銅錫凸塊（CuSn Bump），使用旋轉塗佈與微影技術在上下晶圓表面塗上 BCB 黏著劑，後續作凸塊表面清洗，在250℃ 溫度下進行晶圓接合。在接合後才做晶圓薄化及晶背金屬化處理，所以此種晶圓接合方法不必使用如玻璃或矽晶圓等暫時性載具，可以簡化製程。除了使用銅錫共晶（CuSn Eutectic）材料之外，亦可使用銅對銅（Cu-Cu）或金對金（Au-Au）等金屬，搭配粘著劑材料，進行混合接合（Hybrid

Bonding）。混合接合使用金屬凸塊作導線連接（Interconnection），金屬凸塊除了作電性導通功能外，他也是兩晶圓接合時應力與應變的機械支撐點，由於會受到在機械與熱應力負載，所以必須注意凸塊之結構設計，以防止失效之潛在問題發生。

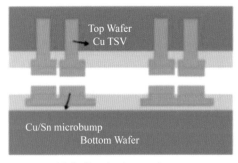

(a) Cu/Sn microbump scheme on the top and bottom wafer

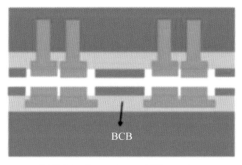

(b) BCB spin coating and lithography

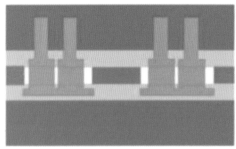

(c) Cu/Sn and BCB hybrid bonding

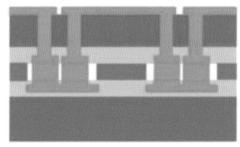

(d) Wafer thinning and backside metallization

圖 15.12　金屬凸塊與粘著劑之混合接合（Hybrid Bonding）示意圖[8]。

4.1.2　無凸塊式接合（Bumpless Bonding）

先使用粘著劑接合，然後才製作 TSV 結構是一種低溫（Low Temperature）及無凸塊式接合（Bumpless Bonding）製程。此製程是由 WOW（Wafer on Wafer）聯盟所支持，所以又稱 WOW 技術。圖 15.13 為凸塊接合與無凸塊式接合（WOW）之比較照片[9]。目前已有許多 WOW 技術之文獻，並且致力於電性與機械性質之研究。圖 15.14 為 WOW 技術之製

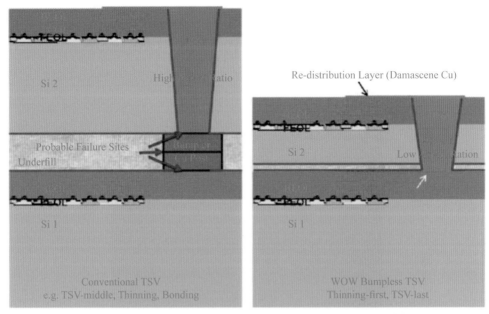

圖 15.13　凸塊式接合與無凸塊式接合（WOW）之比較照片[9]。

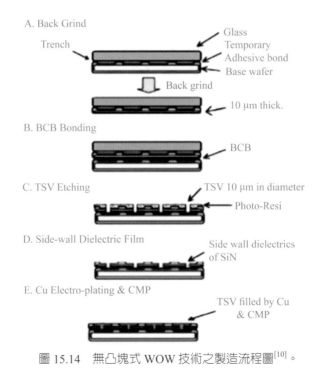

圖 15.14　無凸塊式 WOW 技術之製造流程圖[10]。

造流程圖[10]：(1) 晶圓暫時粘著於玻離載具上，然後進行晶背研磨薄化到厚度為 20～10μm；(2) 使用 BCB 粘著劑作晶圓接合；(3) TSV 蝕刻；(4)TSV 導孔內側沉積介電層；(5) 電鍍銅填充 TSV 導孔，CMP 研磨多餘的銅。圖 15.15 為使用 WOW 技術堆疊 7 層晶圓之結構照片[11]。

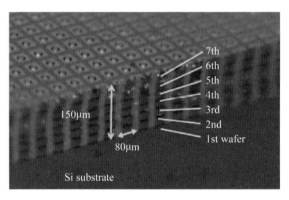

圖 15.15　無凸塊式 WOW 技術堆疊 7 層晶圓之結構照片[11]。

4.2　不需底膠充填（Without Under-fill）技術

將兩矽晶片或晶圓間的縫隙使用底膠充填（Under Fill），其主要目的是增加電子構裝體的可靠度。然而如果兩個矽晶片或晶圓間也可以做直接接合，並且界面無縫隙（Gap）存在，此時就不需底膠充填（Under Fill）製程。例如矽直接接合（Silicon Direct Bonding）就是一種不需底膠充填的接合製程，兩晶圓間採用 Si-Si 或 Si-SiO$_2$-Si 融熔接合在一起，稱為熔融接合（Fusion Bonding），或稱為氧化物接合（Oxide Bonding）。矽的熱膨脹係數為 3.2ppm/℃，以一個 300mm 的矽晶圓為例子，每上升溫度 100℃，其半徑將增長 50μm。為了確保熱膨脹的不匹配不會影響晶圓接合之最終結果，在晶圓接合時必須滿足以下三個條件：(1) 上下晶圓必須具備相同的熱膨脹係數；(2) 晶圓加熱速率要均勻，各位置均能達到相同的設定溫度；(3) 基板在半徑方向之熱分佈要均勻，如此才能保證晶圓對位的準確度。

　　熔融接合對於晶圓表面之潔淨度及平坦度的要求較高，必須防止化學污染物，以免影響接合機制。熔融接合所需的退火溫度非常高，並不適於3D IC 整合應用上。近年來為了擴大其應用領域，目前已修改一些製程，來降低退火溫度（Anneal Temperature）到小於 400℃。例如在預接合（Pre-Bonding）製程前，先採用電漿活化（Plasma Activation）晶圓表面，即可降低退火溫度。因為使用電漿活化可以改變晶圓表面之化學構造，以形成高能量鍵結，如此便可降低退火溫度及縮短退火時間[12-13]。

　　標準的親水性熔融接合（Hydrophilic Fusion Bonding），必須在溫度大於 1,000℃下，進行 8～10 小時的退火，才能達到最大鍵結強度。然而，如果預先採用電漿活化（Plasma Activation）處理，則在 200～400℃ 溫度下，進行 0.5～3 小時的退火處理，亦可達到相同的鍵結強度。為了要使此熔融接合製程能應用於 3D IC 整合上，在晶圓接合前必須先進行晶圓平坦化處理，使晶圓表面粗糙度達到 1nm。一般採用 CVD 沉積氧化物，然後進行 CMP 平坦化製程，重覆多次氧化物沉積與 CMP 平坦化製程，使晶圓表面平坦度合乎規格需求。此低溫熔融接合製程使用剛性接合面，可在常溫下進行預接合步驟，所以對位精度高，可以批次方式進行熱退火，產能可高達14～25 Bonds/Hour。IBM 已將熔融接合（Fusion Bonding）應用於 3D IC 整合平臺，此技術可與晶圓導線連接製程相容。圖 15.16 為 IBM 使用熔融接合進行 3D 整合之 Via Last TSV 製程流程圖：(1) 首先將上部晶圓暫時黏於

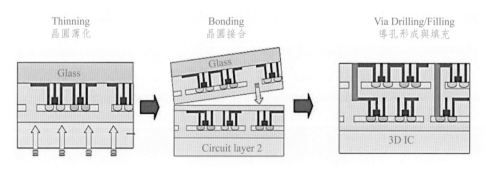

圖 15.16　IBM 使用熔融接合方式進行 3D 整合[13]。

玻璃載具上，然後進行晶圓薄化；(2) 進行晶圓對準及熔融接合；(3) 移除玻璃載具，製作 TSV 導孔與填充，使兩晶圓形成垂直導線連接。

5. 暫時性鍵合與解鍵合技術應用於薄化晶圓持取與製程（Temporary Bonding and De-bonding for Thin-Wafer Handling and Processing）

　　製造高可靠 3D-IC 元件通常需要將晶圓厚度薄化，即使用晶圓薄化製程。晶圓薄化製程主要是去除一部分無電路的矽晶圓層，使薄化的矽晶圓上留下一層主動電路層。隨著半導體元件對薄化需求不斷增加，選擇成熟的晶圓薄化方案變得至關重要。晶圓薄化不僅能提升積體電路的性能，還能適應各種創新的封裝技術。使用薄片晶圓的典型優勢包括封裝微型化、更有效地散發熱量和功率、改善元件性能和可靠性（因晶片更具彈性和靈活性，可適應不同應用場景和環境），以及降低晶片垂直堆疊的厚度[16]。對於 3D-IC 同質和異質整合的高階應用，TSV 相關參數（例如導線互連密度、節距、直徑和深寬比等）將推動製造商使用更薄的晶圓[17, 18]。因此，晶圓薄化是維持半導體發展路線圖的基本需求。

　　圖 15.17 顯示薄化晶圓在晶圓持取和製程加工上所面臨的挑戰。由於薄化晶圓缺乏機械穩定性，容易彎曲和變形，特別是在晶圓直徑增大時，這種情況可能更為嚴重。因此，為了確保安全持取和製程加工，必須為薄化或超薄化元件晶圓提供適當的機械支撐。隨著晶圓厚度的減小，傳統的薄化晶圓設計，例如夾頭（Chuck）、末端效應器（End Effector）或卡匣（Cassette）已無法滿足大多數晶圓的厚度需求。目前，最可行且廣泛使用的方案是利用暫時鍵合與解鍵合技術，借助晶圓載具（Wafer Carrier）為薄化晶圓在後續製程中提供足夠的機械支撐[19-21]。當元件晶圓暫時鍵合到晶圓載具上時，可以順利進行晶圓背面的加工製程，包括研磨、蝕刻、薄膜沉積、通孔填充、導線重分佈層沉積和焊球製作等[17-20]。在完成這些晶圓背

面處理製程後，可以將元件晶圓從晶圓載具上解鍵合（De-bonding）分離出來，進行最終的封裝製程[25]。

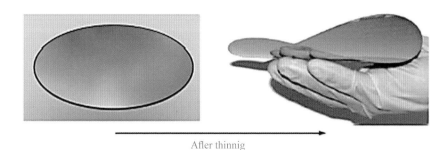

After thinnig

圖 15.17　薄化晶圓缺乏機械穩定性，容易產生彎曲和變形[25]。

　　晶圓載具（Wafer Carrier）可以為元件晶圓（Device Wafer）提供機械支撐與保護晶圓邊緣。此外，晶圓載具還可避免薄型元件晶圓產生彎曲或翹曲（Warpage）。玻璃載具（Glass Carrier）應用於積體電路行業的歷史比矽載具（Silicon Carrier）更悠久，但考慮到熱問題，目前 3D IC 製造將從玻璃載具轉而使用矽載具。晶圓堆疊的幾何形狀可以特別設計，使其模仿標準晶圓。所有這些效果都使元件製造商能夠使用標準製程設備進行各種加工。使用晶圓載具進行晶圓薄化處理的成本通常低於在每台獨立機器上使用專用的薄化晶圓夾具、末端效應器和晶圓卡匣的成本[22]。

　　圖 15.18 顯示晶圓載具（Wafer Carrier）上具有 TSV 之晶圓對晶圓（W2W）或晶片對晶圓（C2W）的垂直堆疊示意圖。臨時鍵合技術大多數在載具上塗佈聚合物黏著劑，如蠟、可溶性膠水、熱塑性膠黏著劑或層壓帶等。其他方法有採用靜電載具或特殊鍵合材料，該材料可在透明玻璃載具上經過紫外線（UV）雷射照射後產生解鍵合（De-Bonding）脫離[21, 23]。中間材料或鍵合劑的主要需求是維持整個流程的熱穩定性、化學耐受性和機械強度。特別是在TSV整合方面，需要較好的溫度穩定性，以便在真空環境進行後續之高溫處理步驟，例如介電層的電漿蝕刻，以及CVD或PVD進行內襯（Liner）沉積。就載具材料而言，由於熱性質，矽晶圓載具已成為行業之

標準載具。與玻璃載具相比，矽晶圓載具較受青睞，因為其熱膨脹係數與矽晶圓元件匹配度高、熱傳導性比玻璃載具好、載具厚度均勻性佳且成本更低，污染源少等。

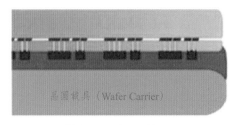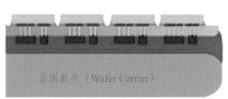

Wafer-to-wafer stacking　　　　　　　　Chip-to-wafer stacking

圖 15.18　晶圓載具（Wafer Carrier）上具有 TSV 之晶圓對晶圓（W2W）或晶片對晶圓（C2W）的垂直堆疊示意圖。

　　圖 15.19 使用旋轉塗佈（Spin Coating）粘著劑（Adhesion）進行暫時鍵合之典型流程，首先將粘著劑旋轉塗佈於晶圓正面。接者旋轉塗佈粘著劑於晶圓載具和/或元件晶圓，將兩片鍵合之晶圓傳送到鍵合腔體，在高溫下進行對準和真空鍵合。選擇合適的塗佈製程和技術，使得晶圓表面形態能被鍵合材料所覆蓋。在臨時鍵合之後，堆疊晶圓經歷各種 TSV 背面處理。最後，將薄化元件晶圓從晶圓載具上脫離，此時將薄化晶圓安置於薄膜框架（Film Frame），這使得薄化元件能固定於薄膜框架（Film Frame）上。如前所述，暫時鍵合有各種不同的中間材料，主要材料有兩類：塗佈式黏著劑和層壓帶。如何選擇正確的中間材料主要取決於：(1) 鍵合後製程的最高溫度和熱預算，(2) 黏著劑材料對於化學物之抗腐蝕性，以及 (3) 保護晶圓的銳利邊緣和覆蓋表面形態（Surface Topography）。在 TSV 整合應用上，使用塗佈黏著劑的製程比使用層壓帶更受歡迎，主要是因為黏著劑具有更好的晶圓邊緣保護（Edge Protection）、表面形態（Surface Topography）的相容性以及高溫製程穩定性。

5. 暫時性鍵合與解鍵合技術應用於薄化晶圓持取與製程（Temporary Bonding and De-bonding for Thin-Wafer Handling and Processing）

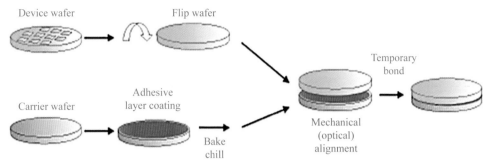

圖 15.19　使用旋轉塗佈粘著劑進行暫時鍵合之典型流程。

　　在選擇黏著劑時應關注其熱穩定性（Thermal Stability），因為在高溫處理（例如 TSV 通孔的蝕刻、CVD 或 PVD 的內襯沉積（Liner Deposition）和凸塊迴銲（Bump Reflow）後可能會出現重大問題。暫時性黏著劑的熱穩定性是指材料暴露在高溫環境一定時間內材料抵抗分解和釋放氣體的能力。黏著劑暴露在高溫下常見失效模式，包括薄化晶圓從載具上完全剝離出來，薄化晶圓在高溫下出現厘米大小的氣泡形狀脫離區域，以及薄化晶圓出現毫米大小的花狀缺陷（Flower-shaped Defects）。其中許多堆疊晶圓在高溫和高真空環境加工時發生缺陷，尤其揮發性分解產物的壓力值會因為高真空環境而增強。在化學耐受性方面，中間黏著劑必須對化學物質具有抵抗性，或者縮短中間黏著劑暴露於化學物質的時間，以防止化學物質對黏合強度和邊緣保護產生負面影響。就晶圓邊緣保護而言，晶圓邊緣的機械接觸會導致邊緣破裂或剝落。在暫時性鍵合前進行晶圓邊緣整修，可以降低薄化晶圓在持取和加工時產生裂開和破損的風險。圖 15.20 顯示在暫時性鍵合前進行晶圓邊緣整修（Edge Trimming）之照片。

　　黏著劑材料之塗層製程和技術的選擇取決於黏著劑是否能覆蓋晶圓表面拓撲結構。當使用 Brewer Science® Wafer Bond® HT10.10 黏著劑塗層晶圓表面拓撲結構小於 20μm 時，只要單一旋轉塗佈製程就可以完成黏著劑塗層，然後烘焙去除溶劑。當晶圓表面拓撲結構大於 20μm 時，需要旋轉塗佈黏著劑於元件晶圓與晶圓載具表面，以達到平坦化和覆蓋功能。對於大於

圖 15.20　經過邊緣整修的元件晶圓。

40μm 的晶圓表面拓撲結構，例如帶有凸塊或焊球的晶圓、或晶片粘貼在晶圓表面時，可以使用噴霧塗層達到晶圓平坦化和覆蓋晶圓表面拓撲結構。

　　商用黏著劑，有三種解鍵合機制：化學解鍵合、熱解鍵合和紫外線解鍵合。化學解鍵合，通常是在溶劑中溶解，主要的缺點是在解鍵合後，薄晶圓會漂浮在無法控制的溶劑中。這種類型的黏著劑也可以使用穿孔載具進行解鍵合，通過溶劑溶解黏著劑材料。在熱解鍵合的情況下，熱解鍵合材料的溫度可能高於最大操作溫度，這有時與元件的熱預算不相容。紫外線（UV）釋放材料需要透明晶圓載具，這將增加成本，並且其缺點是元件晶圓和晶圓載具的熱膨脹特性不同。這可能會導致堆疊晶圓的彎曲或翹曲。此外，厚的晶圓載具可能支配整個堆疊的熱膨脹行為。因此，根據應用和製程，應選擇適當的黏著劑材料和解鍵合方法。圖 15.21 為首先作熱解鍵合（Thermal De-bonding）堆疊晶圓，接著進行清潔和卸載晶圓到薄膜框架（Film Frame）上。如圖 15.22 所示為兩種不同剝離方式，其中膠帶材料通常是經由楔形剝離（Wedge Lift-off）進行解鍵合，但是旋轉塗佈材料通常是經由滑動剝離（Slide Lift-off）進行解鍵合。

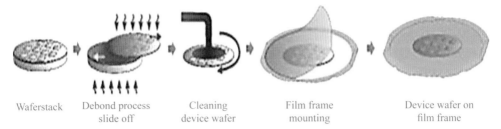

| Waferstack | Debond process slide off | Cleaning device wafer | Film frame mounting | Device wafer on film frame |

圖 15.21　堆疊晶圓首先作熱解鍵合製程（De-bonding Process），接著進行晶圓清潔和卸載晶圓到薄膜框架（Film Frame）上。

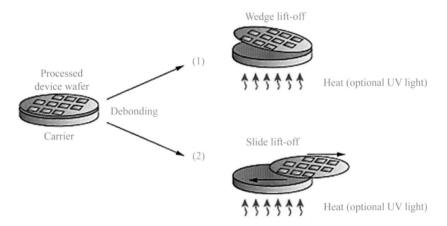

圖 15.22　兩種不同剝離方式：楔形剝離（Wedge Lift-Off）相對於滑動剝離（Slide Lift-off）。

6. 結論

　　本文已針對 3D-IC 導線連接技術之發展狀況，以及針對彼此相同與相異點、優點與潛在缺點進行簡要說明。3D-IC 導線連接技術涵蓋許多不同的方法與接合機制，雖然目前有許多新技術發表出來，但是為了縮短導線長度與增加構裝之導線互連密度，必須慎選適合的連接技術，在未來 3D-IC 的應用上，導線連接技術將面臨更高線路密度整合之挑戰。

7. 參考資料

1. John H. Lau, Fan-Out Wafer-Level Packaging, ISBN 978-981-10-8883-4, P. 214, 2018.

2. C. Lee, C. Hung, C. Cheung, P. Yang, C. Kao, D. Chen, M. Shih, C. C. Chien, Y. Hsiao, L. Chen, M. Su, M. Alfano, J. Siegel, J. Din, B. Black, in Conference Proceedings from the 66th Electronic Components and Technology Conference. (ECTC), Las Vegas, 31 May-3 June 2016, p. 1439.

3. G. Gao, L. Mirkarimi, G. Fountain, L.Wang, C. Uzoh, T.Workman, G. Guevara, C. Mandalapu, B Lee, R. Katkar, in Conference Proceedings from the 68th Electronic Components and Technology Conference (ECTC) (2018), p. 314.

4. B. Swinnen, "The 3rd Dimension: Semiconductor Technology and Design for Tomorrow's 3-D Integrated Products," RTI 3D Conference (3-D Architectures for Semiconductor Integration and Packaging), Burlingame, Calif., Nov. 17-19, 2008.

5. A. Jourdain, S. Stoukatch, P. De Moor, W. Ruythooren, S. Pargfrieder, B. Swinnen, E. Beyne, "Simultaneous Cu-Cu and Compliant Dielectric Bonding for 3D Stacking of ICs," International Interconnect Technology Conference, Burlingame, Calif., June 4-6, 2007, pp. 207-209, IEEE.

6. Souriau, J. C., Castagne, L., Liotard, J., Inal, K., Mazuir, J., Le Texier, F., Fresquet, G., Varvara, M., Launay, N., Dubois, B., and Malia, T., 2012, "3D Multi-Stacking of Thin Dies Based on TSV and Micro-Inserts Interconnections," 62nd Electronic Components and Technology Conference (ECTC), San Diego, CA, May 29-June 1, pp. 1047-1053.

7. Jang, D. M., Ryu, C., Lee, K. Y., Cho, B. H., Kim, J., Oh, T. S., Lee, W. J., and Yu, J., 2007, "Development and Evaluation of 3-D SiP With Vertically Interconnected Interconnected Through Silicon Vias (TSV)," 57th Electronic Components and Technology Conference (ECTC), Reno, NV, May 29-June 1, pp. 847-852.

8. Q. Y. Tong, "Room Temperature Metal Direct Bonding," *Appl. Phys. Lett.*, Vol. 89, Oct. 30, 2006, p. 182101.

9. V. Dragoi, G. Mittendorfer, A. Filbert, M. Wimplinger, "Wafer Bonding for Backside Illuminated CMOS Image Sensors Fabrication," MRS Proceedings of Spring Meeting, San Francisco, Calif., April 5-9, 2010, Vol. 1249, pp. 265-270, MRS.

10. B. Kim, E. Cakmak, T. Matthias, M. Wimplinger, P. Lindner, E. J. Jang, J. W. Kim, Y. B. Park, S. Hyun, H. J. Lee, "Effect of Bonding Process Parameters on the Interfacial Properties of Cu-Cu Direct Bonds for TSV Integration,"Proceedings of 6th International Wafer Level Packaging Conference, Santa Clara, Calif., Oct. 27-30, 2009, p. 122, SMTA.

11. P. Gueguen, L. Di Cioccio, P. Gergaud, M. Rivoire, D. Scevola, M. Zussy, A. M. Charvet, L. Bally, D. Lafond, L. Clavelier, "Copper Direct Bonding Characterization and Its Interests for 3D Integration," *ECS Trans.* of 214th Meeting, Honolulu, Hawaii, Oct. 12-17, 2008, Vol. 16, No. 8, pp. 31-37, ECS.

12. F. Niklaus, R. J. Kumar, J. J. McMahon, J. Yu, T. Matthias, M. Wimplinger, P. Lindner, J. -Q. Lu, T. S. Cale, R. J. Gutman, "Effects of Bonding Process Parameters on Wafer-to-Wafer Alignment Accuracy in Benzocyclobutene (BCB) Dielectric Wafer Bonding," Proceedings of Symposium of Materials, Technology and Reliability of Advanced Interconnects, San Francisco, Calif., Mar. 28-Apr. 1, 2005, Vol. 863,

pp. 393-398, MRS.

13. International Technology Roadmap for Semiconductors 2008 Update, available at www.itrs.net.

14. B. Swinnen,"The 3rd Dimension: Semiconductor Technology and Design for Tomorrow's 3-D Integrated Products," RTI 3D Conference (3-D Architectures for Semiconductor Integration and Packaging), Burlingame, Calif., Nov. 17-19, 2008.

15. A. Jourdain, S. Stoukatch, P. De Moor, W. Ruythooren, S. Pargfrieder, B. Swinnen, E. Beyne, "Simultaneous Cu-Cu and Compliant Dielectric Bonding for 3D Stacking of ICs,"International Interconnect Technology Conference, Burlingame, Calif., June 4-6, 2007, pp. 207-209, IEEE.

16. D. Lu, C. P. Wong, Materials for Advanced Packaging, Springer, New York, 2008, p. 219.

17. D. Henry, S. Cheramy, J. Charbonnier, P. Chausse, M. Neyret, C. Brunet-Manquat, S. Verrun, N. Sillon, "3D Integration Technology for Set-Top Box Application," Proceedings of International Conference on 3D System Integration, San Francisco, Calif., Sept. 28-30, 2009, ISBN 9781424445127, IEEE.

18. B. Kim, "3D Integration with TSV Technology," Proceedings of SEMI Technology Symposium, Semicon Korea, Jan. 22-29, 2009, SEMI.

19. A. Jouve, S. Fowler, M. Privett, R. Puligadda, D. Henry, A. Astier, J. Brun, et al., "Facilitating Ultrathin Wafer Handling for TSV Processing," ISBN 978-1-4244-2118-3, Proceedings of the 10th Electronics Packaging Technology Conference, Singapore, Singapore, Dec. 9-12, 2008, pp. 45-60, IEEE.

20. J. Charbonnier, S. Cheramy, D. Henry, A. Astier, J. Brun, N. Sillon, A. Jouve, et al., "Integration of a Temporary Carrier in a TSV Process

Flow," Proceedings of the Electronic Components and Technology Conference, San Diego, Calif., May 26-29, 2009, pp. 865-871, IEEE.

21. J. Hermanowski, "Thin Wafer Handling—Study of Temporary Wafer Bonding Materials and Processes,"Proceedings of International Conference on 3D System Integration, San Francisco, Calif., Sept. 28-30, 2009, p. 5306550, IEEE.

22. D. Kharas, N. Sooriar, "Cycle Time and Cost Reduction Benefits of an Automated Bonder and Debonder System for a High Volume 150 mm GaAs HBT Back-End Process Flow," Proceedings of CS MANTECH Conference, Tampa, Florida, May 18-21, 2009, 4 pages, CSManTech.

23. C. Landesberger, S. Scherbaum, K. Bock, "Carrier Techniques for Thin Wafer Processing," Proceedings of CS MANTECH Conference, Austin, Texas, May 14-17, 2007, pp. 33-36, CSManTech.

24. D. Perry, U. Ray, S. Gu, M. Nakamoto, W. Sy, K. Wang, et al., "Impact of Thinning and Packaging on a Deep Sub-Micron CMOS Product," Poster Presentation at Conference of Date, Automation & Test in Europe, Nice, France, April 22-24, 2009.

25. 3D-IC Stacking Technology, Bangui Wu, Ajay Kumar, Sesh Ramaswami, ISBN 978-0-07-174195-8, 2011.

第十六章

扇出型面版級構裝技術的演進

1. 前言

　　一般扇出型構裝使用 200 mm 或 300 mm 圓形晶圓作為壓模（Molding），以及導線重新分布層（Redistribution Layer, RDL）製作之臨時性載具（Temporary Carrier），因為可以使用現有晶圓元件之製造設備，所以非常有利於扇出型晶圓級構裝（Fan-out Wafer-Level Packaging, FOWLP）技術之應用。由於考慮增加產能，後續許多廠商提出扇出型面版級構裝（Fan-out Panel-Level Packaging, FOPLP）技術，例如在 EPTC2011，J-Devices 就發表尺寸為 320 mm×320 mm 之扇出型面版級構裝（FOPLP），稱為 WFOP™（Wide Strip Fan-out Package）[2-4]。在 ECTC2013，Fraunhofer 則發表壓縮壓模（Compression Molding）製作大面積尺寸 610 mm×457 mm 之扇出型面版級構裝（FOPLP）[5-7]。在 ECTC2014，SPIL 也發表兩份關於 FOPLP 之文獻，稱為 P-FO（Panel Fan-out），其第一篇文獻為開發與探討尺寸為 370 mm×470 mm 的 P-FO 技術[8]；另一篇則是有關翹曲度（Warpage）之文章[9]。扇出型面版級構裝（FOPLP）的瓶頸就是面版設備之可使用性（Availability），例如應用於製作導線重新分布層（Redistribution Layer, RDL），壓模（Molding）所使用之旋轉塗布機（Spin Coater）、物理氣相沉積（Physical Vapor Deposition, PVD）、電鍍、蝕刻、晶背研磨、切割等製程並沒有一定的標準設備。因為缺乏標準的面版尺寸，所以 FOPLP 的潛在使用者都一致同意要製定面版之工業標準尺寸。本文將參考相關文獻[1-12]，探討各種扇出型面版級構裝（FOPLP）技術的演進，以及必須克服的挑戰。

2. J-Devices 的 WFOP 技術

　　J-Devices 是第一家使用面版製作扇出型構裝的公司，以下介紹其構裝結構與關鍵製程。圖 16.1 為 J-Devices WFOP™ 構裝結構，可以觀察到他並未使用環氧樹脂（Epoxy Molding Compound, EMC），而是採用金屬板

（Metal Plate）來支撐整個構裝結構，並且應用印刷電路板（PCB）技術[2-4]來製作導線重新分布層（Redistribution Layer, RDL）。

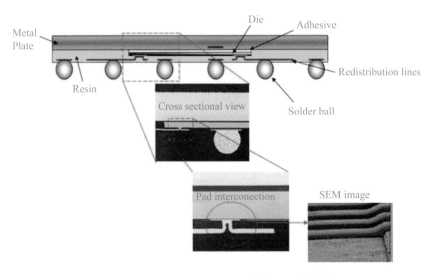

圖 16.1　J-Devices WFOP^{TM} 封裝結構[1]

圖 16.2 為 J-Devices WFOP^{TM} 關鍵製程：(1)首先在 KGD 晶片底部加上黏著劑（Adhesive），並將 KGD 晶片 I/O 點正面朝上方式黏著於金屬載具上（尺寸為 320 mm×320 mm）；(2)在整片面版之 KGD 晶片上方塗布光敏感性樹脂（Photosensitive Resin），接者進行曝光與顯影，以露出 KGD 晶片之開口（Window）；(3)晶種層濺鍍沉積（Seed Layer Sputtering Deposition）。(4)進行微影致程：上光阻（Photoresist）、曝光（Exposure）及顯影（Developing），以定義 RDL 圖案；(5)進行電鍍銅（Cu Plating）；(6)光阻去除（Photoresist Stripping）；(7)晶種層蝕刻（Seed Layer Etching）；(8)上錫球遮罩（Solder Mask Coating），定義接觸墊；(9)鑲上錫球凸塊（Solder Ball Mounting），最後進行切割，以形成獨立之扇出型構裝體。圖 16.3 為金屬面版及 WFOP^{TM} 構裝體，其 RDL 之線寬與線距（Line Wide and Space）L/S = 20μm。

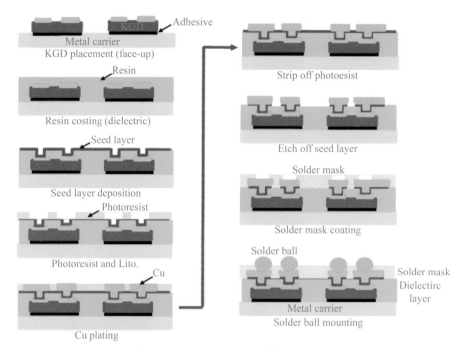

圖 16.2　J-Devices WFOP^{TM} 關鍵製程

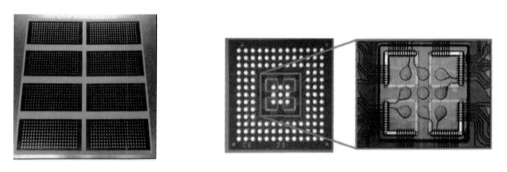

圖 16.3　金屬面版與獨立之封裝體

3. Fraunhofer 的 FOPLP 技術

　　Fraunhofer IZM 總結其 3 年來的在扇出型面版級構裝（FOPLP）之研發成果，它採用表面黏著技術（SMT）將晶片與被動元件進行持取與放置（Pick and Place）於面版上，並以印刷電路板（PCB）及雷射直接成像

（Laser Direct Image, LDI）製作導線重新分布層（RDL），使用大面積之 FOPLP 技術，以降低成本及提高產能，此技術主要應用於低階產品、低腳數、小尺寸晶片，及大量生產之產品。如圖 16.4 所示，Fraunhofer 其 FOPLP 面版尺寸為 610 mm×457 mm，是 300 mm 晶圓面積的 3.8 倍。

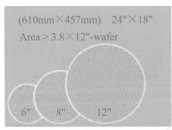

圖 16.4　Fraunhofer 其 FOPLP 面版尺寸為 610 mm×457 mm，是 300 mm 晶圓面積的 3.8 倍

Fraunhofer 的 RDL 關鍵製程如圖 16.5 所示，他使用 PCB 方法，以樹脂鍍銅（RCC）和雷射直接成像（LDI）技術製作 RDL。RDL 關鍵製程如下：(1)首先將樹脂銅層（RCC）覆蓋於重新建構面版上；(2)然後使用機械或雷射在 RCC 上鑽出孔洞；(3)電鍍銅填充孔洞，進而連接導線到鋁或銅墊上；(4)貼上一層乾膜光阻（Dry Film）；(5)雷射直接成像（Laser Direct Imaging, LDI）作光阻圖案化；(6)進行銅蝕刻；(7)將光阻去除，就可形成 RDL1；(8)重複以上步驟可製作其他 RDL 層；(9)最終 RDL 可以作為接觸墊，接者上光阻、焊錫與光罩固化，然後鑲上焊接錫球。這些製程在 PCB 廠就可以進行，不必使用半導體廠之材料和設備。圖 16.6(a)為尺寸 610mm×457mm 的面版；(b)尺寸為 8mm×8mm 構裝體之 X-Ray 照片，此構裝體含有兩個尺寸為 2mm×3mm 的晶片。

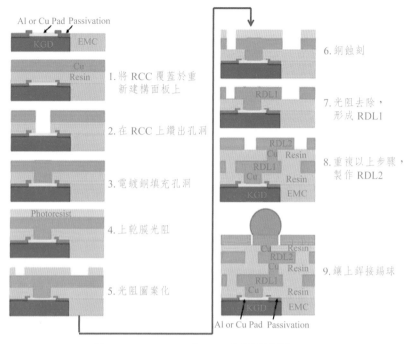

Al or Cu Pad Passivation

KGD　EMC

1. 將 RCC 覆蓋於重新建構面板上

Cu
Resin

2. 在 RCC 上鑽出孔洞

3. 電鍍銅填充孔洞

Photoresist

4. 上乾膜光阻

5. 光阻圖案化

6. 銅蝕刻

RDL1

7. 光阻去除，形成 RDL1

RDL2
Cu　Resin
RDL1
Cu　Resin
KGD　EMC

8. 重複以上步驟，製作 RDL2

Cu　Resin
RDL2
Cu　Resin
RDL1
Cu　Resin
KGD　EMC

9. 鑲上銲接錫球

Al or Cu Pad Passivation

圖 16.5　Fraunhofer 的 RDL 關鍵製程[1]

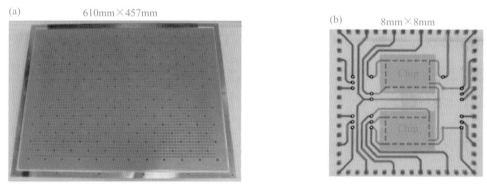

(a) 610mm×457mm　　(b) 8mm×8mm

圖 16.6　(a) 610mm×457mm 的面版。(b) 8mm×8mm 封裝體之 X-Ray 照片

4. SPIL 的 P-FO 技術

SPIL 整合 PCB 技術，TFT-LCD 2.5 代技術（面版尺寸：370 mm×470 mm），以及後段構裝技術，發展出面版扇出型構裝（Panel Fan-out, P-FO）

技術。P-FO 構裝結構如圖 16.7(a)所示，其 KGD 晶片是鑲埋在乾膜（Dry Film）內部，而非一般 Fan-out 之環氧樹脂材料（Epoxy Molding Compound, EMC）。目前其導線重新分布層（RDL）只有一層。圖 16.7(b) P-FO 構裝面版尺寸圖。

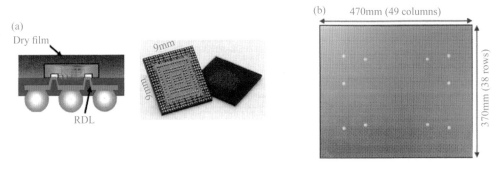

圖 16.7　SPIL 的 P-FO 封裝結構與面版尺寸圖[1]

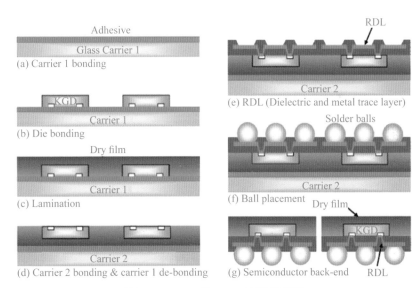

圖 16.8　SPIL 的 P-FO 關鍵製程[1].

　　SPIL 的 P-FO 構裝關鍵製程，如圖 16.8 所示：(a)在 Glass Carrier-1 上方塗布黏著劑（Adhesive）；(b)將 KGD 晶片正面朝下黏於 Glass Carrier-1 上；(c)將光阻乾膜（Dry Film）壓合於整個面版，以形成重新建構面版

（Reconstituted Panel）；(d)去除 Glass Carrier-1，並於重新建構面版的另一面黏上 Glass Carrier-2；(e)使用 TFT-LCD 2.5 代技術，製作導線重新分布層（RDL）；(f)鑲上錫球（Solder Ball Placement）；(g)切割封裝好的晶片，以形成個別獨立的構裝體。

5. FOPLP 技術必須克服的挑戰

與 FOWLP 相比較，FOPLP 具備增加產能與降低成本之潛力，然而目前 FOPLP 仍有以下挑戰點需要克服：

(1) 大多數 OSATs 和 Foundries 都已擁有 FOWLP 所需之設備。但對於 FOPLP，則必須投入資金以開發新設備。

(2) 晶圓檢測製程設備已發展成熟，至於 FOPLP 面版檢測製程設備，仍有待發展。

(3) FOWLP 的良率高於 FOPLP（假設面版的尺寸大於晶圓的尺寸）。

(4) 需要仔細確定面版（Panel）比晶圓（wafer）更具備成本優勢。（雖然面版的產能較高，但必須考慮面版之晶片拾取和放置（Pick and Place）時間會較長，EMC 塗布時間也較長，以及良率較低等問題。）

(5) 產能滿載與高良率 FOWLP 生產線之成本，會比未達產能滿載與低良率之 FOPLP 生產線低。

(6) 面版設備比晶圓設備需要更長的清潔時間。

(7) 與 FOWLP 不同，FOPLP 適用於中小尺寸晶片，以及較粗線寬和線距的 RDL 之構裝。

(8) 目前只有少數公司能夠進行扇出型面版級構裝，因為必須具備材料背景，設備自動化和 IP 等條件。還有在大量生產時，必須能夠保持面版尺寸之穩定性與高良率製程。

(9) 由於 FOPLP 缺乏標準面版尺寸，因此需要能夠提供客制化設計與製作的設備供應商之協助合作。

(10) 如果扇出型面版構能（FOPLP）製程能夠達到細線寬和細線距之高良率產能需求，則 FOPLP 將非常具有潛力進行大量生產。

6. 結論

本文已針對扇出型面版級構裝（FOPLP）技術之演進，作了簡要說明。扇出型面版級構裝（FOPLP）是延伸扇出型晶圓級構裝（FOWLP）的突破性技術，在多晶粒整合的需求，加上進一步降低生產成本之考量下，所衍生而出的構裝技術。FOPLP 透過更大面積的方形載版來提高生產效率，由於生產成本有機會比晶圓級扇出型構裝（FOWLP）更具競爭力，因此引發市場高度重視。近年來，全球各主要半導體業者及封測廠，都已積極投入發展或加速導入這新一代的封裝技術。惟大面積面版製程所帶來壓模（Molding）及導線重新分布線層（RDL）之翹曲較大，導致 RDL 之良率受損，這是現今許多封測廠正積極克服之挑戰。未來 FOPLP 製程如果能夠達到高良率之產能需求，則 FOPLP 將非常具有潛力進行大量生產。

目前國際大廠在扇出型面版級構裝之發展動態，大致上可以分為各別公司自主性開發，以及聯盟共同開發等兩個方向。國際封測大廠如 ASE、Amkor、PTI 及三星電機（SEMO）等皆有開發各自扇出型面版級技術，但經過多年的開發/鑑定/抽樣，最終在 2018 年有三家公司將投入生產：PTI，NEPES 和 SEMCO。自 2017 年以來，NEPES 一直處於小批量生產階段；ASE 與 Deca 公司授權之 M-Series 技術，採用先晶片及晶片面向上（Chip First and Face-up）製程，面版大小在 600 mm×600 mm，線寬線距（L/S < 5/5 μm），尚處於開發階段，將於 2019~2020 開始批量生產。每家公司都有自己的商務策略，並開發自己的 FOPLP 技術（面版大小，利用不同的基礎設施等）。例如，NEPES 專注於粗線寬線距設計（L/S > 10/10μm），針對汽車（Automobile），感測器（Sensor）和物聯網（IoT）等應用上。另一方面，PTI 和 SEMCO 的長期目標是針對需要線寬線距（L/S = 8/8μm）

或更低的中高階產品應用。與此同時，Unimicron 正在研究一種商業模式，即製造高密度 RDL，並由 OSAT 合作夥伴或客戶進行進一步組裝。此外，像 Amkor 和 JCET/STATS ChipPAC 這樣的著名 OSAT 目前處於「觀望」階段，評估各種選項[12]。

7. 參考文獻

1. John H. Lau, Fan-Out Wafer-Level Packaging, ISBN 978-981-10-8883-4, Springer Nature Singapore Pte Ltd, 2018. Page 217-230.

2. Hayashi, N., T. Takahashi, N. Shintani, T. Kondo, H. Marutani, Y. Takehara, K. Higaki, O. Yamagata, Y. Yamaji, Y., Katsumata, and Y. Hiruta. 2011. A Novel Wafer Level Fan-out Package (WFOPTM) Applicable to 50 Jim Pad Pitch Interconnects. In IEEE/EPTC Proceeding, December 2011, 730-733.

3. Hayashi, N., H. Machida, N. Shintani, N. Masuda, K. Hashimoto, A. Furuno, K. Yoshimitsu, Y. Kikuchi, M. Ooida, A. Katsumata, and Y. Hiruta. 2014. A New Embedded Structure Package for Next Generation, WFOP™ (Wide Strip Fan-Out Package). In Pan Pacific Symposium Conference Proceedings, February 2014, 1-7.

4. Hayashi, N., M. Nakashima, H. Demachi, S. Nakamura, T. Chikai, Y. Imaizumi, Y. Ikemoto, F. Taniguchi, M. Ooida, and A. Yoshida. 2017. Advanced Embedded Packaging for Power Devices. In IEEE/ECTC Proceedings, 2017, 696-703.

5. Braun, T., K.-F. Becker, S. Voges, T. Thomas, R. Kahle, J. Bauer, R. Aschenbrenner, and K.-D. Lang, 2013. From Wafer Level to Panel Level Mold Embedding. In IEEEIECTC Proceedings, 2013, 1235-1242.

6. Braun, T., K.-F. Becker, S. Voges, J. Bauer, R. Kahle, V. Bader, T.

Thomas, R. Aschenbrenner, and K.-D. Lang. 2014. 24"×18" Fan-out Panel Level Packing. In IEEE/ ECTC Proceedings, 2014, 940-946.

7. Braun, T., S. Raatz, S. Voges, R. Kahle, V. Bader, J. Bauer, K. Becker, T. Thomas, R. Aschenbrenner, and K. Lang. 2015. Large Area Compression Molding for Fan-out Panel Level Packing. In IEEE/ECTC Proceedings, 2015, 1077-1083.

8. Chang, H., D. Chang, K. Liu, H. Hsu, R. Tai, H. Hunag, Y. Lai, C. Lu, C. Lin, and S. Chu. 2014. Development and Characterization of New Generation Panel Fan-Out (PFO) Packaging Technology. In IEEE/ ECTC Proceedings, 2014, 947-951.

9. Liu, H., Y. Liu, J. Ji, J. Liao, A. Chen, Y. Chen, N. Kao, and Y. Lai. 2014. Warpage Characterization of Panel Fan-out (P-FO) Package. In IEEE/ECTC Proceedings, 2014, 1750-1754.

10. Ko, C.T., Henry Yang, John H. Lau, Ming Li, Margie Li, Curry Lin, et al., 2018. Chip-First Fan-Out Panel-Level Packaging for Heterogeneous Integration. In ECTC Proceedings, May 2018.

11. Scott Jewler, PCB Signal Integrity Optimization Using X-ray Metrology, the PCB Magazine, October 2017, Page 32~36.

12. Status of Panel Level Packaging 2018，Yole Développement, April 2018.

第十七章

3D-IC 異質整合構裝技術

1. 介紹

本文參考相關文獻[1-15]介紹 3D-IC 異質整合（Heterogeneous Integration）技術。首先簡要比較異質整合構裝技術與系統晶片（System on Chip, SoC），接者探討目前 3D-IC 異質整合技術之種類，發展與應用。長久以來，摩爾定律一直推動系統晶片（SoC）平臺之發展，特別在過去 10 年中，系統晶片（SoC）在智慧型手機，平板電腦等產品中非常受歡迎。SoC 可將不同功能的 IC 整合到單一晶片中，以形成系統（System）或次系統（Sub-System）。

最著名的系統晶片（SoC）是蘋果（Apple）的應用處理器（Application Processor; AP），如圖 17.1 所示，展示 A10 至 A14 應用處理器（AP）的演進。可以看出，摩爾定律的力量隨著製程技術的縮小，從 A10 之 16 nm 製程技術縮小到 A14 之 5 nm 製程技術，並增加電晶體的數量和功能，從 A10 之 30 億個電晶體增加到 A14 之 118 億個電晶體。

由於摩爾定律（Moore's Law）正快速逼近極限，藉由減小特徵尺寸（縮放）來製造系統晶片（SoC），將越來越困難且成本也不斷升高。異質整合（Heterogeneous Integration）與系統晶片（SoC）的不同點，就是異質整合採用封裝技術（Package Technology），可將不同種類晶片、不同代工廠的晶片、不同晶圓尺寸和不同特徵尺寸的晶片、不同功能的晶片，以並排（Side by Side）或堆疊（Stack）方式整合於各種基板上，例如：有機基板（Organic Substrate）、矽中介層（Silicon Interposer）或導線重新分布層（Redistribution Layer; RDL）上，以形成完整系統或次系統（如圖 17.2），而不是將大部分功能整合到單一晶片中，並且可獲得更精細的特徵尺寸[4]。

A10	A11	A12	A13	A14

A10 consists of:
- 6-core GPU (graphics processor unit)
- 2 dual-core CPU (centra0 processing unit)
- 2 blocks of SRAMs (static random access memory), etc.
- 16nm process technology
- Transistors = 3 billion
- Chip area = 125mm^2

A11 consists of:
- More functions, e.g., 2-core Neural Engine for Face ID
- Apple designed tri-core GPU
- 10nm process technology
- Transistors = 4.3 billion
- Chip area = 89mm^2

A12 consists of:
- Eight-core Neural Engine with AI capabilities
- Four-core GPU (faster)
- Six-core CPU (better performance)
- 7nm process technology
- Transistors = 6.9 billion
- Chip area = 83mm^2

A13 consists of:
- Eight-core Neural Engine with Machine Learning
- Four-core GPU (20% faster > A12)
- Six-core CPU (20% faster and 35% save energy > A12)
- 7nm process technology with EUV
- Transistors = 8.5 billion
- Chip area = 98.5mm^2

A14 consists of:
- 16-core Neural Engine with Machine Learning (10 times faster > A13)
- Four-core GPU (30% faster > A13)
- Six-core CPU (40% faster > A13)
- 5nm process technology with EUV
- Transistors = 11.8 billion
- Chip area = 88mm^2

圖 17.1　蘋果的應用處理器（AP）[4]。

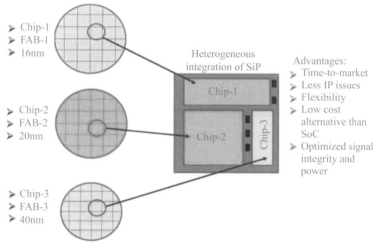

圖 17.2　異質整合（Heterogeneous Integration）[4]。

2. 3D-IC 異質整合技術

　　未來幾年，無論在上市時程（Time to Market），元件性能，外形尺寸，功耗（Power Consumption），信號完整性（Signal Integrity）或是成本考慮，我們將面臨更多高階異質整合之需求。在智慧型手機，平板電腦，穿戴式設備，網路，電信和高速計算器設備等高階應用領域上，異質整合將佔據系統晶片（SoC）部分市場。異質整合之最有效優勢，就是可將不同元件、不同技術節點，以及不同功能之晶片整合在單一封裝體中，並儘可能地縮短晶片間之導線互連長度。目前元件異質整合有以下三種方式：

- 在有機基板（Organic Substrate）上進行異質整合，又稱系統級構裝（System In Package：SIP）。
- 在矽中介層（Silicon Interposer）上進行異質整合，又稱為 CoWoS 構裝技術。
- 在導線重新分布層（Redistribution Layer; RDL）上作異質整合。

2.1　在有機基板上進行異質整合（Heterogeneous Integration on Organic Substrate）

　　今日最普遍之異質整合就是在有機基板（Organic Substrate）上進行異質整合。通常採用表面黏著技術（Surface Mount Technology; SMT）進行組裝，包括具有　焊（Re-Flow）的覆晶晶片，以及在電路板上使用打線方式作晶片鍵合，一般來說，這些都是應用於中低階產品上。

2.1.1　Cisco 在有機基板上整合 ASIC 和 HBM

　　圖 17.3 為一 3D 系統級構裝（SIP）設計和製造之圖形與照片，大型有機中介層（Organic Interposer）具備 Cisco/eSilicon 細小間距和微導線互連之功能。有機中介層尺寸為 38 mm×30 mm×0.4 mm。中介層（Interposer）正面和背面的線寬，間隔和厚度分別為 6μm，6μm 和 10μm。高性能 ASIC 晶片尺寸為 19.1 mm×24 mm×0.75 mm，ASIC 晶片連接

於有機中介層頂部，並且與周圍 4 個高頻寬記憶模組（High Bandwidth Memory： HBM）之 DRAM 晶片堆疊進行整合構裝。 3D HBM 晶片堆疊尺寸為 5.5mm×7.7 mm×0.48mm，包含 1 個緩衝晶片與 4 個 DRAM 核心晶片，以 TSV、微柱狀凸塊（Micro-Pillar Bump）及錫蓋（Tin Cap）進行導線連接，這是應用於高階產品構裝上[1-4]。

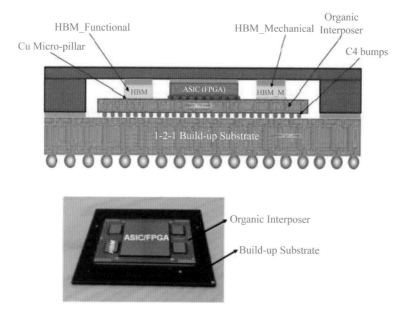

圖 17.3　Cisco 使用有機基板應用於網路系統（Networking System）構裝[4]。

2.1.2　在有機基板上異質整合 Intel 的 CPU 及 AMD 的 HMC

圖 17.4 為 Intel 的 Knights Landing 中央處理單元（Central Processing Unit：CPU）與 Micron 的混合記憶體（Hybrid Memory Cube：HMC）進行異質整合之照片，並於 2016 年已出售給客戶。可以發現它將 72 核心處理器（72-Core Processor）與 8 個多頻道 DRAM （Multi-Channel DRAM；MC DRAM）進行異質整合。其中，MC DRAM 使用 Micron 的 HMC 技術。如圖 17.4 所示，每個 HMC 含有 4 個 DRAM 及 1 個邏輯控制器（具備

TSV），每個 DRAM 具備大於 2,000 個 TSV（含有 C2 Bump）。將 CPU 與 DRAM，以及邏輯控制器整合在有機基板上。Micron 目前的混合記憶體（Hybrid Memory Cube；HMC）組裝採用低力量熱壓接合技術（Low-Force Thermo-compression Bonding），並以毛細管方式作底部填充（Capillary Under-Fill；CUF），這也是應用在高階產品上[1-4]。

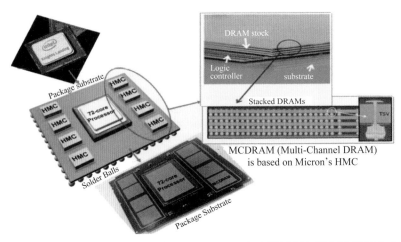

圖 17.4　Intel 的 Knights Landing CPU 與 Micron HMC 在有機基板上進行異質整合之照片[4]。

2.2　在矽中介層上進行異質整合（Heterogeneous Integration on Silicon Substrate）又稱為 CoWoS 構裝技術[12~15]

台積電於 2012 年利用晶圓級矽通孔（TSV）技術成功完成 3D-IC 整合，並從開發順利進入量產階段，進而取得重要里程碑。最早的同質整合是將一個大晶粒分割成多個小晶粒，然後將它們整合在具備 TSV 之矽中介層（Silicon Interposer）晶圓上，它可明顯提高晶片良率與降低成本。至於異質整合之最有效優勢，就是可將不同元件、不同技術節點，以及不同功能之晶片整合在單一封裝體中，並儘可能地縮短晶片間之導線互連長度，如

圖 17.5 所示為在矽中介層上進行異質整合之示意圖,又稱為 CoWoS 構裝技術。

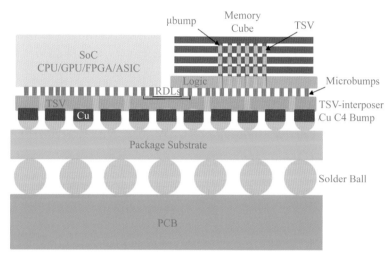

圖 17.5　在矽中介層上進行異質整合(CoWoS 構裝技術)示意圖[1, 2]。

由於應用 TSV 技術進行晶片垂直堆疊之 3D-IC 整合方案非常繁多,在決定可行性和選擇最具吸引力的製程方案之前,必須先充分衡量各種替代製程(Process Alternative)之限制性和優勢所在。晶片連接晶圓,晶圓連接基板(CoWoS)是利用 CoW 製程將晶片先連接在晶圓上,然後將 CoW 切成小塊並連接在基板上(CoW-on-Substrate),形成最終的 CoWoS 組件。CoWoS 技術的所有關鍵因素,例如 TSV、微凸塊、晶圓處理、鍵合和解鍵合、晶圓兩面之細間距重新分佈層(Fine Pitch RDL)等,都必須經過深入研究和驗證,以滿足嚴格良率和可靠性要求。

CoWoS 主要製程步驟如圖 17.6 所示。

(1) 晶片堆疊(Stacking):首先進行晶片堆疊(Stacking),將單獨切開的上晶片翻轉連接在下晶片上,下晶片為含有 TSV 的矽中介層(Silicon Interposer)晶圓形式。在製程中,矽中介層晶圓提供機械支撐。上晶片和矽中介層晶圓之間的連接是通過微凸塊

（Micro-bump），微凸塊的間距比有機基板（Organic Substrate）之上 C4 凸塊要細得多。CoW-first 提供更廣泛的製程容許度（Process Window），並表現出色的堆疊良率和翹曲控制上，因為接點的兩面都是熱膨脹係數（CTE）相匹配的矽（Silicon）晶圓。此一優勢也使得 CoW-first 能夠堆疊微凸塊間距更小的大型裸晶片，隨著微凸塊間距的不斷縮小，這對於擴展到下一代產品非常重要的。

(2) 晶圓灌膠（Wafer Molding）。

(3) 載具鍵合（Carrier Bonding）：CoW 堆疊之晶片面使用載具暫時鍵合（Carrier Bonding）進行保護。

(4) 晶圓背面研磨（Backside Grinding）：晶圓背面研磨（Backside Grinding）之薄化處理，以露出 TSV 的銅導線。

(5) 晶圓背面 C4 凸塊製作：在矽中介層晶圓背面完成 TSV 顯影、背面 RDL 製作、凸塊底下金屬層（UBM）和 C4 凸塊製作等晶圓級處理製程。

(6) 晶圓黏於膠帶上：將 CoW 晶圓與載具進行解鍵合（De-Bonding），後續將 CoW 晶圓黏於薄膜框（Film Frame）的膠帶（Tape）上。

(7) 晶圓切割分離：將黏於薄膜框（Film Frame Tape）上的 CoW 晶圓進行切割分離（Singulation）。

(8) 晶片與基板堆疊：切割的 CoW 晶片利用 C4 凸塊與基板（Substrate）進行堆疊（Stacking）。

CoWoS 製程優點就是 CoW 堆疊發生在底部晶片還處於厚晶圓形態的時候，而 CoW 層晶圓是從背面減薄時，可以在最大限度上減少或完全避免薄晶圓處理之挑戰性問題。CoW 可以在晶圓型態下進行堆疊處理或測試，這大大提高堆疊製程時層對層之對準度、解析度公差、製程產能和良率控制等，以下為台積電 CoWoS 產品應用例子。

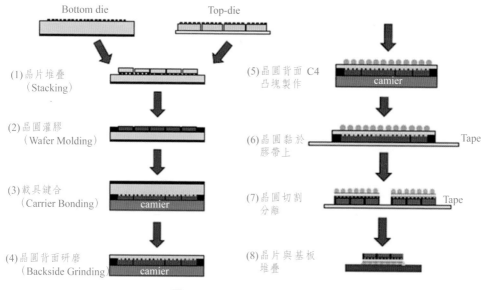

圖 17.6　CoWoS 製程步驟。

2.2.1　Xilinx / TSMC 之 FPGA 的 CoWoS 構裝技術

在過去幾年，由於元件構裝對於高密度、高 I/O 腳數、以及超微細節距（Ultra-Fine Pitch）之需求上升。例如場可程式邏輯陣列元件（Field Programmable Gate Array；FPGA），如果使用 12 層堆疊（6-2-6）之有機基板，也無法支撐與滿足此種元件之構裝需求；所以需要進一步使用 TSV 中介層（Interposer）來作連接。圖 17.7 為 Xilinx / TSMC FPGA 之晶片在晶圓及晶圓在基板上（Chip on Wafer on Substrate；CoWoS）之橫截面照片 [5-6]，圖中可以發現其 TSV Interposer 直徑為 10μm，深度為 100μm。TSV Interposer 上方有 4 層 RDL，其中有 3 層銅層，1 層鋁層。FPGA 晶片間側向互連點達 10,000 個，RDL 最小節距為 0.4μm，RDL 與鈍化層最小厚度小於 1μm。每個 FPGA 具備超過 50,000 個微凸塊（Micro-bumps），在 TSV Interposer 上有超過 200,000 個微凸塊，微凸塊節距（Pitch）為 45μm[5-6]。

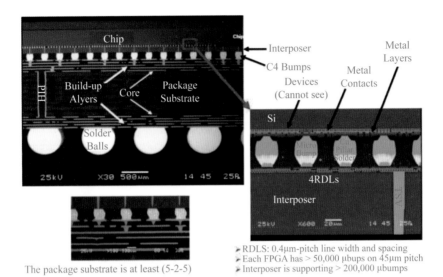

The package substrate is at least (5-2-5)

➤ RDLS: 0.4μm-pitch line width and spacing
➤ Each FPGA has > 50,000 μbups on 45μm pitch
➤ Interposer is supporting > 200,000 μbumps

圖 17.7　Xilinx / TSMC FPGA 之晶片在晶圓及晶圓在基板上（Chip on Wafer on Substrate：CoWoS）之橫截面照片[5-6]。

2.2.2　AMD 的 GPU 與 Hynix 的 HBM 在 TSV-Interposer 上作整合之 CoWoS 構裝技術

　　圖 17.8 為 AMD 的 Radeon R9 Fury X 圖形處理單元（GPU），於 2015 年出售給客戶。此圖形處理器單元（GPU）為 TSMC 使用 28 奈米製程技術製作，並與 Hynix 所製作之 HBM 作整合構裝。每個 HBM 含有 4 個 DRAM（具備 C2 Bump），以及一個邏輯晶片，以 TSV 直接貫穿連接。每個 DRAM 晶片含有大於 1,000 個 TSV，GPU 與 HBM 為 UMC 使用 65 奈米製程技術將其整合在 TSV Interposer（28mm×35mm）上方。最後由 ASE 將 TSV Interposer 與有機基板（4-2-4）進行組裝。

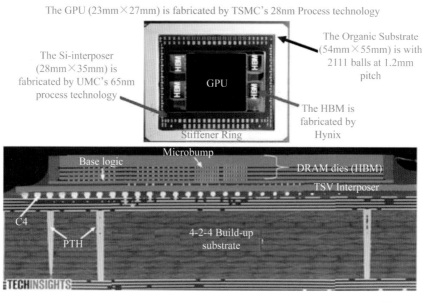

圖 17.8　AMD 的 GPU 與 Hynix 的 HBM 在 TSV-Interposer 上作整合[4]。

2.2.3　Nvidia 的 GPU 與 Samsung 的 HBM2 在 TSV-Interposer 上作整合之 CoWoS 構裝技術

　　圖 17.9 為 Nvidia 的 Pascal 100 圖形處理單元（GPU），於 2016 年出售給客戶。此圖形處理器單元（GPU）為 TSMC 使用 16 奈米製程技術製作，並與 Samsung 所製作之 HBM2（12GB）作整合構裝。每個 HBM2 含有 4 個 DRAM（具備 C2 Bump），以及一個基礎邏輯晶片，以 TSV 直接貫穿連接。每個 DRAM 晶片含有大於 1,000 個 TSV，GPU 與 HBM2 為 TSMC 使用 64 奈米製程技術將其整合在 TSV Interposer（1,200mm^2）上方。TSV Interposer 使用 C4 Bump 與有機基板（5-2-5）進行組裝[4]。

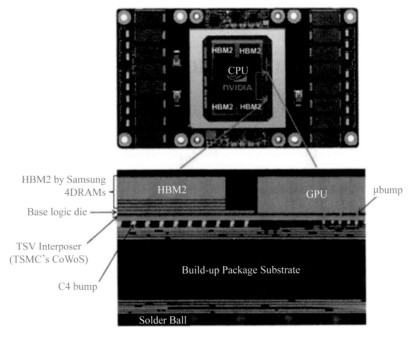

圖 17.9　Nvidia 的 GPU 與 Samsung 的 HBM2 在 TSV-Interposer 上作整合。

2.3　在 RDL 上作異質整合（Heterogeneous Integration on RDLs）

　　近年來為了降低構裝尺寸，增加性能與減低成本，在 RDL 上作異質整合已相當普遍，尤其是使用扇出型晶圓級構裝（Fan-out Wafer Level Package；FOWLP），屬於非 TSV 方式（TSV-less）之異質整合技術，一般是應用在中階與高階產品上。

2.3.1　Xilinx / SPIL 的 TSV-less SLIT

　　過去幾年使用非 TSV 中介層（TSV-less Interposer）來支撐整合覆晶晶片，成為半導體構裝上非常熱門的話題。2014 年 Xilinx / SPIL 針對 FPGA 晶片，以非 TSV 中介層（TSV-less Interposer）方式進行整合構裝，稱為非矽導線連接術（Silicon-less Interconnect Technology；SLIT），它是採用

FOWLP 非 TSV 方式之異質整合技術。圖 17.10 右上方角落是新式的構裝技術，而左方角落是舊式的構裝技術。從圖中可以發現在新式的構裝結構中，已經可省略掉 TSV 與大部分的中介層（Interposer），只需要 4 層 RDL，就可以達到 FPGA 晶片側向溝通與導線連接之目的[7-9]。

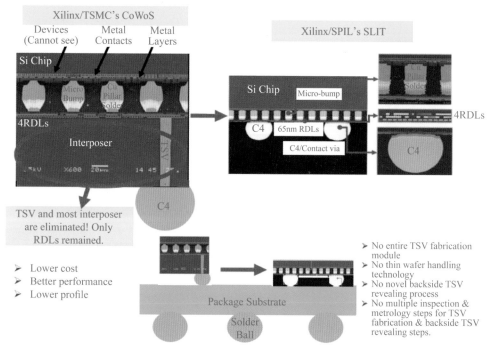

圖 17.10　Xilinx / SPIL 的 TSV-less SLIT[7-9]。

　　根據 RDL 導線之線寬與線距（Line Width and Spacing：L/S）要求規格不同，例如線寬與線距大於或等於 5μm，（L/S ≧5μm）導線的製作方式，則使用聚合物（Polymer）作介電層（Dielectric Layer），電鍍銅（Cu Plating）作為導線；如果線寬與線距小於 5μm，（L/S＜5μm）導線的製作方式，可使用 PECVD 沉積二氧化矽（SiO_2）作介電層（Dielectric Layer），以銅鑲嵌（Cu Damascene）與化學機械拋光（CMP）製作導線層。在 2016 年 SPIL/Xilinx 出版相似文獻[7-9]，尤其強調翹曲（Warpage）資料，稱它為非 TSV 中介層（Non-TSV Interposer：NTI）製程。

2.3.2　Intel 使用 TSV-less EMIB（RDL）整合 FPGA 與 HBM

Intel 發表一種嵌入式多晶片互連橋接（Embedded Multi-die InterconnectBridge； EMIB）之 RDL[10-11]，來取代 TSV Interposer。如圖 17.11 所示，FPGA 與 HBM 晶片間之側向溝通由 EMIB 進行連接，功率/接地、訊號經由有機基板傳遞。

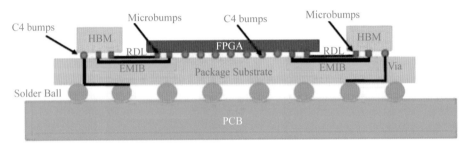

圖 17.11　Intel 使用 TSV-less EMIB（RDL）整合 FPGA 與 HBM[10-11]。

製作含有 EMIB 之有機基板，有兩大步驟，第一是製作 EMIB，第二是製作含有 EMIB 之有機基板。製作 EMIB，首先在矽晶圓上製作 RDL 與接觸墊（Contact Pad），並且要注意線寬與線距。最後在無 RDL 端之矽晶圓面貼上晶片黏著膜，然後進行矽晶圓切割分離。

如圖 17.12(a) 所示，要製作含有 EMIB 之有機基板，首先將獨立的 EMIB 之晶片黏著膜面與有機基板凹洞的銅箔進行接合，接者將樹脂（Resin）層壓在整個有機構裝基板上，然後在樹脂層上鑽孔與電鍍銅填充孔洞，以連接 EMIB 之接觸墊。如圖 17.12 (b) 所示，重複電鍍銅步驟使基板能作橫向電路連接。如圖 17.12 (c) 所示，後續加上另一層樹脂，以及進行樹脂鑽孔與電鍍銅填充孔洞，製作接觸墊。小節距之接觸墊是用來連接微凸塊（Micro-bump），大節距之接觸墊是用來為連接一般凸塊（Ordinary Bump）。圖 17.12 (d) 為具備 EMIB 之有機基板，可以用來連接晶片。

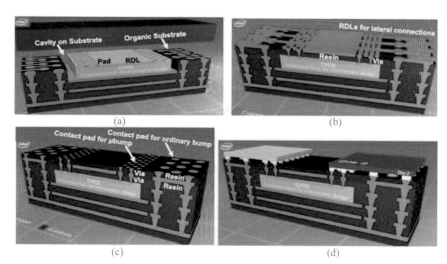

圖 17. 12　Intel 製作 EMIB 流程[10-11]。

3.3　3D-IC FOWLP 構裝

　　3D-IC FOWLP 構裝，目前是一項活躍的發展領域，初期著重於製程之探索、尋找工程上之解決方案，以及改善製造良率等。後續將擴大其未來應用領域，將多個晶片以及被動元件（Passive Devices）整合於構裝體內。FOWLP 會增加更多的導線布線層（RDLs），此種複雜的多層布線可充分利用整個構裝面積，作為更多凸塊分佈之位置，進而達到增進系統級導線連接之目的。圖 17.13 為使用 FOWLP 技術應用於 3D-IC 異質整合的例子，從圖中可以觀察它含有 GPU，FPGA，CPU 或特殊應用積體電路（ASIC），周圍又有高頻寬記憶模組（High Band-width Memories; HBM）。每個 HBM 含有 4 個 DRAM，以及一個邏輯晶片（具備 TSV）。這些元件（CPU/GPU/ FPGA/ASIC）與 HBM 經由 RDL 進行導線連接。元件背面附加金屬板作為散熱（Heat Spreader）功能，如此可使得整個封裝體成為高度整合與高性能之構裝結構[4]。

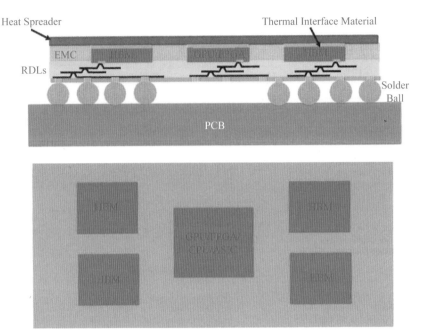

圖 17.13　使用扇出型晶圓級構裝技術應用於 3D-IC 異質整合，可整合 GPU，FPGA，CPU，ASIC，HBM 等[4]。

3. 結論

　　構裝微小化及 IC 元件 I/O 數量急速增加，3D-IC 構裝技術逐漸受到業界重視。本章已針對 3D IC 異質整合之技術演進與未來發展方向，進行概要性介紹，使用 3D-IC 異質整合，可以將 GPU，FPGA，CPU，ASIC，HBM 等不同元件整合在單一構裝體內。未來幾年，無論在上市時程，元件性能，外形尺寸，功耗，信號完整性，或是成本考慮，我們將面臨更多高階異質整合之需求。在智慧型手機，平板電腦，可穿戴設備，網路，AI，電信和計算器設備等高端應用領域，使用 3D IC 異質整合之市場將逐漸升高。3D-IC 異質整合是一種具有吸引力與低成本技術成為取代多功能系統晶片（SoC）的替代品，它可以被分割成幾個較小的裸晶片，每個裸晶片可根據其特定功能和最佳技術節點進行製造，並經由 3DIC 技術整合在一起。可顯著地降低功耗，提高性能，縮小外形尺寸，目前已取得業界廣泛認同。

4. 參考資料

1. Lau. J. H. 2013, Through-silicon Via(TSv) for 3D Integration, New york: McGraw-Hill.

2. Lau, J. H. 2016, 3DIC Integration and Packaging, New york: McGraw-Hill.

3. Li, L., P. Chia, P. Ton, M. Magar, S. Patil, J. Xie, et al., 3D SiP with Organic Interposer of ASIC and Memory Integration. In IEEE/ECTC proceedings, 2016, 1444-1450.

4. John H. Lau, Fan-Out Wafer-Level Packaging, ISBN 978-981-10-8883-4, Springer Nature Singapore Pte Ltd, 2018. Page 269-303.

5. Banijamali, B., S. Ramalingam, H. Liu, and M. Kim. 2012. Outstanding and Innovative Reliability Study of 3D TSV Interposer and Fine Pitch Solder Micro-bumps, In Proceedings of IEEE/ECTC, May 2012, 309-314.

6. Banijamali, B., C. Chiu, C. Hsieh, T. Lin, C. Hu, S. Hou, S. Ramalinggam, S. Jeng, L. Madden, and D. Yu, 2013, Reliability Evaluation of a CoWoS-Enabled 3D IC Package, In Proceedings of IEEE/ECTC, May 2013, 35-40.

7. Lau, J. H. , 2016, TSV-less Interposers, Chip Scale Review 20: 28-35.

8. Kwon, W., S. Ramalingam, X. Wu, L. Madden, C. Huang, H. Chang, et al. 2014, Cost-Effective and High-Performance 28nm FPGA with New Disruptive Silicon-Less Interconnect Technology (SLIT). In Proceedings of International Symposium on Microelectronics, 599-605.

9. Liang, F., H. Chang, W. Tseng, J. Lai, S. Cheng, M. Ma, et al. 2016. Development of Non-TSV Interposer (NTI) for High Electrical Performance Package. In IEEE/ECTC proceedings, 2016, 31-36.

10. Chiu, C., Z. Qian., M. Manusharow. 2014. Bridge Interconnect with Air Gap in Package Assembly, US patent No. 8,872,349.

11. Mahajan, R. R. Sankman, N. Patel, D. Kim, K. Aygun, Z. Qian, et al. 2016. Embedded Multi-die Interconnect. In IEEE Proceedings of Electronic Components and Technology Conference, 2016, 557-565.

12. Chiou, W.C., Yang, K.F., Yeh, J.L., Wang, S. H., Liou, Y.H., Wu, T.J., Lin, J.C., Huang, C. L., Lu, S.W., Hsieh, C.C., Teng, H.A., Chiu, C.C., Chang, H.B., Wei, T.S., Lin, Y.C., Chen, Y.H., Tu, H.J., Ko, H.D., Yu, T.H., Hung, J.P., Tsai, P.H., Yeh, D.C., Wu,W.C., Su, A.J., Chiu, S.L., Hou, S.Y., Shih, D.Y., Chen, Kim, H., Jeng, S.P., and Yu, C.H. (2012) Symposium on VLSI Technology (VLSIT), 2012, pp. 107-108.

13. Lo, T., Chen, M.F., Jan, S.B., Tsai, W.C., Tseng, Y.C., Lin, C.S., Chiu, T.J., Lu, W.S., Teng, H.A., Chen, S.M., Hou, S.Y., Jeng, S.P., and Yu, C.H. (2012) IEEE International Electron Devices Meeting (IEDM), 2012, pp. 793-795.

14. Wakiyama, S., Ozaki, H., Nabe, Y., Kume, T., Ezaki, T., and Ogawa, T. (2007) Novel low temperature CoC interconnection technology for multichip LSI (MCL). Proceedings of the 57th Electronic Components and Technology Conference.

15. 3D IC Stacking Technology, Bangui Wu, Ajay Kumar, Sesh Ramaswami, ISBN 978-0-07-174195-8, 2011.

索　引

六畫

七畫

八畫

九畫

十畫

十一畫

十二畫

十四畫

十六畫

國家圖書館出版品預行編目資料

先進微電子3D-IC構裝／許明哲著. ――五
版.――臺北市：五南圖書出版股份有限公
司, 2025.01
面；　公分
ISBN 978-626-393-973-8（平裝）

1.CST: 微電子學　2.CST: 電子工程

448.69　　　　　　　　113018194

5DE1

先進微電子3D-IC構裝

作　　　者 ― 許明哲（233.7）

編輯主編 ― 王正華

責任編輯 ― 金明芬、張維文

封面設計 ― 姚孝慈

出 版 者 ― 五南圖書出版股份有限公司

發 行 人 ― 楊榮川

總 經 理 ― 楊士清

總 編 輯 ― 楊秀麗

地　　　址：106臺北市大安區和平東路二段339號4樓

電　　　話：(02)2705-5066　　傳　真：(02)2706-6100

網　　　址：https://www.wunan.com.tw

電子郵件：wunan@wunan.com.tw

劃撥帳號：01068953

戶　　　名：五南圖書出版股份有限公司

法律顧問　林勝安律師

出版日期　2011年9月初版一刷
　　　　　2014年9月二版一刷
　　　　　2017年3月三版一刷
　　　　　2020年3月四版一刷（共三刷）
　　　　　2025年1月五版一刷

定　　　價　新臺幣750元

※版權所有·欲利用本書內容，必須徵求本公司同意※

五 南
WU-NAN

全新官方臉書

五南讀書趣

WUNAN
Books
since1966

Facebook 按讚

1 秒變文青

f 五南讀書趣 Wunan Books

★ 專業實用有趣
★ 搶先書籍開箱
★ 獨家優惠好康

不定期舉辦抽獎
贈書活動喔！！！

經典永恆・名著常在

五十週年的獻禮 —— 經典名著文庫

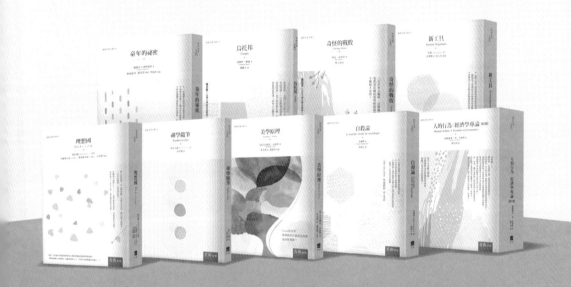

五南，五十年了，半個世紀，人生旅程的一大半，走過來了。

思索著，邁向百年的未來歷程，能為知識界、文化學術界作些什麼？

在速食文化的生態下，有什麼值得讓人雋永品味的？

歷代經典・當今名著，經過時間的洗禮，千錘百鍊，流傳至今，光芒耀人；

不僅使我們能領悟前人的智慧，同時也增深加廣我們思考的深度與視野。

我們決心投入巨資，有計畫的系統梳選，成立「經典名著文庫」，

希望收入古今中外思想性的、充滿睿智與獨見的經典、名著。

這是一項理想性的、永續性的巨大出版工程。

不在意讀者的眾寡，只考慮它的學術價值，力求完整展現先哲思想的軌跡；

為知識界開啟一片智慧之窗，營造一座百花綻放的世界文明公園，

任君遨遊、取菁吸蜜、嘉惠學子！